全栈工程师 系列丛书

Java Web 开发技术

谭振江 主编
迟殿委 冯永安 胡杰 杨丽 邱颖豫 副主编

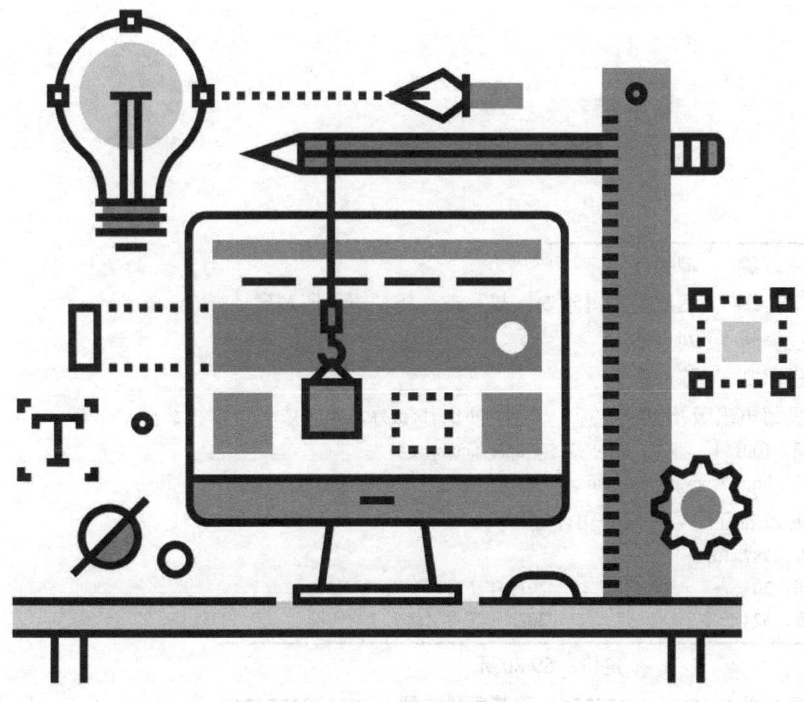

人民邮电出版社
北京

图书在版编目（CIP）数据

Java Web开发技术 / 谭振江主编. -- 北京 : 人民邮电出版社, 2019.7（2023.7重印）
ISBN 978-7-115-50389-3

Ⅰ. ①J… Ⅱ. ①谭… Ⅲ. ①JAVA语言－程序设计 Ⅳ. ①TP312.8

中国版本图书馆CIP数据核字(2018)第282058号

内 容 提 要

本书系统地介绍了使用 Java 语言开发 Web 应用的基础技术。首先从 Web 应用的基础——HTTP 入手，然后逐章讲述了 Java 开发 Web 应用的各种技术和规范，包括 Servlet 基础、Servlet API、Servlet 访问数据库、Cookie 和 Session、Servlet 文件的上传与下载、Servlet 过滤器和监听器、JSP 入门、JSP 脚本元素、JSP 隐式对象、EL 表达式、JSTL 标签、JSP 自定义标签、Ajax；最后通过一个综合案例讲解 Java Web 的实际应用。通过对本书内容的学习，读者能够全面掌握 Java Web 编程技术，并对 Java Web 应用的基础知识有更深刻的了解。

本书可作为普通高等院校计算机及相关专业的教材，同时也可作为 Java 编程爱好者及开发人员的参考用书。

◆ 主　　编　谭振江
　副 主 编　迟殿委　冯永安　胡　杰　杨　丽　邱颖豫
　责任编辑　刘　博
　责任印制　陈　犇

◆ 人民邮电出版社出版发行　　北京市丰台区成寿寺路 11 号
　邮编　100164　　电子邮件　315@ptpress.com.cn
　网址　http://www.ptpress.com.cn
　三河市君旺印务有限公司印刷

◆ 开本：787×1092　1/16
　印张：20　　　　　　　2019 年 7 月第 1 版
　字数：524 千字　　　　2023 年 7 月河北第 7 次印刷

定价：59.80 元

读者服务热线：(010)81055256　印装质量热线：(010)81055316
反盗版热线：(010)81055315
广告经营许可证：京东市监广登字 20170147 号

前　言

一、为什么要学习 Java Web 编程

Java Web 可以理解为 Java+Web，Java 是基础，而 Web 则是 Java 的一个应用领域。许多读者都会产生这样的疑问：学好 Java 不就可以就业了吗，为何非要学习 Java Web 编程？目前大部分使用 Java 开发的软件都是基于互联网应用或是移动应用的，像大家熟知的淘宝、京东等网上商城，很多都从原来的 C/S 模式改造成了 B/S 模式，这其中就用到了 Java Web 开发技术。

Java Web 开发技术的核心是 Sun 公司规定的 Java EE 规范中的 Servlet 组件，只要符合该规范的 Web 容器都可以运行 Web 应用。

要学好 Java Web，必须先学好 Servlet。Servlet 本质上是一个实现了 Java EE 规范接口的 Java 文件，擅长后台参数的获取、调用业务应用等，但既然是 Java 代码，就不适合页面显示，这时就需要用到 Java Web 的另一种技术——JSP。

JSP 是一种动态网页技术。动态网页和静态网页的最大不同就是可以在页面中嵌入 Java 程序片段，从而实现访问数据库、调用 Java API 等功能。

另外，对比其他的动态网页技术，JSP 的优势明显，具体如下。

- 与 ASP 相比：JSP 有两大优势。第一，动态部分用 Java 编写，而不是 VB 或其他微软开发的语言，所以更加强大与易用。第二，JSP 易于移植到非微软平台上。
- 与 JavaScript 相比：虽然 JavaScript 可以在客户端动态生成 HTML，但是很难与服务器进行交互，因此不能提供复杂的服务，如访问数据库和图像处理等。
- 与静态 HTML 相比：静态 HTML 不包含动态信息。

二、学习目标

学习完本课程后，能够达到以下目标。

- 了解 Web 开发的基本概念，学会 Web 服务器 Tomcat 的安装和使用，学会使用 Eclipse 搭建与服务器集成的开发环境，了解基本的 HTTP 请求响应模型。
- 掌握 Servlet 的开发流程，重点学会 Servlet 3.0 开发方式，了解 Servlet 的生命周期。
- 了解和掌握 Servlet 规范提供的常用 API 接口。
- 学会用 JNDI 的方式配置数据源，并结合 Servlet 调用，实现访问数据库的功能。
- 学会数据库连接池 DBCP 的配置和使用，实现 Servlet 通过 DBCP 对数据库访问的功能。
- 理解 Cookie 技术和会话技术，能够开发网上商城的购物车。
- 掌握 Servlet 文件上传的原理，重点学会 Servlet 3.0 的文件上传。
- 掌握过滤器和监听器的开发流程。
- 掌握 JSP 环境的配置和 Web 服务器的安装及应用。
- 掌握 JSP 脚本元素和指令的基本用法。

- 掌握 JSP 内置对象的用法。
- 掌握 JSP 常用动作标签的用法。
- 掌握 EL 表达式的使用和 JSTL 标签的使用。
- 熟练使用国际化标签。
- 能够开发 JSP 2.0 的自定义标签，实现自己的逻辑。
- 掌握 Ajax 基本开发流程和原理。
- 综合运用 JSP、Servlet 和 Ajax 技术，独立完成中小型企业 Web 应用项目的开发，为后面学习框架开发做好准备。

三、知识结构图

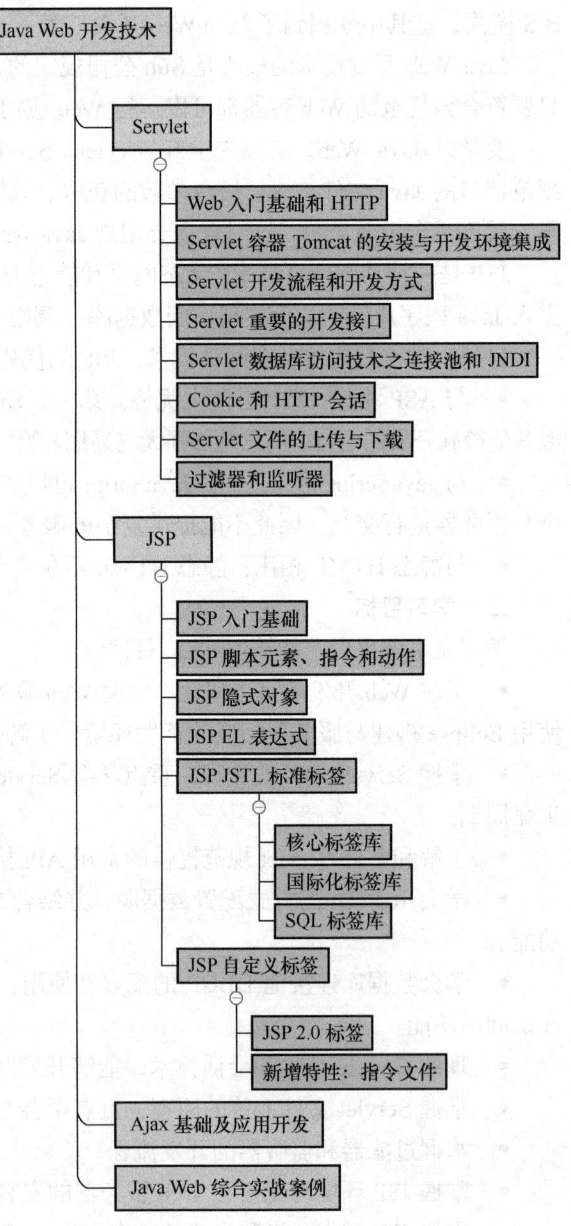

四、本书作者

本书由吉林师范大学谭振江担任主编，北京学佳澳软件科技发展有限公司迟殿委、辽宁工程技术大学冯永安、山西农业大学胡杰、河北工程大学杨丽、许昌学院邱颖豫担任副主编。

编　者

2018 年 12 月

目 录

第 1 章 Java Web 入门

学习内容

- Web 的概念
- Web 服务器及其部署
- Web 开发环境集成服务器
- 请求响应模型和 HTTP

学习目标

- 理解什么是 Web 及 Web 资源分类
- 掌握 Java Web 服务器 Tomcat 的安装和部署方法
- 学会 Eclipse 集成 Tomcat 进行 Web 应用的发布方法
- 理解请求响应模型的基本流程，理解 HTTP 的规范

本章简介

本章首先介绍了 Web 的一些基础常识，讲解什么是 Web，什么是 Web 服务器及其作用，并带大家学习 Java Web 服务器 Tomcat 的安装和配置，以及 Tomcat 与 Eclipse 开发环境集成的方法；然后通过创建和部署项目来完成第一个 Web 应用；最后讲解了典型的 Web 请求的请求响应模型和 HTTP 的相关知识。

1.1 什么是 Web

网页（Web）用于表示 Internet 主机上供外界访问的资源以及超链接所组成的链表。放在 Internet 上供外界访问的文件或程序被称为 Web 资源。

Internet 上供外界访问的 Web 资源分为静态 Web 资源和动态 Web 资源。

静态 Web 资源：指 Web 页面中供人们浏览的数据始终是不变的。

动态 Web 资源：指 Web 页面中供人们浏览的数据是由程序产生的，不同时间点访问 Web 页面看到的内容或不相同。

常用的静态 Web 资源开发技术包括 HTML、CSS、JavaScript 等。

常用的动态 Web 资源开发技术包括 JSP/Servlet、ASP、PHP 等。

在 Java 中，动态 Web 资源开发技术统称为 Java Web，本书的重点也是教大家如何使用 Java 技术开发动态 Web 资源，即动态 Web 页面。

1.2 什么是 Web 服务器

浏览一个网页的过程大致如下：首先输入一个网址（如 http://www.ryjiaoyu.com），这个网址被域名服务器解析成"IP 地址+端口号"。客户端的请求通过 IP 地址即可定位到因特网上的某一台计算机，也就是找到了一台主机，但是这台主机上可能运行好多程序，每个程序的运行都需要对应一个端口号。DNS 解析的端口号定位到该主机上的某个程序，来处理发过去的请求，然后该程序会给一个返回值，并最终显示在我们的浏览器软件上。

这个程序就是 Web 服务器，所以，从这个层面上来说，服务器只是一个程序而已。这个程序是指驻留于因特网上的某种类型的计算机的程序。当 Web 浏览器（客户端）连接到服务器上并请求文件时，服务器将处理该请求并将文件反馈到该浏览器上，附带的信息会告诉浏览器如何查看该文件（即文件类型）。服务器使用 HTTP（超文本传输协议）与客户机浏览器进行信息交流，这就是人们常把它们称为 HTTP 服务器的原因。

Web 服务器不仅能够存储信息，还能在用户通过 Web 浏览器提供的信息的基础上运行脚本和程序。

1.3 为什么要安装 Web 服务器

思考问题：从一台计算机的浏览器（客户端）如何去访问另一台计算机（服务器）中的文件？

首先开启一个服务端程序，在某个端口持续监听来自客户端的请求。注意，服务器是被动的，只有来请求的时候才做出处理和响应。这个程序接收来自网络的请求必然需要进行网络 I/O（输入 / 输出）流的传输数据，这类似于 Java 中的 Socket。用 Java 代码来模拟服务器端的程序如下（代码文件名为 MyServer.java 和 MyService.java），看看是不是似曾相识呢？

MyServer.java：

```
// ServerSocket 对象可以监听端口
ServerSocket serversocket = new ServerSocket(6666);
while(true) {
    // 等待客户端的连接请求，一旦有请求过来，就结束阻塞，返回客户端对象
    Socket socket = serversocket.accept();
     // 一旦有客户来访问， 就另开一个新线程去提供服务， main 线程继续等待下一个客户的连接
     new Thread(new MyService(socket)).start();
}
```

MyService.java：

```
// 提供服务
InputStream in = socket.getInputStream();
Thread.sleep(200);
int len = in.available(); // 估计此流不受阻塞能读取的字节数
byte[] buffer = new byte[len];
```

```
    in.read(buffer);
    String request = new String(buffer);
    // 截取第一行
    String firstLine = request.substring(0, request.indexOf("\n"));
    String uriName = firstLine.split(" ")[1];
    OutputStream out = socket.getOutputStream();
    // 根据需要访问的资源创建 File 对象
    File file = new File("src" + uriName);
    if(!file.exists()) {
        out.write("对不起！您访问的资源不存在！".getBytes());
        out.close();
        return ;
    }
    // 从文件读，往浏览器写
    FileInputStream fis = new FileInputStream(file);

    buffer = new byte[1024];
    while ((len = fis.read(buffer)) > 0) {
        out.write(buffer, 0, len);
    }
    socket.close();
```

这就是典型的服务端程序：接收到请求之后，通过输出流将数据写到客户端的浏览器上显示；通过一个死循环，不断检测是否有请求到来。

这样的服务器叫作 Java Web 服务器。现在企业经常使用的服务器产品有以下几种。

（1）WebLogic 是 BEA 公司的产品，也是目前应用十分广泛的 Web 服务器。它支持 Java EE 规范，并在不断地完善，以适应新的开发要求，WebLogic 的启动界面如图 1.1 所示。

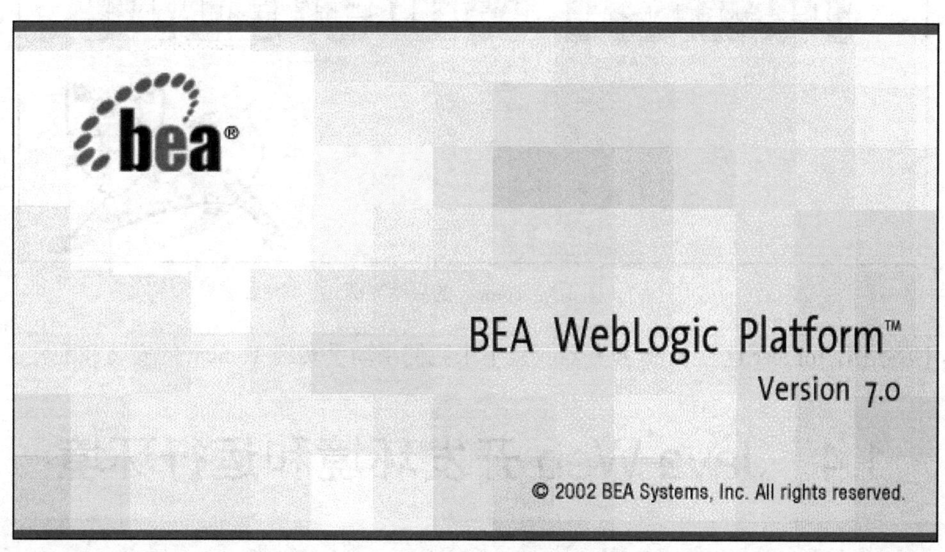

图 1.1　WebLogic 的启动界面

（2）IBM 公司的 WebSphere，支持 Java EE 规范，其启动界面如图 1.2 所示。

（3）Tomcat 服务器。在中小型的企业应用系统或者有特殊需要的系统中，可以使用一个免费的 Web 服务器 Tomcat，其来自 Apache 开源组织。Tomcat 该服务器支持全部 JSP 以及 Servlet 规范，其启动界面如图 1.3 所示。

图 1.2　WebSphere 的启动界面

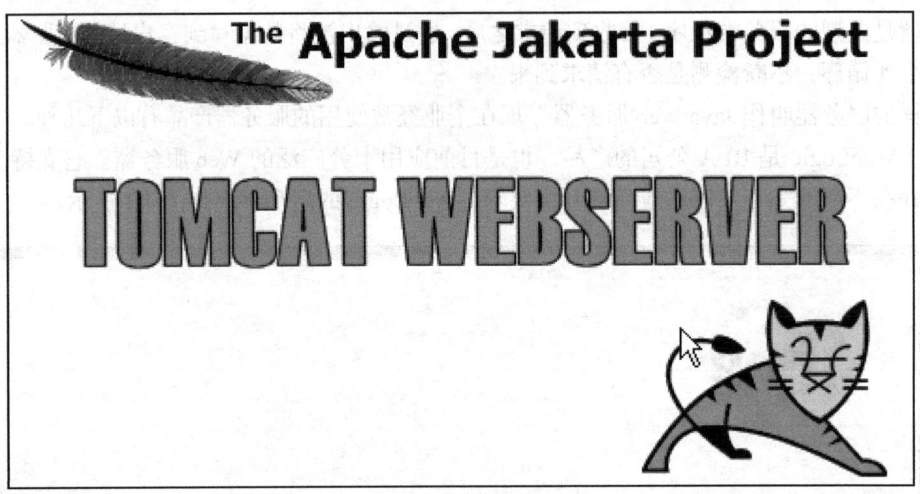

图 1.3　Tomcat 的启动界面

本书将使用 Tomcat 这款 Web 服务器。接下来我们来动手实现 Tomcat 的安装和配置。

1.4　Java Web 开发环境和运行环境

1．开发和部署环境简介

浏览器：Internet Explorer（IE）、Chrome、Firefox 等，本书为了显示页面调试信息，没有特别说明的，都是采用 Firefox 浏览器。

开源集成开发环境（Open Source IDE）：Eclipse、NetBeans 等，本书使用 Eclipse。

商业集成开发环境（Commercial IDE）：Websphere studio、JBuilder、Sun Java Studio 等。

部署和执行环境：Web 容器（Web Container）。

自由软件：Tomcat、JBoss、Resin 等，本书使用 Tomcat。

商业软件：Bea WebLogic、IBM WebSphere、Oracle Application Server、Sun Java Application Server、Macromedia JRun 等。

本书采用的 Web 容器是 Tomcat 7.0 版本，开发环境是 Eclipse。

2. Tomcat 安装和服务器目录认知

从 Tomcat 官网上下载 Tomcat 安装包，安装包可以是 ZIP、TAR、GZ 格式的。

Tomcat 既有可在 Windows 下执行的安装包格式，也有免安装的版本。下载安装包后，直接解压到某个目录下，然后进行相关配置即可。这里以 Tomcat 7.0 的免安装版的配置为例（假如将 Tomcat 解压到 C:\Program Files 目录，目录结构为 C:\Program Files\apache-tomcat-7.0.42），具体配置步骤如下。

（1）添加环境变量。在我的电脑→属性→高级→环境变量→系统变量中，添加变量名 CATALINA_HOME，变量值为 C:\Program Files\apache-tomcat-7.0.42（Tomcat 解压到的目录）。在系统变量 Path 的最后面添加 %CATALINA_HOME%\lib。

（2）修改 startup.bat 文件。在第一行前面加入以下两行代码。

```
SET JAVA_HOME=(JDK 目录)
SETCATALINA_HOME=(前面解压后 Tomcat 的目录)
```

如果需要使用 shutdown.bat 关闭服务器的话，也添加上面两行代码。

上述步骤配置完毕，运行 startup.bat 就可以运行服务器，而运行 shutdown.bat 可关闭服务器。

Tomcat 安装后的目录如图 1.4 所示。

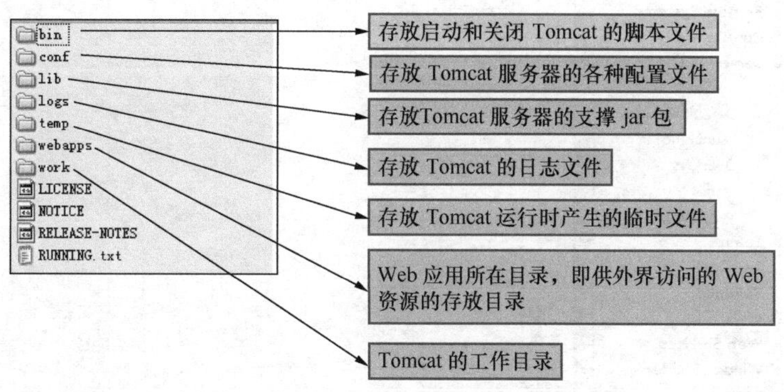

图 1.4　Tomcat 服务器目录

Tomcat 默认启动的端口号是 8080，如果该端口已经被占用，可以到 conf 目录下找到 server.xml，将 port="8080"修改为别的端口号，如本书这里端口号改为 8081。

打开 bin 目录下的 startup.bat，启动 Tomcat。

打开浏览器，访问 Tomcat 的首页 http://localhost:8081/，如图 1.5 所示。

3. 开发环境 Eclipse 集成 Tomcat 及项目部署

打开 Eclipse.exe，将解压配置好的 Tomcat 集成到 IDE 环境中，步骤如下。

（1）Eclipse 的 Window 菜单下的 Preferences 打开后，找到 Server 选项，添加 Tomcat 服务器，如图 1.6 所示。

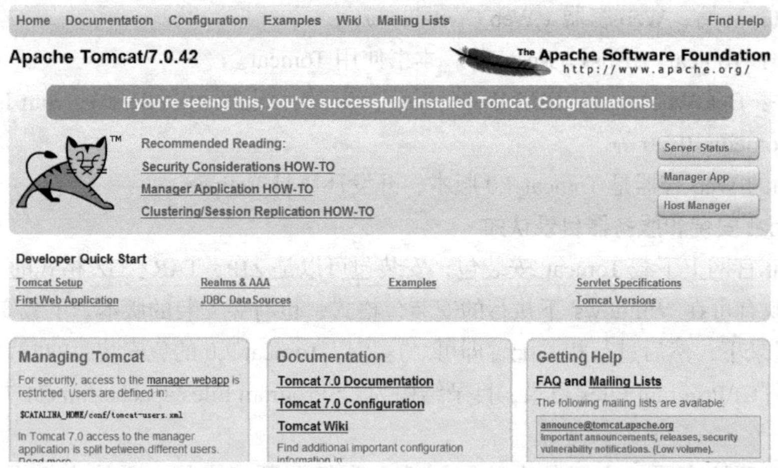

图 1.5　Tomcat 的首页

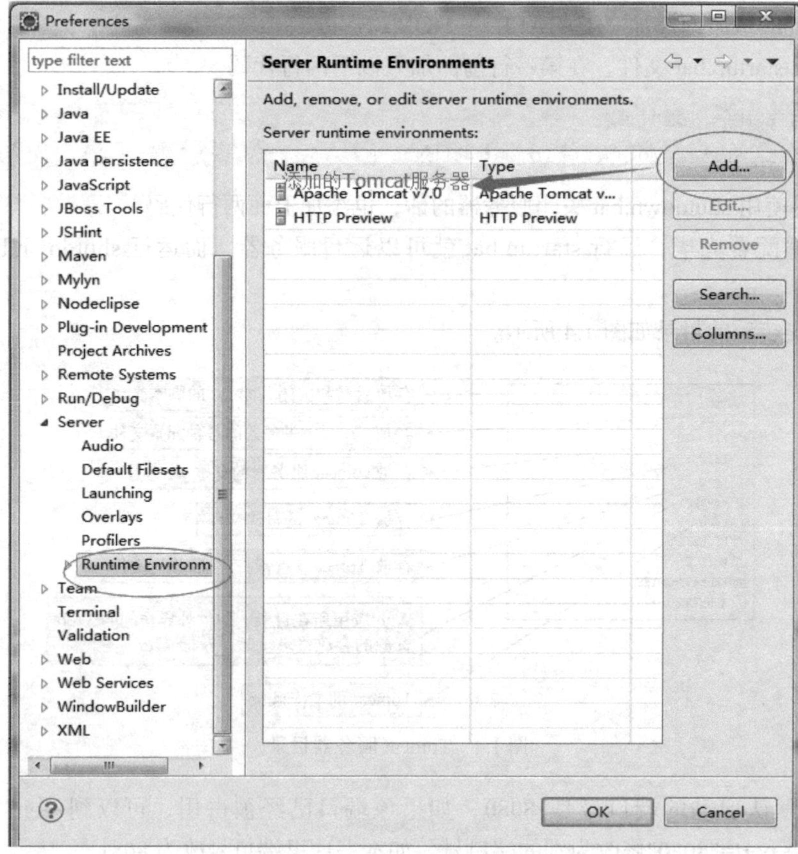

图 1.6　配置 Tomcat 到 Eclipse

（2）在 Eclipse 控制台的 Server 视图界面的空白处单击右键，选择 New→Server 命令，将弹出如图 1.7 所示的界面。

一路单击 Next，一直到 Finish，Server 就建立好了。

（3）新建 Web 项目，并部署到刚才建立的 Server 中。

Eclipse 新建一个动态的 Web 项目，如图 1.8 所示。

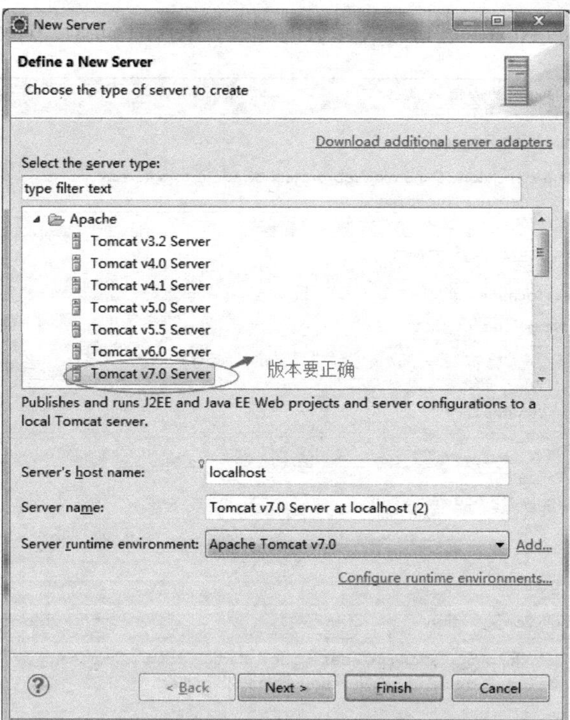

图 1.7　选择 Tomcat 正确版本

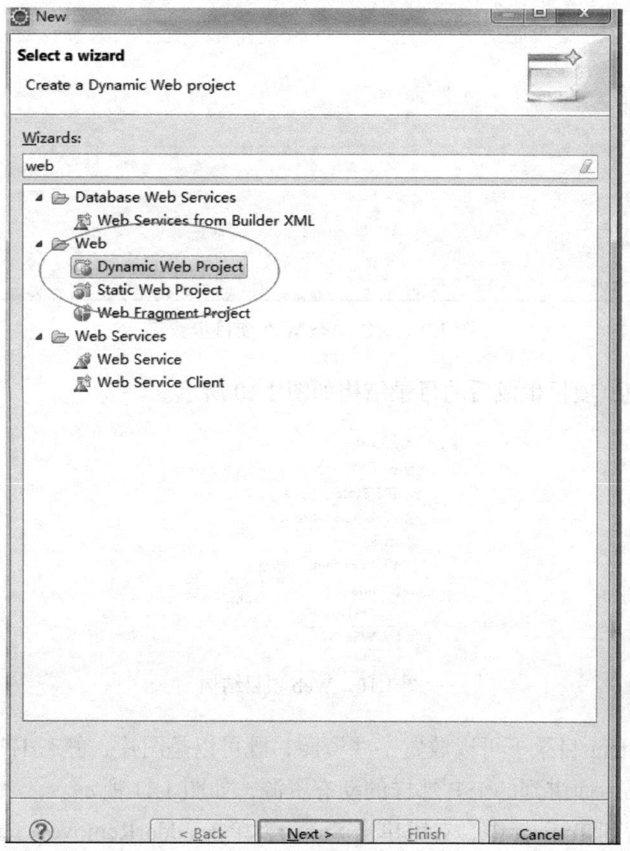

图 1.8　新建动态 Web 项目步骤一

选择项目生成向导的 Next，进行相关参数的配置，Servlet 选择 3.0 版本，如图 1.9 所示。

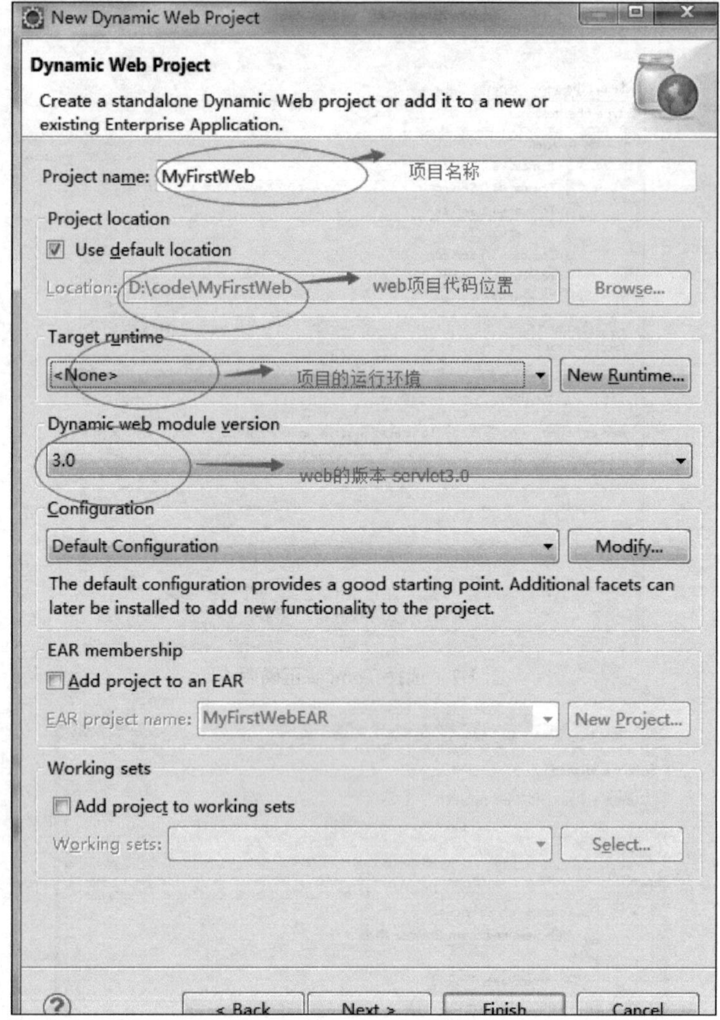

图 1.9　新建动态 Web 项目步骤二

单击 Finish 按钮，项目生成后的目录结构如图 1.10 所示。

图 1.10　Web 项目结构

（4）在 WebContent 目录下可以放置一些资源，既可以是图片、静态 HTML 网页这样的静态资源，也可以是本书后面讲到的 JSP 那样的动态资源，如图 1.11 所示。

（5）将项目部署到 Tomcat 中，右键单击 Server，单击 addorRemove，选择要部署的项目，发布即可，如图 1.12 所示。

```
1 <html>
2 <head>
3 <meta http-equiv="Content-Type" content="text/html; charset=GBK"/>
4 <title></title>
5 </head>
6 <body>
7 <h1>Hello Tomcat!!!</h1>
8 </body>
9 </html>
10
```

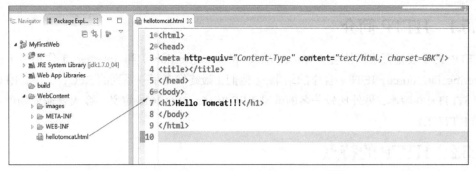

图 1.11　Web 项目页面

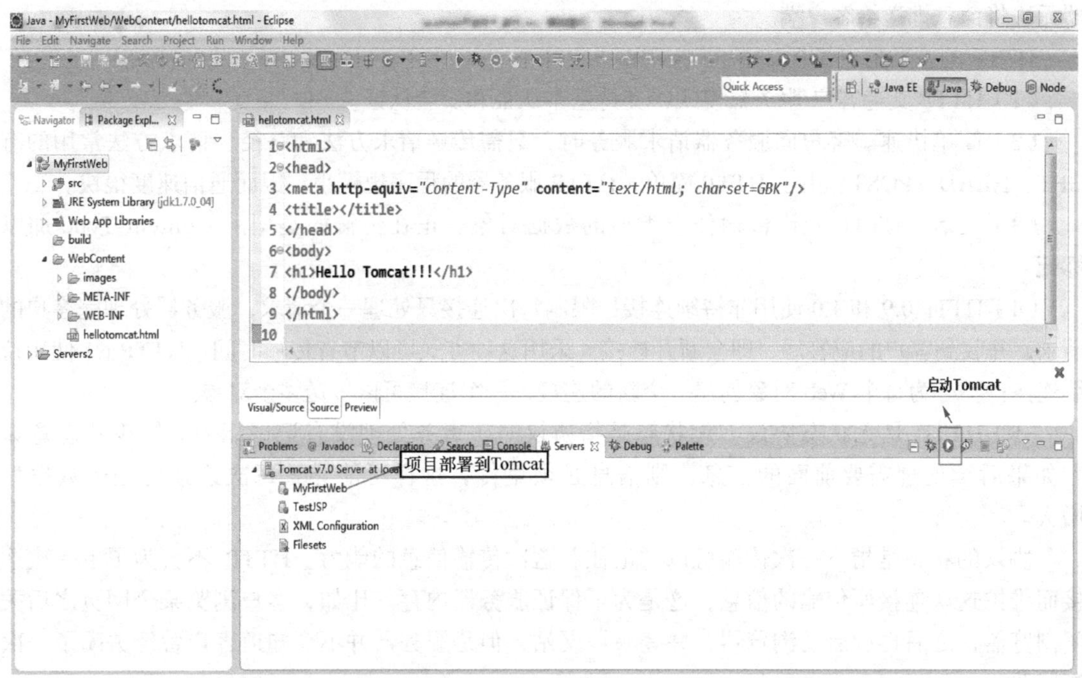

图 1.12　Web 项目部署到 Tomcat

这样 Eclipse 和 Tomcat 就完成了集成。MyFirstWeb 项目也成功部署到了 Tomcat 服务器。这时打开浏览器，输入 http://localhost:8081/MyFirstWeb/hellotomcat.html 即可访问 Web 项目的页面信息。

1.5　HTTP 的请求响应模型

现在，服务器已经安装并启动了，客户端如果也能连上服务器的 IP 和端口号，那么是不是说二者就能畅通无阻地进行数据传递了呢？

答案是不可以。就好比两个人面对面站着，一切聊天的前提都具备了，但是二者都说本地方言，彼此听不懂，故而无法通信。这就要求双方约定一个规范（即协议）：Web 客户端连上 Web 服务器后，若想获得 Web 服务器中的某个 Web 资源，需遵守一定的通信协议，这个协议就是 HTTP。

HTTP（Hypertext Transfer Protocol，超文本传输协议）是 TCP/IP 的一个应用层协议，用于定义 Web 浏览器与 Web 服务器之间交换数据的过程。

1.5.1 HTTP 简介

HTTP 的发展是万维网协会（World Wide Web Consortium）和 Internet 工作小组（Internet Engineering Task Force，IETF）合作的结果，（他们）最终发布了一系列的 RFC，其中，RFC 1945 定义了 HTTP/1.0 版本，另外比较著名的就是 RFC 2616。RFC 2616 定义了今天普遍使用的一个版本，即 HTTP 1.1。

1.5.2 HTTP 的特点

HTTP 永远都是客户端发起请求，服务器回送响应，而在客户端没有发起请求的时候，服务器无法将消息推送给客户端。

HTTP 的主要特点概括如下。

（1）HTTP 支持客户/服务器模式，支持基本认证和安全认证。

（2）简单快速。客户向服务器请求服务时，只需传送请求方法和路径，请求方法常用的有 GET、HEAD、POST。由于 HTTP 简单，HTTP 服务器的程序规模小，因而通信速度很快。

（3）灵活。HTTP 允许传输任意类型的数据对象。正在传输的类型由 Content-Type 加以标记。

（4）HTTP 0.9 和 1.0 使用非持续连接：限制每次连接只处理一个请求，服务器处理完客户的请求，并收到客户的应答后，即会断开连接。采用这种方式可以节省传输时间。HTTP 1.1 使用持续连接：不必为每个 Web 对象创建一个新的连接，一个连接可以传送多个对象。

（5）HTTP 是无状态协议。无状态是指协议对于事务处理没有记忆能力。缺少状态意味着如果后续处理需要前面的信息，则信息必须重传，这样可能导致每次连接传送的数据量增大。

协议的状态是指下一次传输可以“记住”这次传输信息的能力。HTTP 不会为了下一次连接而维护这次连接所传输的信息，这是为了保证服务器内存。比如，客户浏览某个网页之后关闭浏览器，之后再次启动浏览器，并登录该网站，但是服务器并不会知道客户曾经关闭了一次浏览器。

由于 Web 服务器要面对很多浏览器的并发访问，所以为了提高 Web 服务器对并发访问的处理能力，在设计 HTTP 时规定 Web 服务器发送 HTTP 应答报文和文档时，不会保存发出请求的 Web 浏览器进程的任何状态信息。这有可能出现一个浏览器在短短几秒之内两次访问同一对象时，服务器进程不会因为已经给它发过应答报文而不接受第二次服务请求的问题。由于 Web 服务器不保存发送请求的 Web 浏览器进程的任何信息，所以 HTTP 属于无状态协议（Stateless Protocol）。

HTTP 1.1 版本虽然也是无状态的，但是可以在一次访问的多个请求中保持连接。

HTTP 是一个无状态的面向连接的协议，无状态不代表 HTTP 不能保持 TCP 连接，更不能代表 HTTP 使用的是 UDP（无连接）。

从 HTTP 1.1 起，默认都开启了 Keep-Alive，保持连接特性。简单地说，当一个网页关闭后，客户端和服务器之间用于传输 HTTP 数据的 TCP 连接不会立即关闭。如果客户端再次访问这个服务器上的网页，会继续使用这一条已经建立的连接。

Keep-Alive 不会永久保持连接，它有一个保持时间，我们可以在不同的服务器软件（如 Apache）中设置这个时间。

1.5.3　HTTP 的工作流程

一次 HTTP 操作称为一个事务，其工作过程可分为四步，如图 1.13 所示。

（1）首先客户机与服务器需要建立连接。只要单击某个超级链接，HTTP 的工作就开始了。

（2）建立连接后，客户机发送一个请求给服务器，请求方式的格式为：统一资源标识符（URL）、协议版本号，后边是 MIME 信息（包括请求修饰符、客户机信息和可能的内容）。

（3）服务器接到请求后，给予相应的响应信息，其格式为一个状态行，包括信息的协议版本号、一个成功或错误的代码，后边是 MIME 信息（包括服务器信息、实体信息和可能的内容）。

（4）客户端接收服务器返回的信息，并将信息通过浏览器显示在用户的显示屏上，然后客户机与服务器断开连接。

如果在以上过程中的某一步出现错误，那么产生错误的信息将返回到客户端，并由显示屏输出。对于用户来说，这些过程是由 HTTP 自己完成的，用户只要用鼠标单击，等待信息显示就可以了。

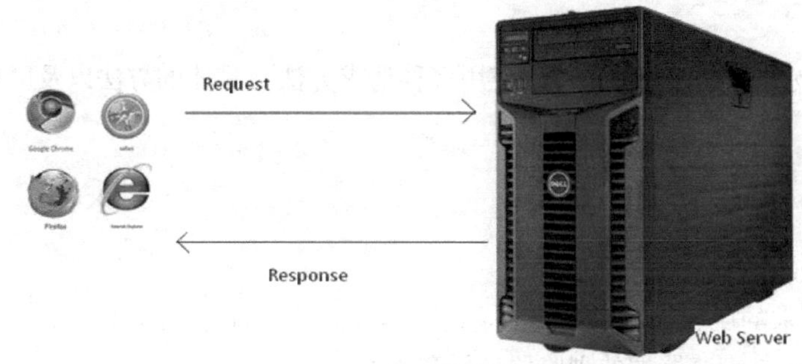

客户端的Request 有可能是经过了代理服务器，最后才到达Web服务器。

过程如下所示

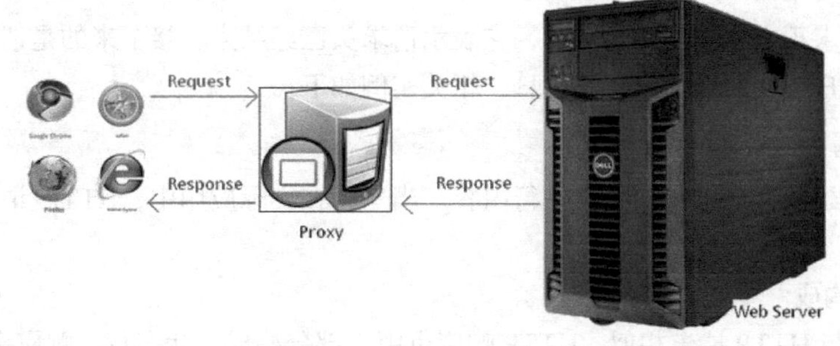

图 1.13　请求响应过程

HTTP 是基于传输层的 TCP，而 TCP 是一个端到端的面向连接的协议。所谓的端到端可以理解为进程到进程之间的通信。所以 HTTP 在开始传输之前，首先要建立 TCP 连接，而 TCP 连接的过程需要所谓的“三次握手”。在 TCP 三次握手之后，建立了 TCP 连接，此时 HTTP 就可以进行传输了。一个重要的概念是面向连接，即 HTTP 在传输完成之前并不断开 TCP 连接，在 HTTP 1.1 中（通过 Connection 头设置）这是默认行为。

1.5.4　HTTP 请求和响应的具体构成

1. 请求的构成

① 请求方法 URI 协议/版本。

② 请求头（Request Header）。

③ 请求正文。

下面是一个请求的例子。

请求报文：

```
GET/sample.jspHTTP/1.1
Accept:image/gif.image/jpeg, */*
Accept-Language:zh-cn
Connection:Keep-Alive
Host:localhost
User-Agent:Mozila/4.0(compatible;MSIE5.01;Window NT5.0)
Accept-Encoding:gzip, deflate
username=mrchi&password=1234
```

（1）请求方法 URI 协议/版本

以上请求中，“GET”代表请求方法，“/sample.jsp”表示 URI，“HTTP/1.1”代表协议和协议的版本。

根据 HTTP 标准，HTTP 请求可以使用多种请求方法。具体的方法以及区别将在后面介绍。

（2）请求头

① Accept：可接收的内容类型。

② Accept-Language：语言。

③ Connection：连接状态。

④ Host：请求的域名（这里设置的是请求本地。域名就是 URL）。

⑤ User-Agent：浏览器端的浏览器型号和版本。

⑥ Accept-Encoding：可接受的压缩类型，如 gzip、deflate。

（3）请求正文

请求头和请求正文之间是一个空行，它表示请求头已经结束，接下来的是请求正文。请求正文中可以包含客户提交的查询字符串信息，相关实例如下：

```
username=jinqiao&password=1234
```

在以上的例子中，请求正文只有一行内容。当然，在实际应用中，HTTP 请求正文可以包含更多的内容。

2. 响应的构成

HTTP 响应与 HTTP 请求相似，HTTP 响应也由三部分构成：状态行、响应头、响应正文。

响应的报文：

```
HTTP/1.1 200 OK
Server:Apache Tomcat/5.0.12
Date:Mon, 6Oct2003 13:23:42 GMT
Content-Length:112
```

在接收和解释请求消息后，服务器会返回一个 HTTP 响应消息。

（1）状态行

状态行由协议版本、数字形式的状态代码及相应的状态描述组成，各元素之间以空格分隔。

具体格式：HTTP-Version Status-Code Reason-Phrase CRLF

格式举例：HTTP/1.1 200 OK

详细说明：

- 状态代码：状态代码由 3 位数字组成，表示请求是否被理解或被满足。
- 状态描述：状态描述给出了关于状态代码的简短的文字描述。
- 具体状态代码和状态描述二者对应情况如表 1.1 所示。

表 1.1　　状态代码和状态描述二者的对应情况

状态代码	状态描述	说明
200	OK	客户端请求成功
400	Bad Request	由于客户端请求有语法错误，不能被服务器所理解
401	Unauthonzed	请求未经授权
403	Forbidden	服务器收到请求，但拒绝提供服务
404	Not Found	请求的资源不存在，例如，输入了错误的 URL
500	Server Error	服务器发生了不可预期的错误，无法完成客户端的请求
503	Unavailable	当前服务器不能够处理客户端的请求，在一段时间之后，服务器可能会恢复正常

（2）响应头

响应头可能包括以下内容。

① Location：位于响应报头域，用于重定向接受者到一个新的位置。

② Server：位于响应报头域，包含了服务器用来处理请求的软件信息。它和 User-Agent 请求报头域是相对应的，前者发送服务器端软件的信息，后者发送客户端软件（浏览器）和操作系统的信息。

③ Content-Encoding：位于实体报头域，被用作媒体类型的修饰符，它的值指示了已经被应用到实体正文的附加内容编码，因此要获得 Content-Type 报头域中所引用的媒体类型，必须采用相应的解码机制。

④ Content-Language：位于实体报头域，描述了资源所用的自然语言。Content-Language 允许用户遵照自身的首选语言来识别和区分实体。

⑤ Content-Length：位于实体报头域，用于指明正文的长度，以字节方式存储的十进制数字来表示，也就是一个数字字符占一个字节，用其对应的 ASCII 码存储传输。要注意的是，这个长度仅仅是表示实体正文的长度，没有包括实体报头的长度。

⑥ Content-Type：位于实体报头域，用于指明发送给接收者的实体正文的媒体类型。

⑦ Last-Modified：位于实体报头域，用于指明资源最后的修改日期及时间。

⑧ Expires：位于实体报头域，给出响应过期的日期和时间，使用的日期和时间必须是 RFC 1123 中的日期格式，例如，Expires Thu, 15 Sep 2005 16:00:00 GMT。

本章总结

- Web 开发涉及的基本概念
  - Web 的概念
  - Web 服务器及其部署
  - Web 服务器的本质

- Java Web 的开发环境和部署环境的安装和集成方法
  - Tomcat 的基本介绍
  - Tomcat 服务器的安装和配置
  - Tomcat 与 Eclipse 集成开发环境的搭建和项目的创建部署
- HTTP 协议的请求响应
  - HTTP 简介
  - HTTP 的特点
  - HTTP 请求的典型流程
  - 请求和响应报文的具体内容和规则

课后练习

一、选择题

1. HTTP 的（　　）请求参数会出现在网址列上。

   A. GET　　B. POST　　C. PUT　　D. DELETE

2. （　　）选项属于 GET 请求。

   A. 检视静态页面　　B. 查询商品数据
   C. 新增商品资料　　D. 删除商品数据

3. （　　）选项属于 POST 请求。

   A. 检视静态页面　　B. 查询商品数据
   C. 新增商品资料　　D. 删除商品数据

4. （　　）选项属于客户端执行的程序。

   A. Servlet　　B. JSP　　C. ASP　　D. JavaScript

5. 关于 HTTP，下面（　　）说法是正确的。

   A. HTTP 是有状态
   B. GET 表示获取资源，POST 表示新增一个资源，PUT 表示更新资源，DELETE 表示删除资源
   C. 一个 HTTP 请求返回的状态码中，304 表示临时重定向
   D. 一个 HTTP 请求返回的状态码中，404 表示找不到页面

二、上机练习

1. 通过 Eclipse 创建一个 Java Web 项目，发布个人信息网站（包含个人简介等静态资源），并部署到 Tomcat 的安装目录的 webapp 中进行访问。

2. 简述 HTTP 1.0 和 HTTP 1.1 的区别。

第 2 章 Servlet 概述

学习内容

- Servlet 简介
- Servlet 框架
- 创建和配置 Servlet
- Servlet 生命周期
- Servlet 3.0 注解

学习目标

- 掌握 Servlet 的基本概念
- 掌握 Servlet 的基本开发步骤
- 理解 Servlet 的生命周期
- 掌握 Servlet 3.0 的注解开发

本章简介

本章主要学习 Servlet 组件的基本概念和使用场合，以及基本开发流程和配置步骤，使大家能够熟练开发自己的 Servlet 组件。读者需了解 Servlet 的生命周期和其与 Web 容器之间的关系，以及基于 XML 配置和注解方式。

2.1 什么是 Servlet

2.1.1 Servlet 简介

Servlet 是用 Java 编写的服务器端程序，其主要功能在于交互式地浏览和修改数据，生成动态 Web 内容。狭义的 Servlet 是指 Java 语言实现的一个接口，广义的 Servlet 是指任何实现了这个 Servlet 接口的类，一般情况下，人们将 Servlet 理解为后者。

Servlet 运行于支持 Java 的应用服务器中。从原理上讲，Servlet 可以响应任何类型的请求，但绝大多数情况下，Servlet 只用来扩展基于 HTTP 协议的 Web 服务器。

2.1.2 Servlet 接口体系结构

Servlet 实际上提供了一系列接口和实现类，如图 2.1 所示。

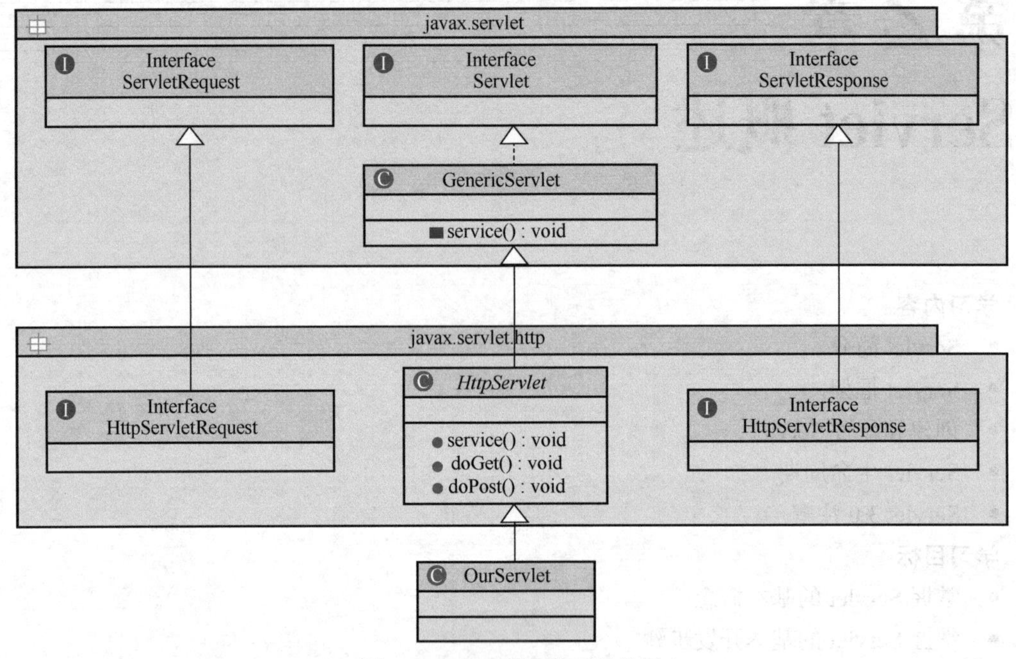

图 2.1　Servlet 接口体系结构图

可以看到 Servlet 接口是所有 Servlet 的父接口，如果我们需要实现一个 Servlet，则必须实现该接口。目前有如下两种方式来实现该接口。

（1）直接实现 Servlet 接口，重写里面的方法。

（2）通过继承 Servlet 接口的子类，如 GenericServlet 和 HttpServlet。

详细的 API 论述可以查阅第 3 章的内容。

2.2 Servlet 典型开发

开发一个 Servlet，有如下三种方法。

（1）实现 Servlet 接口。

（2）继承 GenericServlet。

（3）继承 HttpServlet。

2.2.1 Servlet 开发之实现 Servlet 接口

通过实现 Servlet 接口，编写第一个 Servlet 程序，向浏览器回送一个 helloServlet!

这个入门程序我们采用继承 HttpServlet 的方式实现，具体开发步骤如下。

1. 创建 Servlet 类

写一个 Java 类实现 Servlet 接口，然后重写里面的方法。我们会看到需要重写里面的三个方法：init()、service()和 destroy()。

示例代码：

```
public class HelloServlet implements Servlet {
    @Override
    public void init(ServletConfig arg0) throws ServletException {
        // TODO Auto-generated method stub
        System.out.println("-------------init-----------------");
    }

    @Override
    public void service(ServletRequest request, ServletResponse response)
        throws ServletException, IOException {
        System.out.println("-------------service-----------------");
        // 向浏览器输出hello servlet!!!
        OutputStream out = response.getOutputStream();
        out.write(("<h1>hello servlet!!!</h1>").getBytes());
        out.close();


    }
    @Override
    public void destroy() {
        // TODO Auto-generated method stub
        System.out.println("-------------destroy-----------------");

    }

    @Override
    public ServletConfig getServletConfig() {
        // TODO Auto-generated method stub
        return null;
    }

    @Override
    public String getServletInfo() {
        // TODO Auto-generated method stub
        return null;
    }

}
```

2. URL 到 Servlet 的映射配置

由于客户端是通过 URL 地址访问 Web 服务器中的资源，所以 Servlet 程序若想被外界访问，必须把 Servlet 程序映射到一个 URL 地址上。这个工作在 web.xml 文件中使用<servlet>元素和<servlet-mapping>元素完成。

<servlet>元素用于注册 Servlet，它包含两个主要的子元素：<servlet-name>和<servlet-class>，分别用于设置 Servlet 的注册名称和 Servlet 的完整类名。

一个<servlet-mapping>元素用于映射一个已注册的 Servlet 的对外访问路径。它包含两个子元素：<servlet-name>和<url-pattern>，分别用于指定 Servlet 的注册名称和 Servlet 的对外访问路径。

web.xml 配置：

```
<servlet>
    <servlet-name>HelloServlet</servlet-name>
```

```
    <servlet-class>controller.HelloServlet</servlet-class>
    </servlet>
  <servlet-mapping>
    <servlet-name>HelloServlet</servlet-name>
    <url-pattern>/helloservlet</url-pattern>
  </servlet-mapping>
```

3. 项目部署

将项目部署到 Tomcat，启动运行，浏览器上访问 http://localhost:8081/Test/helloservlet，如图 2.2 所示。

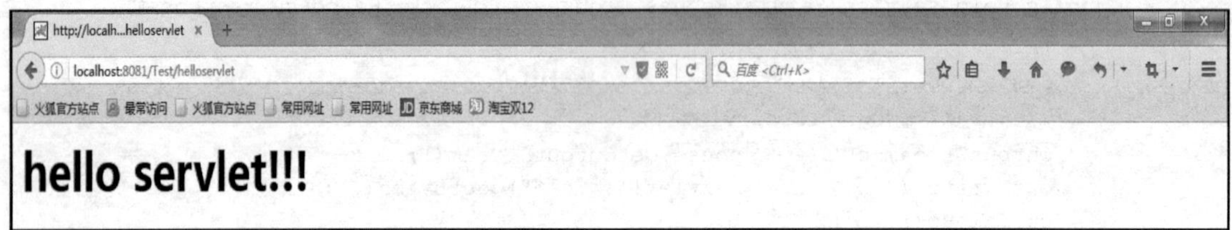

图 2.2　hello servlet 的运行结果

至此，一个简单的 Servlet 程序就运行起来了。

观察控制台的打印效果，如图 2.3 所示。

Problems　@ Javadoc　Declaration　Search　Console　Servers　Debug　Palette

```
-------------init----------------
-------------service----------------
```

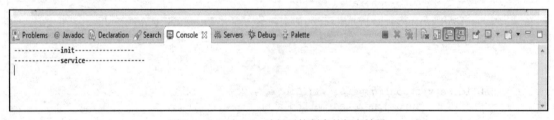

图 2.3　hello servlet 访问后控制台的打印效果

此时，如果你不断刷新页面请求，就会发现 Service 会执行多次，而 init 只执行一次，当 Tomcat 关闭时，destroy 方法会被调用。

2.2.2　Servlet 开发之继承 HttpServlet

写一个 Servlet，继承 HttpServlet，重写 doGet 和 doPost 方法，具体步骤如下。

第一步：扩展 HttpServlet 抽象类。

```
public class HelloServlet extends HttpServlet{}
```

第二步：覆盖 doGet()方法。

```
public void doGet(HttpServletRequest request,
HttpServletResponse response)throws IOException,ServletException{
```

第三步：获取 HTTP 请求中的参数信息。

```
String userName=request.getParameter("userName");…
```

第四步：生成 HTTP 响应结果。

```
response.setContenType()…
```

SecondServlet 示例代码：

```
public class SecondServlet extends HttpServlet {
    @Override
    protected void doGet(HttpServletRequest req, HttpServletResponse resp)
        throws ServletException, IOException {
        // TODO Auto-generated method stub
        System.out.println("--------------service-----------------");
        // 向浏览器输出 secondservlet!!!
        OutputStream out = resp.getOutputStream();
        out.write(("<h1>secondservlet!!!</h1>").getBytes());
        out.close();
    }

    @Override
    protected void doPost(HttpServletRequest req, HttpServletResponse resp)
        throws ServletException, IOException {
        // TODO Auto-generated method stub
        super.doPost(req,  resp);
    }

}
```

url 和 servlet 对象的映射配置跟第一种方式一样。

参照上面的体系结构图，会发现 HttpServlet 实现了 Servlet 接口，所以一个请求到达还是会先执行 service 方法，然后再决定是调用 doGet 还是调用 doPost，可以看到 HttpServlet 源代码部分如图 2.4 所示。

```
String method = req.getMethod();

if (method.equals("GET")) {
  long lastModified = getLastModified(req);
  if (lastModified == -1L)

  {
    doGet(req, resp);
  } else {
    long ifModifiedSince;
    try {
      ifModifiedSince = req.getDateHeader("If-Modified-Since");
    }
    catch (IllegalArgumentException iae) {
      ifModifiedSince = -1L;
    }
    if (ifModifiedSince < lastModified / 1000L * 1000L)

    {
      maybeSetLastModified(resp, lastModified);
      doGet(req, resp);
    } else {
      resp.setStatus(304);
    }
  }
}
else if (method.equals("HEAD")) {
  long lastModified = getLastModified(req);
  maybeSetLastModified(resp, lastModified);
  doHead(req, resp);
}
else if (method.equals("POST")) {
  doPost(req, resp);
}
```


图 2.4　重写 service 方法源码分析

2.2.3 Servlet 对象的生命周期

不管用哪种方式开发 Servlet，都需要三个步骤：创建 Servlet 对象、执行 Service 方法、销毁 Servlet 对象。因为 Servlet 是部署在容器里，所以它的生命周期由容器来进行管理。

Servlet 的生命周期如图 2.5 所示。从图中可以看出，Servlet 的生命周期分为以下几个阶段。

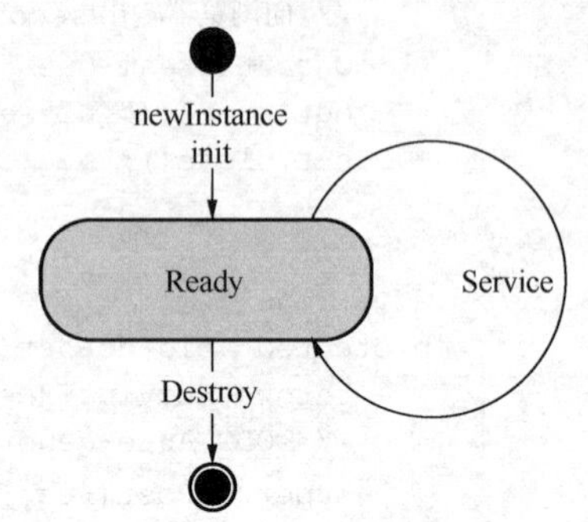

图 2.5 Servlet 生命周期

（1）装载 Servlet

既然 Servlet 是一个 Java 文件，那么肯定也需要装载 Servlet 的 class 文件。这由相应的容器来完成。

（2）创建一个 Servlet 实例

调用 Servlet 的 init()方法创建 Servlet 实例。该方法只会在第一次访问 Servlet 时被调用一次，之后的多次请求中，该方法将不会再次调用。这就意味着 Tomcat 中只运行着一个 Servlet 对象，当多线程同时访问的时候，我们需要注意线程的安全问题。

参数 ServletConfig 会在 Servlet 实例化过程中被创建，而且该参数封装了 Servlet 的初始化配置参数，它在 Servlet 生命周期内有效，且只从属于一个 Servlet。

（3）调用服务 Service()方法

当访问 Servlet 的请求到达服务器时，Servlet 的 service()方法就会被调用。该方法有两个非常重要的参数：Request 用于获得客户端信息，Response 用于向客户端返回信息。

每一次请求都会重新调用一次 Service 方法，所以建议 Servlet 定义变量都在这里定义，局部变量是不存在线程安全问题的。

（4）销毁

调用 Servlet 的 destroy()方法可销毁 Servlet 实例。该方法可在以下情况被调用。

- Tomcat 重新启动。
- Tomcat 运行过程中，重新部署该程序。

2.2.4 Servlet 开发详解

1. URL 映射

同一个 Servlet 可以被映射到多个 URL 上，即多个<servlet-mapping>元素的<servlet-name>子元素的设置值可以是同一个 Servlet 的注册名。例如：

```
<servlet>
     <servlet-name>ServletDemo1</servlet-name>
         <servlet-class>controller.ServletDemo1</servlet-class>
       </servlet>
       <servlet-mapping>
         <servlet-name>ServletDemo1</servlet-name>
         <url-pattern>/servlet/ServletDemo1</url-pattern>
       </servlet-mapping>
     <servlet-mapping>
        <servlet-name>ServletDemo1</servlet-name>
        <url-pattern>/1.htm</url-pattern>
```

```
</servlet-mapping>
 <servlet-mapping>
  <servlet-name>ServletDemo1</servlet-name>
  <url-pattern>/2.jsp</url-pattern>
</servlet-mapping>
 <servlet-mapping>
 <servlet-name>ServletDemo1</servlet-name>
  <url-pattern>/3.php</url-pattern>
</servlet-mapping>
 <servlet-mapping>
  <servlet-name>ServletDemo1</servlet-name>
  <url-pattern>/4.ASPX</url-pattern>
</servlet-mapping>
```

通过上面的配置，当想访问名称是 ServletDemo1 的 Servlet 时，我们可以使用如下的几个地址去访问。

```
http://localhost:8081/TestJSP/servlet/ServletDemo1
http://localhost:8081/TestJSP/1.htm
http://localhost:8081/TestJSP/2.jsp
http://localhost:8081/TestJSP/3.php
http://localhost:8081/TestJSP/4.ASPX
```

ServletDemo1 被映射到了多个 URL 上。

可以使用 * 通配符映射，在 Servlet 映射到的 URL 中也可以使用 * 通配符，但是只能有两种固定的格式：一种格式是“*.扩展名”，另一种格式是以正斜杠（/）开头并以“/*”结尾。

示例如下：

```
<servlet>
    <servlet-name>ServletDemo1</servlet-name>
    <servlet-class>gacl.servlet.study.ServletDemo1</servlet-class>
 </servlet>
  <servlet-mapping>
    <servlet-name>ServletDemo1</servlet-name>
 <url-pattern>/*</url-pattern>
```

“*”可以匹配任意的字符，所以此时可以用任意的 URL 去访问 ServletDemo1 这个 Servlet。

另外，根据如下的一些映射关系回答相关问题。

① Servlet1 映射到 /abc/*。

② Servlet2 映射到 /*。

③ Servlet3 映射到 /abc。

④ Servlet4 映射到*.do。

请问：当请求 URL 为“/abc/a.html”时，“/abc/*”和“/*”都匹配，哪个 Servlet 响应?

答案：Servlet 引擎将调用 Servlet1。

请问：当请求 URL 为“/abc”时，“/abc/*”和“/abc”都匹配，哪个 Servlet 响应?

答案：Servlet 引擎将调用 Servlet3。

请问：当请求 URL 为“/abc/a.do”时，“/abc/*”和“*.do”都匹配，哪个 Servlet 响应?

答案：Servlet 引擎将调用 Servlet1。

请问：当请求 URL 为“/a.do”时，“/*”和“*.do”都匹配，哪个 Servlet 响应?

答案：Servlet 引擎将调用 Servlet2。

请问：当请求 URL 为“/xxx/yyy/a.do”时，“/*”和“*.do”都匹配，哪个 Servlet 响应?

答案：Servlet 引擎将调用 Servlet2。

这里有对应的匹配规则：路径跟哪个 URL 的匹配度更高就选择哪个 Servlet。

2. 将 Servlet 配置为启动时加载

Servlet 是一个供其他 Java 程序（Servlet 引擎）调用的 Java 类。它不能独立运行，它的运行完全由 Servlet 引擎来控制和调度。

针对客户端的多次 Servlet 请求，通常情况下，服务器只会创建一个 Servlet 实例对象，也就是说 Servlet 实例对象一旦创建，它就会驻留在内存中，为后续的其他请求服务，直至 Web 容器退出，Servlet 实例对象才会销毁。

在 Servlet 的整个生命周期内，Servlet 的 init()方法只被调用一次。而对一个 Servlet 的每次访问请求都导致 Servlet 引擎调用一次 Servlet 的 service()方法。对于每次访问请求，Servlet 引擎都会创建一个新的 HttpServletRequest 请求对象和一个新的 HttpServletResponse 响应对象，然后将这两个对象作为参数传递给它调用的 Servlet 的 service()方法，service()方法再根据请求方式分别调用 doXXX 方法。

如果在<servlet>元素中配置了一个<load-on-startup>元素，那么 Web 应用程序在启动时，就会装载并创建 Servlet 的实例对象，以及调用 Servlet 实例对象的 init()方法。

示例如下：

```
<servlet>
      <servlet-name>init</servlet-name>
      <servlet-class>
          controller.InitServlet
      </servlet-class>
      <load-on-startup>1</load-on-startup>
  </servlet>
```

应用场合：为 Web 应用写一个 InitServlet，这个 Servlet 配置为启动时装载，一般适合做一些准备工作，比如创建数据库和初始化连接等。

3. Servlet 线程安全问题

当多个客户端并发访问同一个 Servlet 时，Web 服务器会为每一个客户端的访问请求创建一个线程，并在这个线程上调用 Servlet 的 service 方法。因此，service 方法内如果访问了同一个资源，那么就有可能引发线程安全问题。

不存在线程安全问题的代码如下：

```
public class SafeServlet extends HttpServlet {


    public void doGet(HttpServletRequest request, HttpServletResponse response)
        throws ServletException, IOException {

        /**
         * i 是局部变量
         */
        int i=1;
        i++;
```

```
        response.getWriter().write(i);
    }

    public void doPost(HttpServletRequest request, HttpServletResponse response)
        throws ServletException, IOException {
        doGet(request, response);
    }

}
```

当多线程并发访问这个方法里面的代码时，会存在线程安全问题吗？

上面代码中的变量 i 被多个线程并发访问，但并不存在线程安全问题，因为 i 是 doGet 方法里面的局部变量。这种情况下，当有多个线程并发访问 doGet 方法时，每一个线程里面都有自己的 i 变量，各个线程操作的都是自己的 i 变量，所以不存在线程安全问题。多线程并发访问某一个方法的时候，如果在方法内部定义了一些资源（如变量、集合等），那么每一个线程都有这些东西，所以就不存在线程安全问题了。

存在线程安全问题的代码如下：

```
public cclass SafeNotServlet extends HttpServlet {

    int i = 1;//属性，也是全局变量

    public void doGet(HttpServletRequest request, HttpServletResponse response)
        throws ServletException, IOException {

        i++;
        try {
            Thread.sleep(1000 * 4);
        } catch (InterruptedException e) {
            e.printStackTrace();
        }
        response.getWriter().write(i + "");
    }

    public void doPost(HttpServletRequest request, HttpServletResponse response)
        throws ServletException, IOException {
        doGet(request, response);
    }

}
```

若把 i 定义成全局变量，那么当多个线程并发访问变量 i 时，就会存在线程安全问题了。同时开启两个浏览器模拟并发访问同一个 Servlet，本来正常来说，第一个浏览器应该看到 2，而第二个浏览器应该看到 3 的，结果两个浏览器都看到 3，这就不正常，如图 2.6 所示。

线程安全问题只存在于多个线程并发操作同一个资源的情况下，所以在编写 Servlet 的时候，如果并发访问某一个资源（如变量、集合等），就可能会遇到线程安全问题，那么该如何解决这个问题呢？

图 2.6　多线程同时访问 Servlet 中的属性

先看看下面的代码：

```
public class SafeNotServlet extends HttpServlet {

    int i = 1;//属性，也是全局变量

    public void doGet(HttpServletRequest request, HttpServletResponse response)
        throws ServletException, IOException {

        /**
        * 加了 synchronized 后，并发访问 i 时就不存在线程安全问题了
        * 为什么加了 synchronized 后就没有线程安全问题了呢?
        * 假如现在有一个线程访问 Servlet 对象，那么它就先拿到了 Servlet 对象的那把锁
        * 等到它执行完毕才会把锁还给 Servlet 对象，由于是它先拿到了 Servlet 对象的那把锁
        * 所以当有别的线程来访问这个 Servlet 对象时，由于锁已经被之前的线程拿走了，后面的线程只能
         排队等候了
        *
        */
        synchronized (this) {//在 Java 中，每一个对象都有一把锁，这里的 this 是指 Servlet 对象
        i++;
        try {
            Thread.sleep(1000 * 4);
        } catch (InterruptedException e) {
            e.printStackTrace();
        }
        response.getWriter().write(i + "");
}
    }

    public void doPost(HttpServletRequest request, HttpServletRespons e response)
        throws ServletException, IOException {
        doGet(request,response);
    }

}
```

现在这种做法是给 Servlet 对象加了一把锁，保证任何时候都只有一个线程在访问该 Servlet 对象里面的资源，这样就不存在线程安全问题了。上述程序的运行结果如图 2.7 所示。

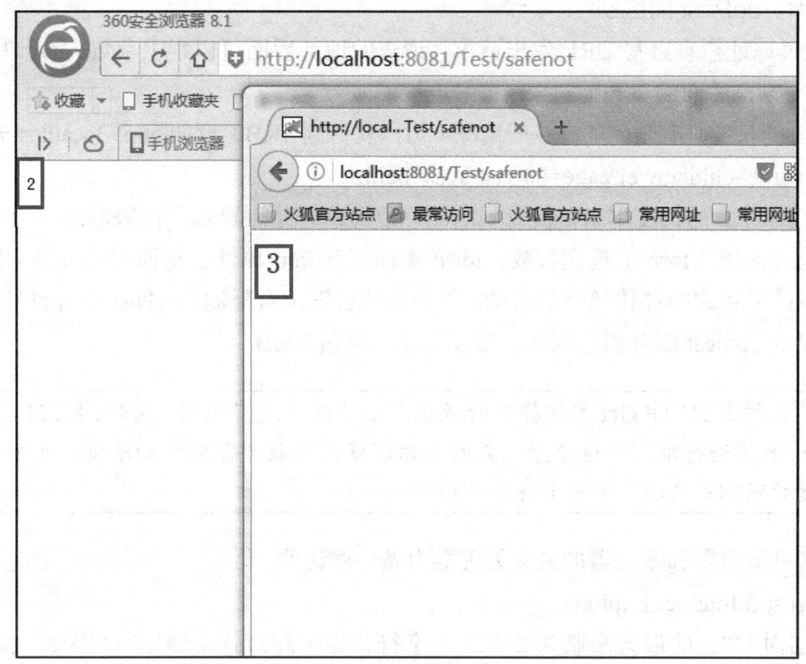

图 2.7　Servlet 多线程同步访问属性的结果

这种做法虽然解决了线程安全问题，但是编写 Servlet 却万万不能用这种方式处理线程安全问题。假如有 1 000 个人同时访问这个 Servlet，那么这 1 000 个人必须按先后顺序排队轮流访问。

针对 Servlet 的线程安全问题，Sun 公司是提供有解决方案的：让 Servlet 去实现一个 SingleThreadModel 接口。如果某个 Servlet 实现了 SingleThreadModel 接口，那么 Servlet 引擎将以单线程模式来调用其 service 方法。

查看 Sevlet 的 API（Application Programming Interface，应用程序编程接口）可以看到，SingleThreadModel 接口中没有定义任何方法和常量。在 Java 中，把没有定义任何方法和常量的接口称为标记接口，大家经常看到的一个最典型的标记接口就是“Serializable”，这个接口也是没有定义任何方法和常量的。标记接口在 Java 中有什么用呢？主要作用是给某个对象打上一个标志，告诉 JVM（Java Virtual Machine，Java 虚拟机）这个对象可以做什么，比如实现了“Serializable”接口的类的对象就可以被序列化，还有一个“Cloneable”接口，也是一个标记接口。在默认情况下，Java 中的对象是不允许被克隆的，就像现实生活中的人一样不允许克隆，但是只要实现了 Cloneable 接口，那么对象就可以被克隆了。

让 Servlet 实现了 SingleThreadModel 接口，只要在 Servlet 类的定义中增加实现 SingleThreadModel 接口的声明即可。

实现了 SingleThreadModel 接口的 Servlet，Servlet 引擎仍然支持对该 Servlet 的多线程并发访问，其采用的方式是产生多个 Servlet 实例对象，并发的每个线程分别调用一个独立的 Servlet 实例对象。

实现 SingleThreadModel 接口并不能真正解决 Servlet 的线程安全问题，因为 Servlet 引擎会创建多个 Servlet 实例对象。多线程安全问题其实是 Servlet 实例对象被多个线程同时调用的问题。事实上，在 Servlet API 2.4 中，已经将 SingleThreadModel 标记为 Deprecated（过时的）。

4. doGet、doPost 的区别

doGet 通过地址栏直接写 URL 发出请求，请求的地址后面可以跟上参数，参数写法：第一个参数前面写个 ？，后面的参数通过 & 符号连接。

整个 URL 的长度是有限制的，一般情况下可以支持到 4KB，形如 http://localhost:8080/MyWeb/myservlet?uername=chidianwei&age=00&address=beijing。

HTTP 请求 URL 的长度本来是没有限制的，以上这些是浏览器厂商限制的。

doPost 通过表单（form）提交参数。form 里面有 action 属性，里面写的就是 URL 地址，参数是通过表单的一系列控件传递到后台的。整个参数长度没有限制。doPost 本身也是没有限制的，但是一般情况下 Tomcat 服务器有限制，数据大小不超过 2MB。

实际上 HTTP Get 方法提交的数据大小长度并没有限制，同时，HTTP 规范也没有对 URL 长度进行限制。这个限制是特定的浏览器及服务器对它的限制。比如，IE 对 URL 长度的限制是 2 083 字节（2K+35）。

下面对各种浏览器和服务器的最大处理能力做一些说明。

（1）Microsoft Internet Explorer

IE 浏览器对 URL 的最大限制为 2 083 个字符，如果超过这个数字，“提交”按钮没有任何反应。

（2）Firefox

对于 Firefox 浏览器，URL 的长度限制为 65 536 个字符。

（3）Safari

对于 Safari 浏览器，URL 的最大长度限制为 80 000 个字符。

从理论上讲，POST 是没有大小限制的。HTTP 规范也没有进行大小限制，起限制作用的是服务器的处理程序的处理能力。

例如，可在 Tomcat 下取消对 POST 大小的限制（Tomcat 默认 2MB），这时只要修改 server.xml 里面的 maxPostSize="0" 即可。

5. ServletContext 和 ServletConfig

前者是所有的 Servlet 共享，属于服务器级别，ServletConfig 则是每个 Servlet 对象在创建 init() 方法之前就会生成，每个 Servlet 对象都对应自己的 ServletConfig 对象，彼此之间并不共享 ServletConfig 对象。两者具体在开发中的应用如下。

（1）ServletConfig

作用：代表了 Servlet 配置中的参数信息。

在 web.xml 中的参数配置如下信息：

```
<servlet>
    <servlet-name>ServletDemo1</servlet-name>
    <servlet-class>controller.servlet.ServletDemo1</servlet-class>
    <init-param>
        <param-name>username</param-name>
        <param-value>zhangsan</param-value>
    </init-param>
```

```
        <init-param>
            <param-name>age</param-name>
            <param-value>23</param-value>
        </init-param>
    </servlet>
```

（2）ServletContext

① 在应用被服务器加载时就创建 ServletContext 对象的实例。每一个 Java Web 应用都有唯一的一个 ServletContext 对象，它就代表着当前应用。

② 可通过“ServletConfig.getServletContext()”语句得到 ServletContext 对象。

③ 作用：不同 Servlet 之间数据共享。

④ ServletContext 对象是一个域对象（域对象就是说其内部维护了一个 Map<String,Object>）。

该对象常用方法如下。

- Object getAttribute(String name)：根据名称获取绑定的对象。
- Enumeration getAttributeNames()：获取 ServletContex 域中的所有属性名称。
- void removeAttribute(String name)：根据名称移除对象。
- void setAttribute(String name, Object value)：添加或修改对象。

⑤ 实现多个 Servlet 之间的数据共享。下面通过实例来讲解数据共享：实现 ServletDemo2 和 ServletDemo3 之间的数据共享。

示例 ServletDemo2.java：

```
public class ServletDemo2 extends HttpServlet {

    public void doGet(HttpServletRequest request, HttpServletResponse response)
        throws ServletException, IOException {
        ServletContext sc = getServletContext();
        sc.setAttribute("username", "zhangsan");
        response.getOutputStream().write("OK".getBytes());
    }

    public void doPost(HttpServletRequest request, HttpServletResponse response)
        throws ServletException, IOException {
        doGet(request,response);
    }

}
```

示例 ServletDemo3.java：

```
public class ServletDemo3 extends HttpServlet {

    public void doGet(HttpServletRequest request, HttpServletResponse response)
        throws ServletException, IOException {
        ServletContext sc = getServletContext();
        String name = (String)sc.getAttribute("username");
        response.getOutputStream().write(name.getBytes());
    }

    public void doPost(HttpServletRequest request,  HttpServletResponse response)
```

```
            throws ServletException, IOException {
        doGet(request, response);
    }
}
```

⑥ 获取 Web 应用的初始化参数（应用的全局参数）。在 web.xml 中设置 context-param 标签，并配置 context 上下文参数，Servlet 对象可以通过 ServletContext.getInitParameter 来访问相关参数。

示例如下：

```
<context-param>
    <param-name>encoding</param-name>
    <param-value>UTF-8</param-value>
</context-param>

package controller.servlet;

import java.io.IOException;
import javax.servlet.ServletContext;
import javax.servlet.ServletException;
import javax.servlet.http.HttpServlet;
import javax.servlet.http.HttpServletRequest;
import javax.servlet.http.HttpServletResponse;

public class ServletDemo4 extends HttpServlet {

    public void doGet(HttpServletRequest request, HttpServletResponse response)
        throws ServletException, IOException {
        ServletContext sc = getServletContext();
        String value = sc.getInitParameter("encoding");
        response.getOutputStream().write(value.getBytes());
    }

    public void doPost(HttpServletRequest request, HttpServletResponse response)
        throws ServletException, IOException {
        doGet(request, response);
    }
}
```

2.3 Servlet 3.0 注解方式开发

2.3.1 注解方式的开发步骤

这里使用 Servlet 向导生成一个 Servlet 类。

（1）在 controller 包上单击右键，选择 New→other 命令，找到 Servlet 向导界面，如图 2.8 所示。

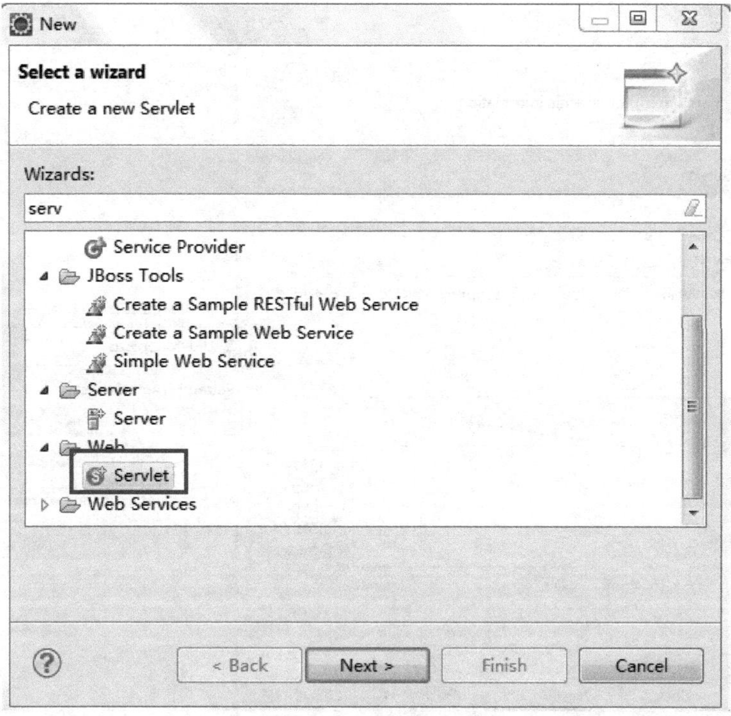

图 2.8　Servlet 生成向导一

（2）单击 Next 按钮后，在弹出的界面中输入类名 AnnoServlet，如图 2.9 所示。

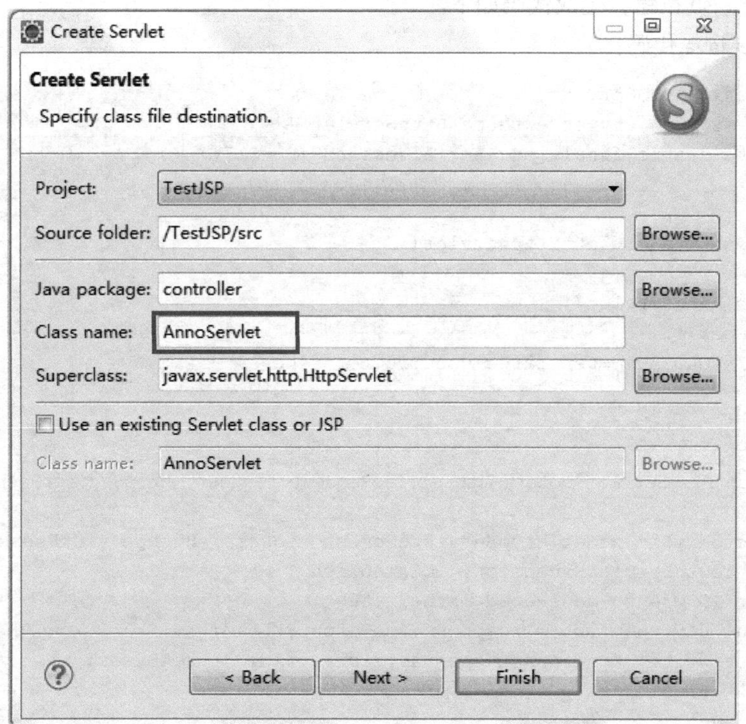

图 2.9　Servlet 生成向导二

（3）单击 Next 按钮后，在弹出的界面中配置 URL 映射地址，如图 2.10 所示。

图 2.10　Servlet 生成向导三

（4）单击 Finish 按钮，生成代码如下。

AnnoServlet.java 代码：

```
@WebServlet("/AnnoServlet")
public class AnnoServlet extends HttpServlet {
    private static final long serialVersionUID = 1L;

    /**
     * @see HttpServlet#HttpServlet()
     */
    public AnnoServlet() {
        super();
        // TODO Auto-generated constructor stub
    }

    /**
     * @see HttpServlet#doGet(HttpServletRequest request, HttpServletResponse response)
     */
    protected void doGet(HttpServletRequest request, HttpServletResponse response)
        throws ServletException, IOException {
        // TODO Auto-generated method stub
        OutputStream out = response.getOutputStream();
        out.write(("<h1>Annotation servlet!!!</h1>").getBytes());
        out.close();
    }

    /**
     * @see HttpServlet#doPost(HttpServletRequest request, HttpServletResponse response)
```

```
    */
    protected void doPost(HttpServletRequest request, HttpServletResponse response)
        throws ServletException, IOException {
        // TODO Auto-generated method stub
    }

}
```

该 Servlet 默认继承了 HttpServlet，跟之前第二种开发方式一样，只不过 URL 映射并没有配置在 web.xml 中，而是在类名前面加了@WebServlet 注解。

该注解里面的 value 属性是必须配置的，是字符串类型，如果注解里面直接写一个 URL 的字符串，表示匹配该 Servlet 的地址，value 这个属性名可以省略不写。

具体的 WebServlet 注解常用属性和@WebInitParam 注解将在下一节中讲解。

2.3.2　重要注解解释

1. @WebServlet

@WebServlet 用于将一个类声明为 Servlet。该注解将会在部署时被容器处理，容器将根据具体的属性配置将相应的类部署为 Servlet。该注解具有如下常用属性（以下所有属性均为可选属性，但是 value 或者 urlPatterns 通常是必需的，且二者不能共存，如果同时指定，通常是忽略 value 的取值）。

（1）name String：指定 Servlet 的 name 属性，等价于<servlet-name>。如果没有显式指定，则该 Servlet 的取值即为类的全限定名。

（2）value String[]：该属性等价于 urlPatterns 属性。两个属性不能同时使用。

（3）urlPatterns String[]：指定一组 Servlet 的 URL 匹配模式，等价于<url-pattern>标签。

（4）loadOnStartup int：指定 Servlet 的加载顺序，等价于<load-on-startup>标签。

（5）initParams WebInitParam[]：指定一组 Servlet 初始化参数，等价于<init-param>标签。

（6）asyncSupported boolean：声明 Servlet 是否支持异步操作模式，等价于<async-supported>标签。

（7）description String：该 Servlet 的描述信息，等价于<description>标签。

（8）displayName String：该 Servlet 的显示名，通常配合工具使用，等价于<display-name>标签。

示例如下：

```
@WebServlet(urlPatterns = {"/simple"}, asyncSupported = true,
loadOnStartup = -1, name = "SimpleServlet", displayName = "ss",
initParams = {@WebInitParam(name = "username", value = "tom")}
)
public class SimpleServlet extends HttpServlet{ … }
```

如此配置之后，就不必在 web.xml 中配置相应的 <servlet> 和 <servlet-mapping> 元素了，容器会在部署时根据指定的属性将该类发布为 Servlet。其等价的 web.xml 配置形式如下。

```
<servlet>
    <display-name>ss</display-name>
    <servlet-name>SimpleServlet</servlet-name>
    <servlet-class>footmark.servlet.SimpleServlet</servlet-class>
    <load-on-startup>-1</load-on-startup>
    <async-supported>true</async-supported>
```

```
    <init-param>
        <param-name>username</param-name>
        <param-value>tom</param-value>
    </init-param>
</servlet>
<servlet-mapping>
    <servlet-name>SimpleServlet</servlet-name>
    <url-pattern>/simple</url-pattern>
</servlet-mapping>
```

2. @WebInitParam

该注解通常不单独使用，而是配合 @WebServlet 或者@WebFilter 使用。它的作用是为 Servlet 或者过滤器指定初始化参数。这等价于 web.xml 中<servlet>和<filter>的<init-param>子标签。

@WebInitParam 具有表 2.1 所给出的一些常用属性。

表 2.1

属 性 名	类 型	是否可选	描 述
name	String	否	指定参数的名字，等价于 <param-name>
value	String	否	指定参数的值，等价于 <param-value>
description	String	是	关于参数的描述，等价于 <description>

本章总结

- 什么是 Servlet
  - Servlet 的概念和简介
  - Servlet 接口继承体系结构
- Servlet 的典型开发方式
  - 直接实现 Servlet 接口方式开发
  - 继承 HttpServlet 类，重写 doGet 或者 doPost 方法
  - Servlet 对象的生命周期
  - Servlet 生命周期各阶段及开发详解
- Servlet 3.0 开发
  - Eclipse 里进行注解开发
  - Servlet 的两个重要注解及注解配置方式

课后练习

一、选择题

1. 下列关于 Servlet 的说法正确的是（　　）。

   A. Servlet 是一种动态网站技术

   B. Servlet 运行在服务端

   C. Servlet 针对每个请求使用一个进程来处理

D. Servlet 与普通的 Java 类一样，可以直接运行，不需要环境支持

2. 下列关于 Servlet 的编写方式正确的是（　　）。

A. 必须是 HttpServlet 的子类

B. 通常需要覆盖 doGet()或 doPost()方法

C. 通常需要覆盖 service()方法

D. 通常要在 web.xml 文件中声明<servlet>和<servlet-mapping>两个元素

3. 下列关于 Servlet 生命周期的说法正确的是（　　）。

A. 构造方法只会调用一次

B. init()方法只会调用一次

C. service()方法在每次请求此 Servlet 时都会被调用

D. destroy()方法在每次请求完毕时会被调用

4. 假如在 web.xml 里面定义了以下内容。

```
  <servlet>
  <servlet-name>Goodbye</servlet-name>
  <servlet-class>cc.openhome.LogutServlet</servlet-class>
</servlet>
<servlet-mapping>
  <servlet-name>GoodBye</servlet-name>
  <url-pattern>/goodbye</url-pattern>
</servlet-mapping>
```

请问下列选项中，（　　）请求是合理的 URL。

A. /GoodBye　　B. Goodbye.do

C. /goodbye.do　　D. /goodbye

5. 在 Web 容器中，以下哪两个类别的实例分别代表 HTTP 请求与响应对象？（　　）

A. HTTPRequest　　B. HttpServletRequest

C. HttpServletResponse　　D. PrintWriter

二、上机练习

1. 分别用 XML 配置文件和注解两种方式编写一个最简单的 Servlet，其功能就是向客户端输出一个字符串“Hello World”。

2. 编写一个 Servlet，用于获取请求中的消息报头，并将这些报头的名称和值输出到客户端。利用 ServletRequest 接口中的定义方法获取客户端和服务端的 IP 地址及端口号，将这些信息输出到客户端，并且设置响应的实体报头。

第3章 Servlet API详解

学习内容

- Servlet 规范 API 结构
- Servlet 的接口及其实现类
- ServletRequest 接口和 ServletResponse 接口
- Servlet API 的应用

学习目标

- 掌握 Servlet 的接口体系
- 掌握 HttpServlet 类的使用
- 掌握 HttpServletRequest 和 HttpServletResponse 类的 API 使用

本章简介

本章主要学习Servlet组件的基本规范接口，重点讲解HttpServletRequest、HttpServletResponse、HttpServlet 等接口或类的具体方法和应用，并结合一个登录功能的实训讲解相关综合应用。

3.1 基本类和接口

3.1.1 Servlet 接口框架

Servlet API 的 JavaDoc 文档可以到 Servlet 规范的官方网站上下载。

不同的 Web 服务器对这个规范有不同的实现，这里以 Tomcat 的<CATALINA_HOME>/lib/servlet-api-2.5.jar 文件作为 Servlet API 的类库文件，如图 3.1 所示。

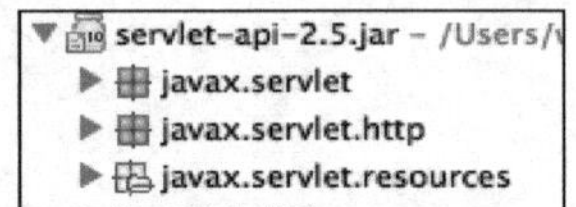

图 3.1 Servlet 包目录结构

Servlet API 主要由两个 Java 包组成：javax.servlet 和 javax.servlet.http。javax.servlet 包中定义了 Servlet 接口及相关的通用接口和类；javax.servlet.http 包中主要定义了与 HTTP 协议相关的 HttpServlet 类、HttpServletRequest 接口和 HttpServletResponse 接口。图 3.2 显示了 Servlet API 中的主要接口与类的类框图。

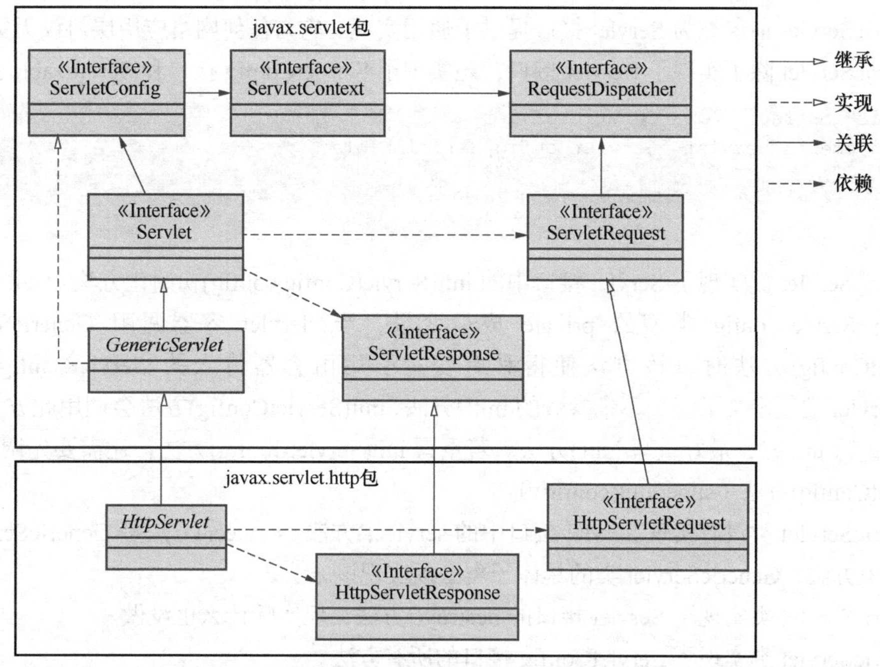

图 3.2　Servlet API 中的主要接口与类的类框图

3.1.2　Servlet 常用的接口和类

1. Servlet 接口

在 Servlet 接口中定义了五个方法，其中三个方法都是由 Servlet 容器来调用的，容器会在 Servlet 生命周期的不同阶段调用特定的方法，如图 3.3 所示。

被 Servlet 容器调用的方法如下。

（1）init(ServletConfig)：负责初始化 Servlet 对象。容器在创建好 Servlet 对象后，就会调用该方法。

（2）service(ServletRquest req, ServletResponse res)：负责相应客户的请求，为客户提供相应服务。当容器接收客户端要求访问特定 Servlet 对象的请求时，就会调用该 Servlet 对象的 service()方法。

（3）destroy()：负责释放 Servlet 对象占用的资源。当 Servlet 对象结束生命周期时，容器会调用此方法。

2. GenericServlet 抽象类

GenericServlet 类的继承体系如图 3.4 所示。

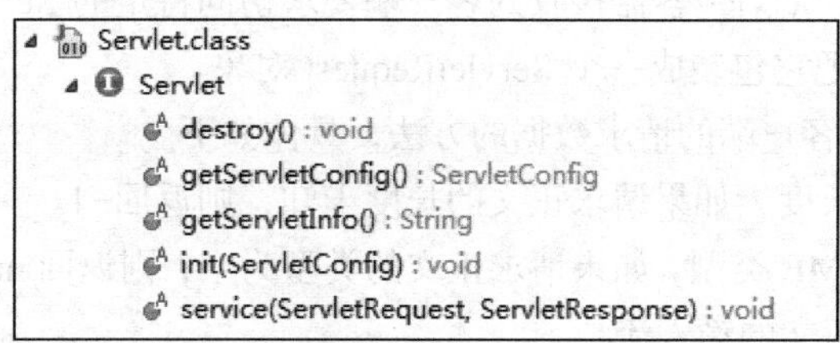

图 3.3　Servlet 接口的方法

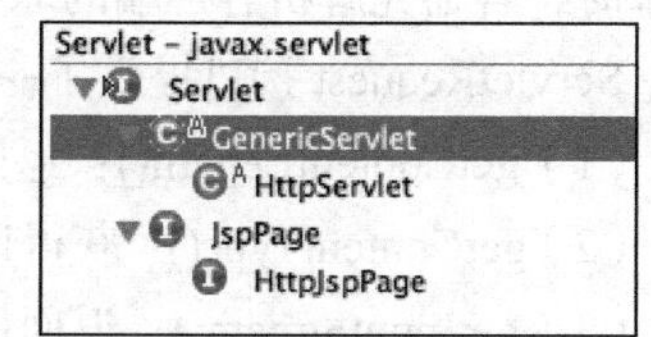

图 3.4　GenericServlet 类的继承体系

GenericServlet 抽象类为 Servlet 接口提供了通用实现。它与任何网络应用层协议无关。

GenericServlet 除了实现了 Servlet 接口，还实现了 ServletConfig 接口和 Serializable 接口。

```
Public abstract class GenericServlet
  Implements Servlet, ServletConfig,Serializable
{
…
}
```

GenericServlet 类实现了 Servlet 接口中的 init(ServletConfig config)初始化方法。GenericServlet 类有一个 ServletConfig 类型的 private 成员变量，当 Servlet 容器调用 GenericServlet 的 init(ServletConfig)方法时，该方法使得私有变量引用由容器传入的 ServletConfig 对象。GenericServlet 类还定义了一个不带参数的 init()方法，init(ServletConfig)方法会调用此方法。因此，在子类中重写 init 时，最好重写 init()方法。若重写 init(ServletConfig)方法，还需要先调用父类的 init(ServletConfig)方法（super.init(config)）。

GenericServlet 类没有实现 Servlet 接口中的 service()方法。service()方法是 GenericServlet 类中唯一的抽象方法，GenericServlet 类的具体子类必须实现该方法。

GenericServlet 类实现了 Servlet 接口的 destroy()方法，但实际什么也没做。

GenericServlet 类实现了 ServletConfig 接口的所有方法。

3. HttpServlet 抽象类

HttpServlet 类是 GenericServlet 类的子类。HttpServlet 类为 Serlvet 接口提供了与 HTTP 相关的通用实现。也就是说，HttpServlet 对象适合运行在与客户端采用 HTTP 通信的 Servlet 容器或者 Web 容器中。

在我们自己开发的 Java Web 应用中，自定义的 Servlet 类一般都扩展自 HttpServlet 类。

HttpServlet 类实现了 Servlet 接口中的 service(ServletRequest, ServletResponse)方法，而该方法实际调用的是它的重载方法 HttpServlet.service(HttpServletRequest, HttpServletResponse)。

在上面的重载 service()方法中，首先调用 HttpServletRequest 类型的参数的 getMethod()方法，获得客户端的请求方法，然后根据该请求方式调用匹配的服务方法；如果为 GET 方式，则调用 doGet()方法，如果为 POST 方式，则调用 doPost()方法。

HttpServlet 类为所有的请求方式提供了默认的 doGet()、doPost()、doPut()、doDelete()方法，这些方法的默认实现都会向客户端返回一个错误。

对于 HttpServlet 类的具体子类，一般会针对客户端的特定请求方法，覆盖 HttpServlet 类中相应的 doXXX 方法。如果客户端按照 GET 或 POST 方式请求访问 HttpsServlet，并且在这两种方式下，HttpServlet 提供相同的服务，那么可以只实现 doGet()方法，并且让 doPost()方法调用 doGet()方法。

4. ServletRequest 接口

ServletRequest 表示来自客户端的请求；当 Servlet 容器接收到客户端要求访问特定的 Servlet 请求时，容器先解析客户端的原始请求数据，把它包装成一个 ServletRequest 对象。

ServletRequest 接口提供了一系列用于读取客户端的请求数据的方法，具体如下。

（1）getContentLength()：返回请求正文的长度，如果请求正文的长度未知，则返回−1。

（2）getContentType()：获得请求正文的 MIME 类型，如果请求正文的类型为空，则返回 null。

（3）getInputStream()：返回用于读取请求正文的输入流。

（4）getLocalAddr()：返回服务端的 IP 地址。

（5）getLocalName()：返回服务端的主机名。

（6）getLocalPort()：返回服务端的端口号。

（7）getParameters()：根据给定的请求参数名，返回来自客户请求中的匹配的请求参数值。

（8）getProtocal()：返回客户端与服务器端通信所用的协议名称及版本号。

（9）getReader()：返回用于读取字符串形式的请求正文的 BufferReader 对象。

（10）getRemoteAddr()：返回客户端的 IP 地址。

（11）getRemoteHost()：返回客户端的主机名。

（12）getRemotePort()：返回客户端的端口号。

javax.servlet.ServletRequest 封装了客户端请求的细节。它与协议无关，并有一个指定 HTTP 的子接口。

javax.servlet.ServletRequest 的主要工作内容如下。

（1）找到客户端的主机名和 IP 地址。

（2）检索请求参数。

（3）取得和设置属性。

（4）取得输入和输出流。

5. HttpServletRequest 接口

HttpServletRequest 接口是 ServletRequest 接口的子接口。

HttpServletRequest 接口提供了用于读取 HTTP 请求中的相关信息的如下方法。

（1）getContextPath()：返回客户端请求方法的 Web 应用的 URL 入口，例如，如果客户端访问的 URL 为 http://localhost:8080/helloapp/info，那么该方法返回“/helloapp”。

（2）getCookies()：返回 HTTP 请求中的所有 Cookie。

（3）getHeader(String name)：返回 HTTP 请求头部的特定项。

（4）getHeaderName()：返回一个 Enumeration 对象。它包含了 HTTP 请求头部的所有项目名。

（5）getMethod()：返回 HTTP 请求方式。

（6）getRequestURL()：返回 HTTP 请求的头部的第一行中的 URL。

（7）getQueryString()：返回 HTTP 请求中的查询字符串，即 URL 中的“？”后面的内容。

HttpServletRequest 是 ServletRequest 的子接口，所以继承了它的父类方法，同时增加了一些与 HTTP 应用协议相关的方法。

6. RequestDispatcher 对象的获取和使用

当建立一个 Web 应用时，把一个请求传给另一个 Servlet 或在 Response 中包含另一个 Servlet 的输出是经常使用的。RequestDispatcher 接口就提供了一些方法。

getRequestDispatcher 的参数是一个以根目录“/”开始的路径，该方法会查找路径下的 Servlet，并把它封装成 RequestDispatchcer 对象返回。

对于使用 Request Dispatcher 而言就是一个 Servlet 调用 include 或 forward 方法，这些方法的参数是 Servlet 接口传来的 request 和 response 对象实例。

include 方法：包含资源。

forward 方法：请求转发。

实训 3.1　实现用户登录功能

训练技能点

- 使用 HttpServletRequest 获取请求参数

- 继承 HttpServlet 方式开发 Servlet
- 使用 RequestDispatcher 对象跳转页面

需求说明

- 创建登录的 HTML 页面
- 创建登录处理的 Servlet
- 创建登录失败的 HTML 页面
- 创建登录成功的 HTML 页面

实现思路

使用 HttpServlet 开发一个接收用户表单信息的登录 Servlet，根据用户名和密码是否正确通过请求分发器跳转到成功或者失败页面。

实现步骤

（1）创建登录表单页面 login.html

```
<!DOCTYPE html>
<html>
<head>
<meta charset="UTF-8">
<title>Insert title here</title>
</head>
<body>
<form name="loginform" id="loginform" action="loginservlet" method="post">
     <table border="0">
        <tr>
          <td>用户名:</td>
          <td><input type="text" name="login" id="login"></td>
        </tr>
        <tr>
          <td>密码:</td>
          <td><input type="password" name="password" id="password"></td>
        </tr>
        <tr>
          <td colspan="2" align="center"><input type="submit" value="登录"></td>
        </tr>
     </table>
   </form>

</body>
</html>
```

运行界面如图 3.5 所示。

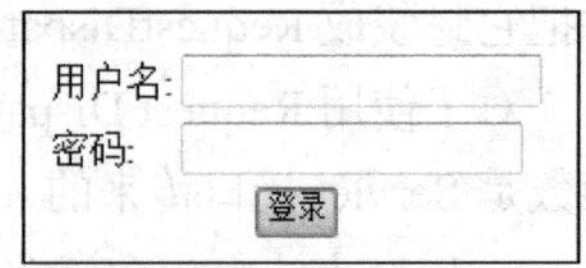

图 3.5　登录页面

（2）实现一个登录的 LoginServlet

LoginServlet 用于接收表单传过来的参数，代码写在 doPost 方法中，因为 form 表单是通过 post 方式提交的。关键代码（mainframe.html）如下所示。

```
@WebServlet(name = "LoginServlet", urlPatterns = { "/loginservlet" })
public class LoginServlet extends HttpServlet {
    public void doPost(HttpServletRequest request, HttpServletResponse response)
         throws ServletException, IOException {
         request.setCharacterEncoding("utf-8");
```

```
        //获取参数
        String login = request.getParameter("login");
        String password = request.getParameter("password");
        if ("sa".equals(login) && "123456".equals(password)) {
            //登录成功，跳到主页面
            request.getRequestDispatcher("/mainframe.html").forward(request,
                        response);
        } else {
            //登录失败，跳到出错页面
            request.getRequestDispatcher("/error.html").forward(request,
                    response);
        }
    }
}
```

登录成功，输入 sa，密码 123456，将会显示 mainframe.html 界面，如图 3.6 所示。若输入错误，将会跳转到如图 3.7 所示的界面。

C:\Users\Administrator\Desktop\mainframe.html

文件(F) 编辑(E) 查看(V) 收藏夹(A) 工具(T) 帮助(H)

商品名称	商品类型	商品价格
DIRO	香水	4000
Patek Philippe	手表	150000
PRADA	女士手包	20000

图 3.6　商品列表主页面

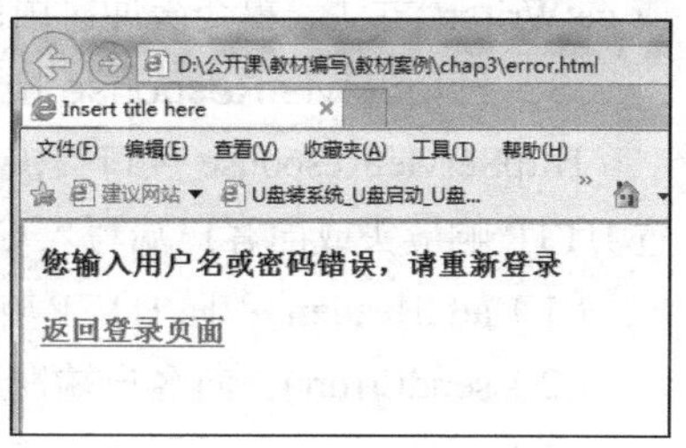

图 3.7　登录失败页面

7．ServletResponse 接口

Servlet 可通过 ServletResponse 对象生成响应结果。ServletResponse 接口定义了一系列与生成响应结果的相关方法，具体如下。

（1）setCharacterEncoding()：设置响应正文的字符编码。响应正文的默认字符编码为 ISO-8859-1。

（2）setContentLength()：设置响应正文的长度。

（3）setContentType()：设置响应正文的 MIME 类型。

（4）getCharacterEncoding()：获得响应正文的字符编码。

（5）getContentType()：获得响应正文的 MIME 类型。

（6）setBufferSize()：设置用于存放响应正文数据的缓冲区的大小。

（7）getBufferSize()：获得用于存放响应正文数据的缓冲区的大小。

（8）reset()：清空缓冲区内的正文数据，并且清空响应状态代码及响应头。

（9）resetBuffer()：仅仅清空缓冲区的正文数据，不清空响应状态代码及响应头。

（10）flushBuffer()：强制性地把缓冲区内的响应正文数据发送到客户。

（11）isCommitted()：返回一个 boolean 类型的值，如果为 true，表示缓冲区内的数据已经提交给客户，即数据已经发送到客户端。

（12）getOutputStream()：返回一个 ServletOutputStream 对象，Servlet 用它来输出二进制的正文数据。

（13）getWriter()：返回一个 PrinterWriter 对象，Servlet 用它来输出字符串形式的正文数据。

ServletResponse 中响应正文的默认 MIME 类型是 text/plain，即纯文本类型，而 HttpServletResponse

中响应正文的默认 MIME 类型为 text/html，即 HTML 文档类型。

为了提高输出数据的效率，ServletOutputStream 和 PrintWriter 首先把数据写到缓冲区内。当缓冲区内的数据被提交给客户后，ServletResponse 的 isComitted 方法返回 true。在以下几种情况下，缓冲区内的数据会被提交给客户，即数据被发送到客户端。

（1）当缓冲区内的数据已满时，ServletOutPutStream 或 PrintWriter 会自动把缓冲区内的数据发送给客户端，并且清空缓冲区。

（2）Servlet 调用 ServletResponse 对象的 flushBuffer 方法。

（3）Servlet 调用 ServletOutputStream 或 PrintWriter 对象的 flush 方法和 close 方法。

为了确保 SerlvetOutputStream 或 PrintWriter 输出的所有数据都会被提交给客户，比较安全的做法是在所有数据都输出完毕后，调用 ServletOutputStream 或 PrintWriter 的 close()方法（Tomcat 中，会自动关闭）。

如果要设置响应正文的 MIME 类型和字符编码，必须先调用 ServletResponse 对象的 setContentType()和 setCharacterEncoding()方法，然后再调用 ServletResponse 的 getOutputStream()或 getWriter()方法，提交缓冲区内的正文数据。只有满足这样的操作顺序，所做的设置才能生效。

8．HttpServletResponse 接口

HttpServletResponse 接口提供了与 HTTP 协议相关的一些方法，Servlet 可通过这些方法来设置 HTTP 响应头或向客户端写入 Cookie。具体如下。

（1）addHeader()：向 HTTP 响应头中加入一项内容。

（2）sendError()：向客户端发送一个代表特定错误的 HTTP 响应状态代码。

（3）setHeader()：设置 HTTP 响应头中的一项内容，如果在响应头中已经存在这项内容，则原来的设置被覆盖。

（4）setStatus()：设置 HTTP 响应的状态代码。

（5）addCookie()：向 HTTP 响应中加入一个 Cookie。

HttpServletResponse 接口中定义了一些代表 HTTP 响应状态代码的静态常量。

javax.servlet.http.HttpServletResponse 是 javax.servlet.ServletResponse 接口的子接口，加入表示状态码、状态信息和响应头标的方法。它还负责对 URL 中写入一 Web 页面的 HTTP 会话 ID 进行解码。

实训 3.2　修改用户登录功能

训练技能点

- 使用 HttpServletRequest 获取请求参数
- 继承 HttpServlet 方式开发 Servlet
- RequestDispatcher 请求跳转方式和 ServletResponse 的页面重定向方式，使用两种方式页面均可跳转到 Servlet 后再中转到界面

需求说明

- 创建登录的 HTML 页面
- 修改登录处理的 Servlet
- 登录成功/失败后跳转到 Servlet，生成响应
- 创建登录失败的 HTML 页面
- 创建登录成功的 Servlet 生成的响应页面

实现思路

使用 HttpServlet 开发一个接收用户表单信息的登录 Servlet，输入登录的用户名和密码，如果输入正确，调用 Response 的 sendRedirect 方法重定向到 mainframeservlet；否则，通过 requestdispatcher 跳转到 errorservlet。

实现步骤

（1）修改实训 3.1 中的 LoginServlet 代码

```
@WebServlet(name = "LoginServlet", urlPatterns = { "/loginservlet" })
public class LoginServlet extends HttpServlet {
    public void doPost(HttpServletRequest request,  HttpServletResponse response)
    throws ServletException, IOException {
        request.setCharacterEncoding("utf-8");
        String login = request.getParameter("login");
        String password = request.getParameter("password");
        if("sa".equals(login) && "123456".equals(password)){
            String contextPath = request.getContextPath();
            response.sendRedirect(contextPath+"/mainframeservlet");
        }else{
            request.getRequestDispatcher("/errorservlet").forward(request,
                response);
        }
    }
}
```

（2）开发登录成功的 mainframeservlet 代码

如下代码通过 Response 获取输出流，通过 PrintWriter 的 print 方法将字符串拼接好，并显示到浏览器上。

```
@WebServlet(name = "MainFrameServlet", urlPatterns = { "/mainframeservlet" })
public class MainFrameServlet extends HttpServlet {
public void doGet(HttpServletRequest request, HttpServletResponse response)
   throws ServletException, IOException {
   response.setContentType("text/html;charset=UTF-8");
   response.setCharacterEncoding("utf-8");
   PrintWriter out = response.getWriter();
   out.println("<!DOCTYPE HTML PUBLIC \"-//W3C//DTD HTML 4.01 Transitional//EN\">");
   out.println("<HTML>");
   out.println("  <HEAD><TITLE>A Servlet</TITLE></HEAD>");
   out.println("  <BODY>");
   out.println("<table width='600' height='100' border='1' align='center'
       cellpadding='1' cellspacing='0'>");
   out.println("<tr><th scope='col'>商品名称</th><th scope='col'>商品类型</th>
       <th scope= 'col'>商品价格</th></tr>");
   out.println("<tr><td>DIRO</td><td>香水</td><td>40000</td></tr>");
   out.println("<tr><td>Patek Philippe </td><td>手表</td><td>150000</td></tr>");
   out.println("<tr><td> PRADA </td><td>女士手包</td><td>20000</td></tr>");
   out.println("</table></BODY>");
   out.println("</HTML>");
   out.flush();
   out.close();
   }
}
```

用同样的方式也可以写 errorServlet。运行结果如同实训 1 的界面。

9. ServletConfig 接口

当 Servlet 容器初始化 Servlet 对象时，会为这个 Servlet 对象创建一个 ServletConfig 对象。在 Servlet 对象中包含了 Servlet 的初始化参数信息。

ServletConfig 接口中定义了以下方法。

（1）getInitParameter(String name)：返回匹配的初始化参数值。

（2）getInitParameterNames()：返回一个 Enumeration 对象，里面包含了所有的初始化参数名。

（3）getServletContext()：返回一个 ServletContext 对象。

（4）getServletName()：返回 Servlet 的名字，即 web.xml 文件中相应的<servlet>元素的<servlet-name>子元素的值；如果没有为 Servlet 配置<servlet-name>子元素，则返回 Servlet 类的名字。

HttpServlet 类继承了 GenericServlet 类，而 GenericServlet 类实现了 ServletConfig 接口，因此 HttpServlet 或 GenericServlet 类及子类中都可以直接调用 ServletConfig 接口中的方法。

10. ServletContext 接口

ServletContext 是 Servlet 与 Servlet 容器之间进行直接通信的接口。

Servlet 容器在启动一个 Web 应用时，会为它创建一个 ServletContext 对象。每个 Web 应用都有唯一的 ServletContext 对象，可以把 ServletContext 对象形象地理解为 Web 应用的总管家。同一个 Web 应用中的所有 Servlet 对象都共享一个 ServletContext，Servlet 对象可以通过其访问容器中的各种资源。

ServletContext 接口提供的方法可以分为以下几种类型。

（1）用于在 Web 应用范围内存取共享数据的方法

① setAttribute(String name, Object object)：把一个 Java 对象与一个属性名进行绑定，并存入到 ServletContext 中。

② getAttribute()：返回由 name 指定的属性值。

③ getAttributeNames()：返回一个 Enumeration 对象，包含所有存放在 ServletContext 中的属性名。

④ removeAttributes()：从 ServletContext 中删除匹配的属性。

（2）访问当前 Web 应用的资源的方法

① getContextPath()：返回当前 Web 应用的 URL 入口。

② getInitParameter()：返回 Web 应用范围内的匹配的初始化参数值。在 web.xml 中，直接在<web-app>根元素下定义的<context-param>元素表示应用范围内的初始化参数。

③ getServletContextName()：返回 Web 应用的名字，即 web.xml 文件中<display-name>元素的值。

④ getRequestDispatcher()：返回一个用于向其他 Web 组件转发请求的 RequestDispatcher 对象。

（3）访问 Servlet 容器中其他 Web 应用的方法

（4）访问 Servlet 容器的相关信息

（5）访问服务器端的文件系统资源

① getRealPath()：根据参数指定的虚拟路径，返回文件系统中的一个真实的路径。

② getResources()：返回一个映射到参数指定路径的 URL。

③ getResourceAsStream()：返回一个用于读取参数指定文件的输入流。

④ getMimeType()：返回参数指定文件的 MIME 类型。

（6）输出日志的方法

① log(String msg)：在 Servlet 的日志文件中写日志。

② log(String message, Throwable throwable)：向 Servlet 的日志文件中写入错误日志，以及异常的堆栈信息。

3.2　Servlet API 在项目中的部分应用

3.2.1　关于中文乱码问题

想要解决乱码问题，先要清楚什么是编码，什么是解码。在 Java 课程中，我们学过将字符编码成字节的方法，比如通过 String 的 getBytes(encoding)方法可以得到字节数组，这就是编码。我们发送一个请求到服务器，实际上传递的是字节数组。而解码指的是将字节变成字符，比如可以调用 String 类的构造函数 new String(byte[],encoding)来实现解码。

之所以出现乱码，就是因为编码和解码的字符集（也就是方法里面的 encoding 参数）不一致。下面来看一下常见的乱码及其解决方案。

1. 提交表单时出现乱码

在提交表单的时候，经常提交一些中文，自然就避免不了出现中文乱码的情况。对于表单来说有两种提交方式：get 和 post 提交方式。所以请求的时候便有 get 请求和 post 请求。两种请求方式所产生的乱码的解决方式是不同的。每种方式都有不同的解决方法。出现乱码的原因在于 get 请求时，其传递给服务器的数据是附加在 URL 地址之后的；而 post 请求时，其传递给服务器的数据是作为请求体的一部分传递给服务器。这也就导致了对它们所产生的乱码的处理方式是不同的。

（1）客户端的 get 请求

对于不同的请求方式，解决乱码的方法也是不一样的。对于客户端的 get 请求来说，服务器端要想不出现乱码，需要用到 String 类型的构造函数，其中的一个构造函数就是用指定的编码方式去解码，一般都用“UTF-8”的方式。只要在服务器端将请求得到的参数重新构造成一个字符串就行了。例如以下语句：

```
String  stuname = request.getParameter("stuname");
String str = new String(stuname.getBytes("ISO-8859-1"),"utf-8")
```

经过构造之后，客户端输入中文，且表单发出 get 请求的情况下，str 就变成了中文了。如果请求参数比较多，最好将它封装成一个工具类。

```
public class MyUtil
{
    public static String getNewString(String str) throws UnsupportedEncodingException
    {
        return new String(str.getBytes("ISO-8859-1"), "UTF-8");
    }
}
String stuname= MyUtil.getNewString(request.getParameter("stuname"));
```

（2）客户端的 post 请求

对于客户端的 post 请求来说，处理乱码的问题就比较简单了。因为请求的数据是作为请求体的一部分传递给服务器的，所以只要修改请求内的编码就行了。只要在服务器端的最开始处将请求的数据设置为“UTF-8”就可以了，例如以下语句：

```
request.setCharacterEncoding("UTF-8");
```

这样用户在服务器端获取到的中文数据就不再是乱码了。

2. 超链接时出现乱码

在 Web 开发中，有时候会通过超链接去传递中文参数，这也会导致在显示的时候出现乱码。对于超链接来说，它实际上是向服务器端发送了一个请求，而它发出的请求是属于 get 请求，所以对于超链接的乱码来说，它处理乱码的方式和表单的 get 请求出现乱码的方式是一样的，代码如下。

```
String stuname= MyUtil.getNewString(request.getParameter("stuname"));
```

3. 返回浏览器显示的乱码

在 Servlet 编程中，经常需要通过 response 对象将一些信息返回给浏览器，而我们在服务器端显示的中文在响应给客户端浏览器时却是乱码。这主要是由于 response 对象的 getWriter()方法返回的 PrintWriter 对象默认使用的“ISO 8859-1”字符集编码，在进行 Unicode 字符串到字节数组的转换时出错了。由于 ISO 8859-1 字符集中根本就没有包含中文字符，所以 Java 在进行转换的时候会将无效的字符编码输出给客户端，于是便出现了乱码。为此，ServletResponse 接口中定义了 setCharacterEncoding、setContentType 等方法来指定 getWriter 方法返回的 PrintWriter 对象所使用的字符集编码，所以在写 Servlet 程序时，在调用 getWriter 方法之前需设置这些方法的值。为了防止乱码，经常将以下两条语句一起写上：

```
response.setContentType("text/html;charset=UTF-8");
response.setCharacterEncoding("UTF-8");
```

只要 Servlet 文件中含有响应给客户端的信息，那么就要写上这两条语句。最好写上第二条语句，因为它的优先级高，其设置结果将覆盖 setContentType 等方法设置的字符编码集。

4. 修改 Tomcat 的编码

在上述 get 请求所导致乱码问题中，还有一种解决方案。我们常用 Tomcat 作为运行 Servlet 和 JSP 的容器，而 Tomcat 内部默认的编码是 ISO 8859-1，所以对于 get 请求方式，其传递的数据（URI）会附加在访问的资源后面，其编码是 Tomcat 默认的，如果修改该 URI 的编码，那么对于所有的 get 请求方式便不会出现乱码了，包括上边说的重定向和超链接。在 Tomcat 的配置文件 server.xml 中找到修改 Tomcat 的端口的地方，在其内部加入 URIEncoding 属性，设为与项目中所设的编码一样的值。这里全部都是 UTF-8，如图 3.8 所示。

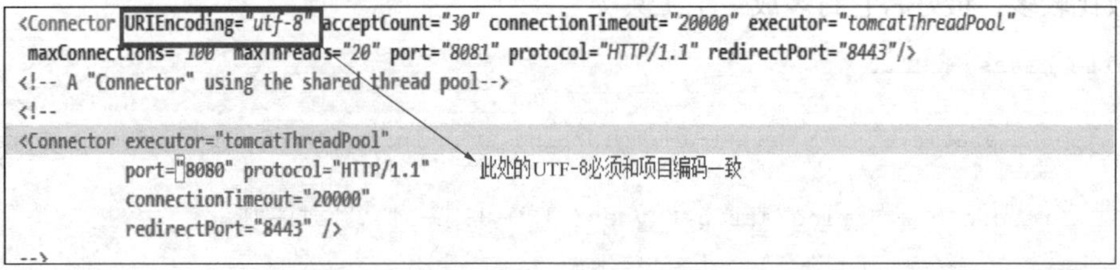

```
<Connector URIEncoding="utf-8" acceptCount="30" connectionTimeout="20000" executor="tomcatThreadPool"
 maxConnections="100" maxThreads="20" port="8081" protocol="HTTP/1.1" redirectPort="8443"/>
<!-- A "Connector" using the shared thread pool-->
<!--
<Connector executor="tomcatThreadPool"
           port="8080" protocol="HTTP/1.1"
           connectionTimeout="20000"
           redirectPort="8443" />
-->
```

此处的UTF-8必须和项目编码一致

图 3.8　修改 Tomcat 中的 get 请求方式编码

3.2.2　Response 的响应类型

在网页编程中，我们有时将超链接指向一个 Word 或 Excel 文件。当用户单击这个链接时，浏览器会自动调用对应方法将这个文件打开。之所以能做到这点，是因为用户机器上安装 Office 后会在浏览器中注册对应的 MIME 资源类型。比如，Word 文件的 MIME 类型是 Application/msword（前者是 MIME 类型，后者是 MIME 子类），Excel 文件的 MIME 资源类型是 Application/msexcel。事实上，凡是浏览器能处理的所有资源都有对应的 MIME 资源类型，比如 HTML 文件的 MIME 类型是 Text/html，JPG 文件的 MIME 类型是 Image/JPG。在与服务器的交互中，浏览器就是根据所接受数据的 MIME 类型来判断要进行什么样的处理，对 HTML、JPG 等文件，浏览器直接将其打开，对 Word、Excel 等，浏览器自身不能打开的文件则调用相应方法打开。对没有标记 MIME 类型的文件，浏览器则根据其扩展名和文件内容猜测其类型。如果浏览器无法猜出，则将它作为 application/octet-stream 类型处理。

MIME 类型就是设定某种扩展名的文件用一种应用程序来打开的方式类型。当该扩展名文件被访问的时候，浏览器会自动使用指定的应用程序来打开。MIME 类型多用于指定一些客户端自定义的文件名，以及一些媒体文件打开方式。

常见的 MIME 类型如下：

```
<option  value="image/bmp">BMP</option>
<option  value="image/gif">GIF</option>
<option  value="image/jpeg">JPEG</option>
<option  value="image/tiff">TIFF</option>
<option  value="image/x-dcx">DCX</option>
<option  value="image/x-pcx">PCX</option>
<option  value="text/html">HTML</option>
<option  value="text/plain">TXT</option>
<option  value="text/xml">XML</option>
```

response.setContentType()的 String 参数可以设置响应的数据的 MIME 类型，以便告诉浏览器使用何种方式打开。

一般情况下，我们返回数据的时候 response.setContentType 方法都不写，默认是 text/html，让浏览器以网页形式显示即可。

实训 3.3　生成验证码

训练技能点

- HttpServletResponse 的输出和响应类型设置
- 利用 Java 代码生成 UI
- 页面 img 标签的使用

需求说明

我们经常登录一些网站都需要输入验证码，验证码是一张图片显示在页面上，而这张图片里面的字符和干扰线是可以变化的。这里不是用 img 标签导入一张静态图片，而是在 Servlet 后台使用 Java awt 技术生成一张图片，然后设置 response 的 contentType 来返回图片到 HTML 页面。

实现思路

页面引入<img src="imageCodeServlet">标签，开发一个生成图片的 ImageServlet，通过 Response 的 setContentType 设置响应的类型为.image/.jpeg。

实现步骤

（1）创建生成验证码的 Servlet

```
@WebServlet(name = "RandomServlet", urlPatterns = { "/randomservlet" })
public class RandomServlet extends HttpServlet {
    private static final String CONTENT_TYPE = "image/jpeg";
    public void doGet(HttpServletRequest request,HttpServletResponse response)
        throws ServletException, IOException {
        response.setContentType(CONTENT_TYPE);
        //设置页面不缓存
        response.setHeader("Pragma", "No-cache");
        response.setHeader("Cache-Control", "no-cache");
        response.setDateHeader("Expires", 0);
```

（2）创建图像并将生成的图片写到 Response 的字节输出流中

具体的 Java 核心代码如下：

```
//在内存中创建图像,宽度为 width,高度为 height
   int width = 60, height = 20;
   BufferedImage pic = new BufferedImage(width,height,
      BufferedImage.TYPE_INT_RGB);
   //获取图形上下文环境
   Graphics gc = pic.getGraphics();
   //设定背景色并进行填充
   gc.setColor(getRandColor(200, 250));
   gc.fillRect(0, 0, width, height);
   //设定图形上下文环境字体
   gc.setFont(new Font("Times New Roman", Font.PLAIN, 20));
   //随机产生 200 条干扰直线，使图像中的认证码不易被其他分析程序探测到
   for (int i = 0; i < 200; i++){
       int x1 = r.nextInt(width);
       int y1 = r.nextInt(height);
       int x2 = r.nextInt(15);
       int y2 = r.nextInt(15);
       gc.setColor(getRandColor(160, 200));
       gc.drawLine(x1, y1, x1 + x2, y1 + y2);
   }
   //随机产生 100 个干扰点，使图像中的验证码不易被其他分析程序探测到
    for (int i = 0; i < 100; i++){
       int x = r.nextInt(width);
       int y = r.nextInt(height);
       gc.setColor(getRandColor(120, 240));
       gc.drawOval(x, y, 0, 0);
}
   //随机产生 4 位数字的验证码
   Random r = new Random();
   String RS = r.nextInt(9000)+ 1000 + "";
   //将认证码用 drawString 函数显示到图像里
   gc.setColor(new Color(20 + r.nextInt(110), 20 + r.nextInt(110),
        20 + r.nextInt(110)));
   gc.drawString(RS, 10, 16);
   //释放图形上下文环境
   gc.dispose();
   //将认证码 RS 存入 SESSION 中共享
```

```
session.setAttribute("random", RS);
//输出生成后的验证码图像到页面
ImageIO.write(pic, "JPEG", response.getOutputStream());
```

运行程序，可以访问 http://localhost:8081/TestJSP/randomservlet，结果如图 3.9 所示。

图 3.9　生成的验证码

本章总结

- Servlet 基本类和接口
  - Servlet 的接口体系
  - Servlet 的 HttpServletRequest 和 HttpServletResponse 接口的 API
  - 使用 API 获取参数和结果页面跳转
- Servlet API 的实际应用案例
  - 实现用户登录功能
  - 中文乱码的解决方案
  - Response 的响应类型
  - 验证码的生成

课后练习

一、选择题

1. 空白处应填写的内容是（　　）。

```
response.setContentType("text/html;charset=UTF-8");
PrintWriter out= response.___________;
out.println("<html>");
…
```

A. getWriter　　B. getOutputStream

C. getPrintWriter　　D. getBufferedWriter()

2. 请问以下这段 Servlet 程序片段的运行结果为（　　）。

```
out.println("第一个 Servlet 程序");
out.flush();
request.getRequestDispatcher("message.jsp").forward(reques t,response);
out.println("Hello!World!");
```

A. 显示“第一个 Servlet 程序”后转发 message.jsp

B. 显示“第一个 Servlet 程序”与“Hello!World!”

C. 直接转发给 message.jsp 进行响应

D. 丢出 IllegalStateException

3. 若需在 Servlet 中获取浏览器的版本信息，则可以执行（　　）程序代码。

A. request.getHeaderParameter("User-Agent")

B. request.getParameter("User-Agent")

C. request.getHeader("User-Agent")

D. request.getRequestHeader("User-Agent")

4. 如果要设置响应的内容类型标头，则下列正确的选项有（　　）。

A. response.setHeader("Content-Type", "text/html")

B. response.setContentType("text/html")

C. response.addHeader("MyHeader", "Value2")

D. response.setContentHeader("text/html")

5. 能让 Servlet 返回到客户端的页面的两种跳转方式为（　　）。

A. HttpRequestDispatcher 请求跳转

B. Response 的页面重定向

C. Request 的页面重定向

D. Response 的请求跳转

二、上机练习

分别根据要求完成表单以及使用 Servlet 处理表单。

（1）任务要求

① 掌握 Servlet 输出表单和接收表单数据（多值组件的读取）。

② 编写 survey.htm 显示表单，SurveyServlet.java 接收并显示表单数据。

（2）任务实施

① 编写 survey.htm，显示图 3.10 所示的表单。

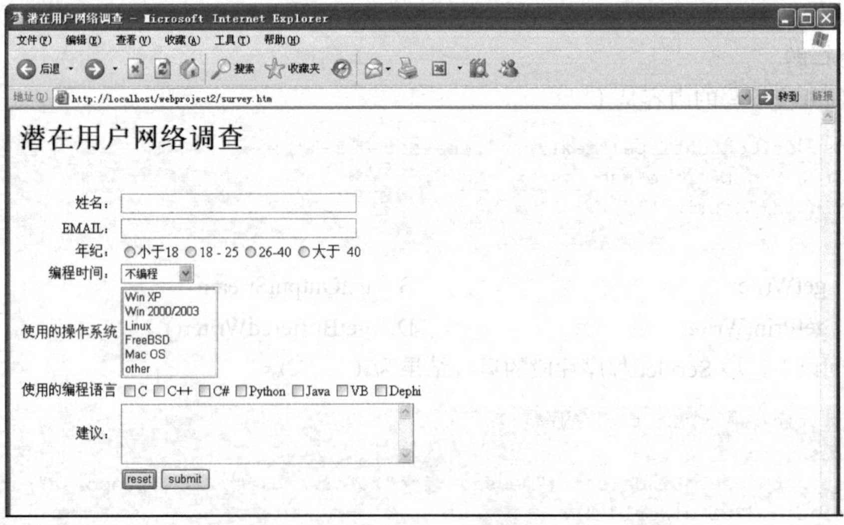

图 3.10　潜在用户网络调查表单

② 编写 SurveyServlet.java 接收并显示表单数据，如图 3.11 所示。

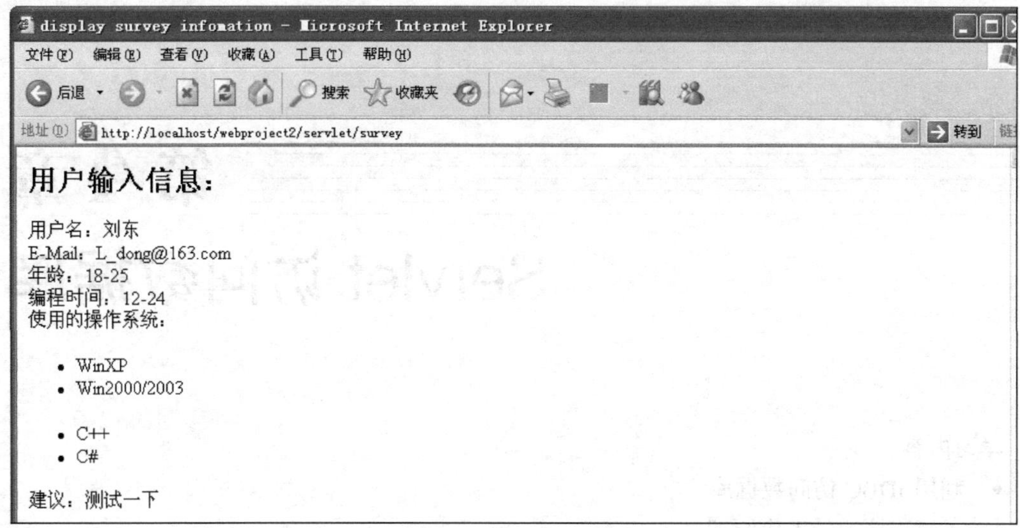

图 3.11　显示表单数据

多值组件的值用 request.getParameterValues("组件名")方法获得。该方法返回多个字符串值，由一个字符串数组接收，最后将接收到的字符串数组中的值按列表形式输出。

第4章 Servlet 访问数据库

学习内容

- 利用 JDBC 访问数据库
- 了解连接池的工作原理
- 使用 Servlet 访问第三方连接池
- 什么是 JNDI
- 配置 JNDI 数据源
- 利用 Servlet 访问 JNDI 数据源
- 了解阿里巴巴的 Druid 连接池

学习目标

- 掌握 Servlet 通过连接池方式访问数据库的方法
- 掌握 Servlet 通过 JNDI 方式访问数据库的方法
- 理解连接池的工作原理
- 理解 Servlet 和数据库访问层分离的两层架构

本章简介

本章主要学习数据库连接池的基本实现原理和一些开源的连接池的配置和使用方法。学习了本章后，读者应能够通过 Servlet 访问连接池，实现访问数据库的目的；理解 JNDI 技术，能够配置 JNDI 数据源，实现 Servlet 对数据源的访问；能初步了解后台代码的分层，即控制层（Servlet）和数据库访问层（DAO）。

4.1 数据库连接池

4.1.1 JDBC 简介

JDBC（Java DataBase Connectivity，Java 数据库连接）是 Sun 公司制定的一个使用 Java 代码访问数据库的规范，是一种用于执行 SQL 语句的 Java API 的集合，可以为多种关系数据库提供统一访问。它由一组用 Java 语言编写的类和接口组成。JDBC 提供了一种基准，据此可以构建更高级的工具和接口，使数据库开发人员能够编写数据库应用程序。

我们可以简单回顾一下，JDBC 里面一段典型的访问数据库的代码。

```
Class.forName("oracle.jdbc.driver.OracleDriver");       // 加载 Oracle 驱动程序
  System.out.println("开始尝试连接数据库! ");
  String url = "jdbc:oracle:" + "thin:@127.0.0.1:1521:orcl";
  String user = "chidianwei";      // 用户名，系统默认的账户名
  String password = "ok";          // 安装时设置的密码
  con = DriverManager.getConnection(url, user, password);// 获取连接
  System.out.println("连接成功! ");
  String sql = "select * from student where name=?";      // 预编译语句
  pre = con.prepareStatement(sql);// 实例化预编译语句
  pre.setString(1, "mrchi");       // 设置参数，前面的 1 表示参数的索引
  result = pre.executeQuery();     // 执行查询，注意括号中不需要再加参数
  while (result.next())
     // 当结果集不为空时，执行语句
     System.out.println("学号:" + result.getInt("id")+ "姓名:" +
            result.getString("name"));
   }
  catch (Exception e)
  {
     e.printStackTrace();
  }
  finally
  {
     try
      {
          // 逐一将上面的几个对象关闭，因为不关闭的话会影响性能、并且占用资源
          // 注意关闭的顺序，最后使用的最先关闭
          if (result != null)
             result.close();
          if (pre != null)
             pre.close();
          if (con != null)
              con.close();
          System.out.println("数据库连接已关闭! ");
      }
      catch (Exception e)
      {
          e.printStackTrace();
       }
  }
```

这是一段典型的通过 JDBC 的方式访问数据库的代码。众所周知，JDBC 是 Sun 公司提供的访问数据库的接口，也就是说只要是 Java 程序都可以调用该接口，因此 Servlet 也能访问 JDBC。

但在实际应用开发中，特别是在 Web 应用系统中，如果 Servlet 使用 JDBC 直接访问数据库中的数据，则用户发出的每一次数据访问请求都必须经历建立数据库连接、打开数据库、存取数据和关闭数据库连接等步骤。连接并打开数据库是一件既消耗资源又费时的工作，如果频繁进行这种数据库操作，则系统的性能必然会急剧下降，甚至导致系统崩溃。数据库连接池技术就是解

决这个问题最常用的方法。在许多应用程序服务器（如 Weblogic、WebSphere、JBoss）中，基本都提供了这项技术，无需用户自己编程，但是深入了解这项技术还是非常有必要的。

4.1.2 连接池概述及其实现原理

1. 连接池思想

若每次客户端请求都需要创建连接和释放连接，则会对数据库服务器造成很重的负载，而且这样也会耗费时间，所以这里最重要的问题就是 Connection 的获取了。

如果一方面服务器启动的时候就将一些 Connection 准备好，等到客户请求的时候从集合中获取，减少了创建连接的开销；另一方面，当该请求使用完 Connection 后并不关闭，而是将 Connection 归还到集合中，方便下一个请求继续使用。这样，Connection 就得到了最大程度的复用。

数据库连接池技术的思想非常简单，将数据库连接作为对象存储在一个 Vector 对象中，一旦数据库连接建立后，不同的数据库访问请求就可以共享这些连接。这样，通过复用这些已经建立的数据库连接，可以极大地节省系统资源和时间。

数据库连接池的主要操作如下。

（1）建立数据库连接池对象（服务器启动）。

（2）按照事先指定的参数创建初始数量的数据库连接（即空闲连接数）。

（3）对于一个数据库访问请求，直接从连接池中得到一个连接。如果数据库连接池对象中没有空闲的连接，且连接数没有达到最大（即最大活跃连接数），创建一个新的数据库连接。

（4）存取数据库。

（5）关闭数据库，释放所有数据库连接（此时的关闭并非真正的关闭，而是将连接放入空闲队列中。如实际空闲连接数大于初始空闲连接数，则会释放连接）。

（6）释放数据库连接池对象（维护期间，释放数据库连接池对象，并释放所有连接）。

2. Java 实现连接池的规范

Java 第三方实现 JDBC 连接池必须遵循规范，即 javax.sql.ConnectionPoolDataSource 接口对象是提供 PooledConnection 对象的工厂。

第三方实现连接池需要实现 javax.sql.PooledConnection 接口和 javax.sql.ConnectionPoolDataSource 接口。

PooledConnection 就是一个到数据库的物理连接。

PooledConnection 接口对象就是应用程序从连接池获得的连接所引用的对象。

按照上述思想，可以模拟实现一个连接池，当然还需要实现 DataSource 接口。重写它的 getConnection 方法，其实就是创建一个能够提供数据库连接的工厂。

```
public class MyDataSource implements DataSource {
    //存储 Connection 对象的集合，该集合最好采用 LinkedList 实现，因为涉及大量的删除和添加操作
    private List<Connection> conns = new LinkedList<Connection>();

    public MyDataSource(String propertiesFileName)throws IOException,
        ClassNotFoundException, SQLException {
        //连接池中的 Connection 对象的数量
        int initialSize = 10;
        //根据配置文件的名称获得 InputStream 对象
        InputStream in = MyDataSource.class.getClassLoader()
```

```
            .getResourceAsStream(propertiesFileName);
        //使用 Properties 读取配置文件
        Properties prop = new Properties();
        prop.load(in);
        String url = prop.getProperty("url");
        String user = prop.getProperty("user");
        String password = prop.getProperty("password");
        String driver = prop.getProperty("driver");

        //加载数据库驱动
        Class.forName(driver);
        //根据配置文件中的信息获取数据库连接
        for (int i = 0; i < initialSize; i++)  {
           Connection conn = DriverManager.getConnection(url, user, password);
           conns.add(conn);
        }
    }

    @Override
    public Connection getConnection()throws SQLException {
        //获取从集合中移除的 Connection 对象,并将其包装为 MyConnection 对象后返回
        Connection conn = conns.remove(0);
        //测试代码
        System.out.println("获取连接之后, 连接池中的 Connection 对象的数量为: " +
           conns.size() );
        return new MyConnection(conn, conns);
    }

    private class MyConnection implements Connection {
        private Connection conn;
        private List<Connection> conns;

        public MyConnection(Connection conn,List<Connection> conns){
           this.conn = conn;
           this.conns = conns;
        }

        //重写 close()方法。实现调用该方法时将连接归还给连接池
        @Override
        public void close()throws SQLException {
           conns.add(conn);
           //测试代码
           System.out.println("将连接归还给连接池后,连接池中的 Connection 对象的数量
              为: " + conns.size());
        }

        //对于其他方法, 直接调用 conn 对象的相应方法即可
        @Override
        public void clearWarnings()throws SQLException {
           conn.clearWarnings();
        }

        @Override
```

```
        public void commit()throws SQLException {
            conn.commit();
        }

        //省略了其余 Connection 接口中定义的方法

    }

    //省略了其他 DataSource 接口中定义的方法
}
```

以上就是按照 Java 对开发数据库连接池的规范实现的一个自定义的连接池，当然连接池远远复杂于这个简单实现。

在实际开发中，我们一般会选择采用第三方实现的连接池产品，常用的有 bonecp、dbcp、proxool、c3p0。

4.1.3 第三方连接池 DBCP

第三方连接池产品有很多，这里以 DBCP 为例，讲解如何实现数据库的访问。

1. DBCP 简介

DBCP（DataBase Connection Pool，数据库连接池）是 Apache 上的一个 Java 连接池项目，也是 Tomcat 使用的连接池组件。单独使用 DBCP 需要两个包：commons-dbcp.jar，commons-pool.jar。由于建立数据库连接是一个非常耗时耗资源的行为，所以需通过连接池预先同数据库建立一些连接，放在内存中，应用程序需要建立数据库连接时，直接到连接池中申请一个就行，用完后再放回去。

2. Java 访问 DBCP 连接池

第一步，项目中导入以下 jar 包，复制到项目 WEB-INF 的 lib 目录下，如图 4.1 所示。

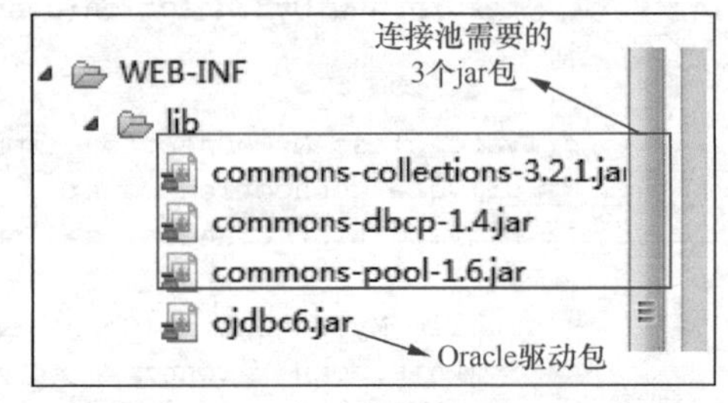

图 4.1　连接池需要导入的 jar 包

第二步：配置数据库连接相关参数。在项目的 src 目录下新建 jdbc.properties 文件，配置连接池相关参数。

```
driverClassName=com.mysql.jdbc.Driver     //配置驱动类
url=jdbc:mysql://localhost:3306/test      //配置连接字符串
username=root       //登录数据库的用户名
password=root       //登录数据库的密码
maxActive=50        //最大活动连接数，设为 0 为没有限制
maxIdle=20          //最大空闲连接数，设为 0 为没有限制
maxWait=60000       //最大等待毫秒数，设为-1 为没有限制
```

第三步：访问连接池。代码如下。

```
Properties  pro = new Properties();
pro.load(new FileInputStream("jdbc.properties"));        //读取连接池配置信息
DataSource  ds = BasicDataSourceFactory.createDataSource(pro);
Connection  conn = ds.getConnection();
PreparedStatement  pstmt = conn.prepareStatement("select * from student");
ResultSet  rs = pstmt.executeQuery();
```

```
System.out.println("id\tname\tage");
while(rs.next()){
    System.out.print(rs.getInt(1)+"\t");
    System.out.print(rs.getString(2)+"\t");
    System.out.print(rs.getInt(3)+"\n");
 }
…conn.close();
```

注意：这里的 conn.close 并不是关闭连接，而是将连接归还给连接池，方便下一个请求时调用。

3. Oracle 使用连接池代码实现查询员工 Employee 表信息

```
//查询员工的姓名和薪水
//获取一个连接
Properties pro=new Properties();
pro.load(new FileInputStream("jdbc.properties"));
DataSource ds=BasicDataSourceFactory.createDataSource(pro);
Connection con=ds.getConnection();
//查询并打印
Statement stmt=con.createStatement();
ResultSet rs=stmt.executeQuery("select first_name,salary from employees
   order by salary");
while(rs.next())
{
System.out.println("name:"+rs.getString("first_name")+"\t salary:"+rs.getDouble
   ("salary"));

}
//关闭 con
if(con!=null)  {
    con.close();//没有真正的关闭，而是归还给连接池
}
```

关于重要连接参数的解释，如表 4.1 所示。

表 4.1　　　　　　　　　　　　　　DBCP 连接池重要参数解释

initialSize	0	初始化连接：连接池启动时创建的初始化连接数量，1.2 之后的版本都支持
maxActive	8	最大活动连接：连接池在同一时间能够分配的最大活动连接的数量，如果设置的值非正数，则表示不限制
maxIdle	8	最大空闲连接：连接池中容许保持空闲状态的最大连接数量，超过的空闲连接将被释放，如果设置的值为负数，则表示不限制
minIdle	0	最小空闲连接：连接池中容许保持空闲状态的最小连接数量，低于这个数量将创建新的连接，如果设置的值为 0，则不创建
maxWait	无限	最大等待时间：当没有可用连接时，连接池等待连接被归还的最大时间（以毫秒计数），超过时间则抛出异常，如果设置为 -1，则表示无限等待

4. 将获取连接和关闭连接封装到一个 DbUtil 工具类

```
public class DbUtil {
     private static DataSource ds=null;//连接池也叫数据源
     //整个静态块在 DbUtil 类加载的时候会执行里面的代码一次，并且只执行一次
     static{
        try {
```

```
            Properties pro=new Properties();
            pro.load(new FileInputStream("jdbc.properties"));
            ds=BasicDataSourceFactory.createDataSource(pro);
        } catch (Exception e){
            // TODO Auto-generated catch block
            e.printStackTrace();
        }
    }

    /**
     * 获取连接
     * @return
     */
    public static Connection getConnection(){

        Connection con=null;
        try {

            con=ds.getConnection();
        } catch (Exception e){
            // TODO Auto-generated catch block
            e.printStackTrace();
        }
        return con;
    }

    public static void closeConnection (Connection con){
        if(con!=null){
            try {
                con.close();
            } catch (SQLException e){
                // TODO Auto-generated catch block
                e.printStackTrace();
            }
        }
    }
}
```

实训 4.1　用连接池实现用户登录

训练技能点

- 利用 DBCP 连接池方式访问数据库
- 理解数据访问层 DAO 和控制层 Controller
- 理解 RequestDispatcher 请求跳转方式和 ServletResponse 的页面重定向方式

需求说明

实现一个用户登录，根据用户输入的身份信息是否与数据库中的信息相匹配，来判定是跳转到成功页面还是失败页面。

实现思路

使用 HttpServlet 开发一个接收用户表单信息的登录 Servlet，若用户名和密码输入正确，则调用 Response 的 sendRedirect 方法重定向到 success.html；否则，跳转到失败页面 error.html。

实现步骤

（1）LoginServlet 中 doPost 的代码

```
protected void doPost(HttpServletRequest request, HttpServletResponse response)
    throws ServletException, IOException {
    response.setCharacterEncoding("utf-8");
    response.setContentType("text/html");
    String username = request.getParameter("username");//获取用户名
    String password = request.getParameter("password");//获取密码
    boolean isExist=false;//验证用户信息是否正确
    //创建一个访问数据库的 Dao 对象
    LoginDao dao=new LoginDao();
    //调用 dao 的验证用法是否存在的方法
    isExist=dao.isExist(username, password);
    //根据返回结果进行页面跳转
    if(isExist){

    request.getRequestDispatcher("/success.html").forward(request,response);

        }
        else{
            request.getRequestDispatcher("/fail.html").forward(request,response);

        }
    }
```

（2）开发 LoginDao 数据访问层代码

```
public class LoginDao {

    /**
     * 根据用户名密码信息访问数据库，返回是否存在
     */
    public boolean isExist(String username, String password){
    Connection con = DbUtil.getConnection();//从连接池获取一个连接
    boolean b = false;//是否验证成功
    try {
        //创建 statement 对象
        PreparedStatement stmt = con.prepareStatement("select * from tb_user
           where username=? and password=?");
        //设置参数的值
        stmt.setString(1, username);
        stmt.setString(2, password);
        ResultSet rs = stmt.executeQuery();
        if (rs.next()){
           b = true;
        }

    } catch (Exception e){
        // TODO Auto-generated catch block
        e.printStackTrace();
    } finally {
```

```
        //归还连接
        try {
            con.close();
        } catch (SQLException e){
            // TODO Auto-generated catch block
            e.printStackTrace();
        }

        }
```

DbUtil 代码可参见 4.1.3 节中访问连接池代码的实现。

4.2 JNDI 技术

4.2.1 什么是 JNDI

JNDI（Java Naming and Directory Interface，Java 命名和目录接口）是 Java EE 的又一规范，主要是在一组 Java 应用中访问命名和目录服务的 API。

（1）命名服务将名称和对象联系起来，使得程序可以通过名称访问对象。

（2）目录服务是命名服务的扩展，两者之间的关键差别是目录服务中的对象可以有属性（例如，用户有 E-mail 地址），而命名服务中的对象没有属性。

JNDI API 提供了一种统一的方式，可以在本地或网络上查找和访问服务。

各种服务在命名服务器上注册一个名称，需要使用服务的应用程序通过 JNDI 找到对应服务就可以使用。

JNDI 主要由两部分组成：应用程序编程接口和服务供应商接口。应用程序编程接口提供了 Java 应用程序访问各种命名和目录服务的功能。服务供应商接口提供了任意一种服务的供应商使用的功能。

4.2.2 利用 JNDI 方式访问数据库

JNDI 既然是一组对外提供命名和目录服务的接口，首先我们需要在 Web 容器 Tomcat 中注册一个数据源服务。

数据源接口是 javax.sql.DataSource 在 Java 程序设计时使用 JNDI 获得数据库连接的工具。应用程序使用 JNDI 通过注册名称获得的就是 DataSource 实现类对象。通过 DataSource 实现类对象可以获得数据库连接对象（Connection），所有需要访问数据库的应用程序都可以使用此服务，所以需要同时返回多个连接对象——连接池。实现 DataSource 接口的对象在基于 JNDI API 的命名服务中注册后，应用程序就可以通过 JNDI 获得相关对象，从而访问数据库服务器。然后，DAO 层通过在上下文中根据命名查找到对应的服务来获取一个数据源，从而获取 Connection。具体步骤如下。

1. 在 Tomcat 下面注册服务（数据源）

为 Tomcat 根目录下的 conf 文件夹中的 context.xml 配置一个服务，也就是一个资源。

```
    <Resource author="Container" driverClassName="oracle.jdbc.driver.OracleDriver" max
Idle="2" maxWait="6000" name="jdbc/student" password="ok" type="javax.sql.DataSource"
url="jdbc:oracle:thin:@localhost:1521:orcl" username="chi"/>
```

上述代码中相关属性的含义如表 4.2 所示。

表 4.2　属性含义

属性名称	说　　明
name	指定 Resource 的 JNDI 名称
auth	指定管理 Resource 的 Manager（Container 由容器创建和管理；Application 由 Web 应用创建和管理）
type	指定 Resource 所属的 Java 类
maxActive	指定连接池中处于活动状态的数据库连接的最大数目
maxIdle	指定连接池中处于空闲状态的数据库连接的最大数目
maxWait	指定连接池中的连接处于空闲的最长时间，超过这个时间会抛出异常，取值为-1，表示可以无限期等待

2. 通过 JNDI 的上下文获取数据源

```
// 1.初始化 JNDI 上下文
InitialContext ctx = new InitialContext();
// 2.访问配置好的数据源
DataSource ds = (DataSource) ctx.lookup("java:comp/env/jdbc/chi");
// 3.从数据源获取连接
con = ds.getConnection();
```

注意

java:comp/env 是 Java EE 环境下访问 JNDI 服务的默认前缀。

利用 JNDI 查询数据库的完整代码如下。

```
protected void doGet(HttpServletRequest request, HttpServletResponse response)
    throws ServletException, IOException {
    // TODO Auto-generated method stub
    PrintWriter out=response.getWriter();
    //查询所有学生并在网页显示
    try {
        InitialContext ctx=new InitialContext();
        DataSource ds=(DataSource)ctx.lookup("java:comp/env/jdbc/student");
        Connection con=ds.getConnection();
        Statement stmt=con.createStatement();
        ResultSet rs=stmt.executeQuery("select * from student");
        while(rs.next()){
            out.print(rs.getString("STU_NAME")+"--"+rs.getString("STU_NO"));
        }
        out.close();
    } catch (Exception e){
        // TODO Auto-generated catch block
    e.printStackTrace();
    }

}
```

4.3 Druid 连接池

1. Druid 数据库连接池介绍

Druid 是阿里巴巴推出的国产数据库连接池，经过测试可知，它比目前的 DBCP 或 C3P0 数据库连接池性能都要好。阿里巴巴的诸多应用都使用 Druid 连接池，这些应用大多都是高并发的，由此可以看出该连接池的性能非常好。除此之外，Druid 连接池还有哪些作用?

（1）可以监控数据库访问性能。Druid 内置提供了一个功能强大的 StatFilter 插件，能够详细统计 SQL 的执行性能。这对于提升线上分析数据库访问性能有极大帮助。

（2）替换 DBCP 和 C3P0。Druid 提供了一个高效、功能强大、扩展性好的数据库连接池。

（3）数据库密码加密。直接把数据库密码写在配置文件中是不好的行为，容易导致安全问题。DruidDruiver 和 DruidDataSource 都支持 PasswordCallback。

（4）监控 SQL 执行日志。Druid 提供了不同的 LogFilter，能够支持 Common-Logging、Log4j 和 JdkLog，可以按需要选择相应的 LogFilter，监控数据库的访问情况。

（5）扩展 JDBC。如果对 JDBC 层有编程的需求，可以通过 Druid 提供的 Filter-Chain 机制，很方便地编写 JDBC 层的扩展插件。

2. Druid 数据库连接池的使用方法

Druid 的使用方法与其他数据库连接池基本一样（与 DBCP 相似），其将数据库的连接信息全部配置给 DataSource 对象。

（1）下载相应.jar 包

首先到官网下载最新的.jar 包。如果想使用最新的源码编译，可以从官网下载源码，然后使用 maven 命令行，或者导入到 Eclipse 中进行编译。

Druid 的配置参数项如表 4.3 所示。

表 4.3　　Druid 配置参数项

配　置	默认值	说　明
name		配置这个属性的意义在于：如果存在多个数据源，监控的时候可以通过名字来区分。如果没有配置，将会生成一个名字，格式是："DataSource-" + System.identityHashCode(this)
jdbcUrl		连接数据库的 URL 在不同的数据库中是不一样。例如： MySQL：jdbc:mysql://10.20.153.104:3306/druid2 Oracle：jdbc:oracle:thin:@10.20.149.85:1521:ocnauto
username		连接数据库的用户名
password		连接数据库的密码。如果用户不希望密码直接写在配置文件中，可以使用 ConfigFilter
driverClassName	根据 URL 自动识别	这一项可配可不配，如果不配置，则 Druid 会根据 URL 自动识别 dbType，然后选择相应的 driverClassName
initialSize	0	初始化时建立物理连接的个数。初始化发生在调用 init 方法，或者第一次 getConnection 时

续表

配　置	默认值	说　明
maxActive	8	最大连接池数量
maxIdle	8	已不再使用，配置了也没有效果
minIdle		最小连接池数量
maxWait		获取连接时最大等待时间，单位为毫秒。配置了 maxWait 之后，缺省启用公平锁，并发效率会有所下降 如果需要，则可以通过配置 useUnfairLock 属性为 true，使用非公平锁
poolPreparedStatements	false	是否缓存 preparedStatement，也就是 PSCache。 PSCache 对支持游标的数据库性能提升巨大，比如 Oracle。 在 MySQL 5.5 以下的版本中没有 PSCache 功能，建议关闭掉。 5.5 及以上版本有 PSCache 功能，建议开启
maxOpenPreparedStatements	−1	要启用 PSCache，必须配置大于 0，当大于 0 时，poolPrepared Statements 自动触发修改为 true。 在 Druid 中，不会存在 Oracle 下 PSCache 占用内存过多的问题，可以把这个数值配置得大一些，比如 100
validationQuery		用来检测连接是否有效的 SQL，要求是一个查询语句。 如果 validationQuery 为 null，则 testOnBorrow、testOnReturn、testWhileIdle 都不会起作用
testOnBorrow	true	申请连接时执行 validationQuery 检测连接是否有效。做了这个配置，会降低性能。
testOnReturn	false	归还连接时执行 validationQuery 检测连接是否有效。 做了这个配置，会降低性能
testWhileIdle	false	建议配置为 true，不影响性能，并且保证安全性。申请连接的时候检测，如果空闲时间大于 timeBetweenEvictionRunsMillis，则执行 validationQuery，检测连接是否有效
timeBetweenEvictionRuns Millis		有如下含义： （1）Destroy 线程会检测连接的间隔时间 （2）testWhileIdle 的判断依据详细看 testWhileIdle 属性的说明
numTestsPerEvictionRun		不再使用，一个 DruidDataSource 只支持一个 EvictionRun
minEvictableIdleTimeMillis		
connectionInitSqls		物理连接初始化的时候执行的 SQL
exceptionSorter	根据 dbType 自动识别	当数据库抛出一些不可恢复的异常时，抛弃连接
filters		属性类型是字符串，通过别名的方式配置扩展插件。常用的插件如下： （1）监控统计用的 filter:stat （2）日志用的 filter:log4j （3）防御 sql 注入的 filter:wall
proxyFilters		类型是 List<com.alibaba.druid.filter.Filter>。如果同时配置了 filters 和 proxyFilters，则它们是组合关系，而非替换关系

（2）配置连接池参数

druid.properties 配置文件：

```
driverClassName=oracle.jdbc.driver.OracleDriver
url=jdbc\:oracle\:thin\:@localhost\:1521\:orcl
username=teacher
password=ok
filters=stat
initialSize=2
maxActive=30
maxWait=60000
```

（3）Java 访问连接池

访问方式等同于 DBCP 的访问方式，首先获取数据源，然后获取 connection。

获得 datasource 数据源的 Java 代码：

```
try {
    InputStream in=new FileInputStream("druid.properties");
    Properties p=new Properties();
    p.load(in);
    ds=DruidDataSourceFactory.createDataSource(p);
} catch (Exception e){
    // TODO Auto-generated catch block
    e.printStackTrace();
}
```

除此之外，Druid 还可以在运行过程中启用 Web 监控功能。Druid 的监控统计功能是通过 filter-chain 扩展实现的，如果要打开监控统计功能，就需要配置 StatFilter。StatFilter 的别名为 stat。关于 Filter 的学习将在第 7 章中进行。

启用 Web 监控统计功能时，需要在 Web 应用的 web.xml 中加入 Filter 声明，显示统计页面的功能则由一个 StatViewServlet 来实现，同样需要配置在 web.xml 中。

web.xml 配置如下：

```
<filter>
    <filter-name>DruidWebStatFilter</filter-name> <filter-class>com.alibaba.druid.
       support.http.WebStatFilter</filter-class>
    <init-param>
<param-name>exclusions</param-name> <param-value>*.js,*.gif,*.jpg,*.png,*.css,
       *.ico,/druid/*</param-value>
 </init-param>
    </filter>
    <filter-mapping>
    <filter-name>DruidWebStatFilter</filter-name>
    <url-pattern>/*</url-pattern>
  </filter-mapping>
<servlet>
      <servlet-name>DruidStatView</servlet-name>
      <servlet-class>com.alibaba.druid.support.http.StatViewServlet</servlet-class>
  </servlet>
  <servlet-mapping>
      <servlet-name>DruidStatView</servlet-name>
      <url-pattern>/druid/*</url-pattern>
  <servlet-mapping>
```

通过访问本地 Tomcat 测试项目 http://localhost:8081/druid/地址，可查看系统对数据库连接使用情况的监控和统计数据，如图 4.2 所示。

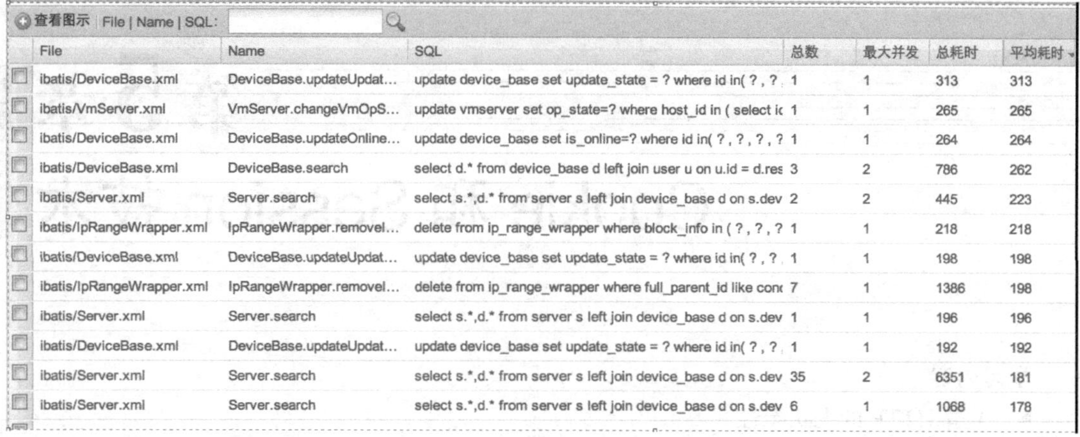

查看图示　File | Name | SQL:

	File	Name	SQL	总数	最大并发	总耗时	平均耗时
	ibatis/DeviceBase.xml	DeviceBase.updateUpdat…	update device_base set update_state = ? where id in(?, ?	1	1	313	313
	ibatis/VmServer.xml	VmServer.changeVmOpS…	update vmserver set op_state=? where host_id in (select ic	1	1	265	265
	ibatis/DeviceBase.xml	DeviceBase.updateOnline…	update device_base set is_online=? where id in(?, ?, ?, ?	1	1	264	264
	ibatis/DeviceBase.xml	DeviceBase.search	select d.* from device_base d left join user u on u.id = d.res	3	2	786	262
	ibatis/Server.xml	Server.search	select s.*,d.* from server s left join device_base d on s.dev	2	2	445	223
	ibatis/IpRangeWrapper.xml	IpRangeWrapper.removeI…	delete from ip_range_wrapper where block_info in (?, ?, ?	1	1	218	218
	ibatis/DeviceBase.xml	DeviceBase.updateUpdat…	update device_base set update_state = ? where id in(?, ?	1	1	198	198
	ibatis/IpRangeWrapper.xml	IpRangeWrapper.removeI…	delete from ip_range_wrapper where full_parent_id like conc	7	1	1386	198
	ibatis/Server.xml	Server.search	select s.*,d.* from server s left join device_base d on s.dev	1	1	196	196
	ibatis/DeviceBase.xml	DeviceBase.updateUpdat…	update device_base set update_state = ? where id in(?, ?	1	1	192	192
	ibatis/Server.xml	Server.search	select s.*,d.* from server s left join device_base d on s.dev	35	2	6351	181
	ibatis/Server.xml	Server.search	select s.*,d.* from server s left join device_base d on s.dev	6	1	1068	178

图 4.2　Druid 连接池 Web 监控界面

本章总结

- 数据库连接池
    - 利用 JDBC 实现一个数据库连接
    - 连接池的原理
    - 使用第三方连接池技术 DBCP 访问数据库
- JNDI 技术
    - 什么是 JNDI
    - Tomcat 中配置 JNDI 服务（数据源）
    - JNDI 方式访问数据库
- Druid 连接池技术（扩展教学）
    - Druid 连接池的介绍和具体使用方法

课后练习

上机练习

1. 简要概述连接池的工作原理，并解释连接池配置的几个关键参数。

2. 完成一个注册的完整功能：数据库采用 MySQL，利用 Servlet 来处理用户注册。编写 context.xml，建立数据库连接池，使用 InitialContext 对象的 lookup 方法查找匹配的 JNDI 名字，获得数据源。

第 5 章 Cookie 和 Session 技术

学习内容

- 了解 HTTP 的无状态性
- 理解并掌握 Cookie 的原理和应用
- 理解并掌握 Session 的原理和应用

学习目标

- 理解 Cookie 工作流程和原理
- 使用 Cookie 实现用户登录中的“请记住我”功能
- 理解 Session 的实现原理和机制
- 运用 Session 实现跟用户进行有状态会话的应用，如网络商城的购物车

本章简介

为了保持访问用户与后端服务器的交互状态，本章将讲解两种保持用户状态的技术：基于客户端的 Cookie 技术和基于服务器端的 Session 技术。5.1 节讲解 Cookie 技术的原理以及如何使用 Cookie 进行开发，该节最后有一个记住用户名密码的实训案例。5.2 节讲解 Session 技术的原理以及使用方法，该节最后有一个 Session 典型应用——购物车开发案例。

5.1 Cookie 技术及应用

5.1.1 HTTP 的无状态性

HTTP 交互是无状态的。无状态是指当浏览器发送请求给服务器时，服务器响应客户端请求，但是当同一个浏览器再次发送请求给服务器时，服务器不知道它就是刚才那个浏览器。

其优点主要表现在以下几个方面。

- 客户机/浏览器不会注意服务器出现故障并重启。
- 当服务器不需要之前的信息时，它的应答就比较快。

其缺点主要表现在以下几个方面。

- 对于事务处理没有记忆能力，可能导致每次连接时传输的数据量较大。

- 很难收集信息以产生良好用户体验的一组页面。

在很多应用中，我们都需要记住客户端的某种状态，这样一方面可以减少每次给服务端传输的数据量，另一方面可以提供像用户登录时不需要重新输入用户名和密码这样方便的操作。要实现这种状态的记忆，可以将用户一些信息存储在客户端的硬盘上，以后每次请求都要带上这段信息给服务端，从而实现服务端可以根据该片段信息提供较好的用户体验。这种技术就是下面我们将要讲到的 Cookie。

5.1.2　什么是 Cookie 技术

Cookie 是一种由服务器发送给客户的片段信息，存储在客户端浏览器的内存中或硬盘上，在客户随后对该服务器的请求中始终包含在请求头内，方便服务器提取用户的信息，从而提供极好的用户体验。

Cookie 的基本工作原理如下。

（1）浏览器向服务器发出请求。

（2）服务器会根据需要生成一个 Cookie 对象，并且把数据保存在该对象内。

（3）把该 Cookie 对象放在响应头，一并发送回浏览器。

（4）浏览器接收服务器响应后，提取该 Cookie 并保存在浏览器端。

（5）当下一次浏览器再次访问那个服务器，就会把这个 Cookie 放在请求头内一并送发给服务器。

（6）服务器从请求头提取出该 Cookie，判别里面的数据，然后做出相应的动作。

5.1.3　Cookie 的开发体验

1. 基本开发方法

理解了 Cookie 的原理后，我们就来看看它的基本使用方法。

从它的原理中，我们知道 Cookie 是在服务器端创建的，那么我们首先在 Servlet 中创建一个 Cookie 对象。

示例代码如下：

```
public class cookieTest extends HttpServlet {
public void doGet(HttpServletRequest request,HttpServletResponse response)
throws ServletException, IOException {
        Cookie cookie = new Cookie("name", "value");
        }
}
```

使用 Cookie 的方法接收了两个参数，第一个参数是要传递的数据的名字，第二个参数是该数据的值。然后把这个 Cookie 加到响应头，发送给浏览器，Servlet 中的相应代码如下：

```
Cookie cookie = new Cookie("name", "value");
response.addCookie(cookie);
```

这样一个 Cookie 就发送给浏览器了，我们在浏览器中查看发过来的响应头如图 5.1 所示。其中有一个 Set-Cookie 的请求头保存了我们设置的信息。

然后我们用浏览器再次访问该 Servlet，查看它的请求头，如图 5.2 所示。

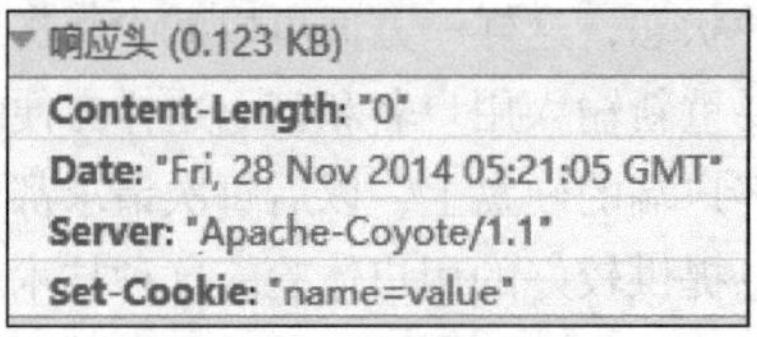

▼响应头 (0.123 KB)
Content-Length: "0"
Date: "Fri, 28 Nov 2014 05:21:05 GMT"
Server: "Apache-Coyote/1.1"
Set-Cookie: "name=value"

图 5.1　带 Cookie 的响应头

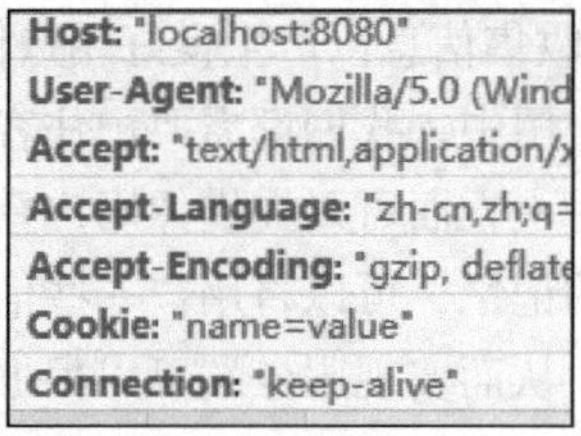

Host: "localhost:8080"
User-Agent: "Mozilla/5.0 (Wind
Accept: "text/html,application/x
Accept-Language: "zh-cn,zh;q=
Accept-Encoding: "gzip, deflate
Cookie: "name=value"
Connection: "keep-alive"

图 5.2　重新请求带上 Cookie

可以看到，浏览器会把这个 Cookie 信息发给服务器。

那么服务器收到这个请求后，如何得到该 Cookie 里的数据呢？我们可以这样做：

```
Cookie cookie = new Cookie("name", "value");
   response.addCookie(cookie);

   Cookie[] cookies = request.getCookies();
   if(cookies!=null){
       for(Cookie c: cookies){
            String name = c.getName();
            String value = c.getValue();
            System.out.println(name+"="+value);
       }
   }else{
       System.out.println("没有 cookie 信息");
   }
```

上述代码调用了 request.getCookies()方法，返回了一个 Cookie 数组，然后通过遍历它把里面的内容取出来。

2. Servlet 中 Cookie 的常用方法

（1）创建 Cookie 对象

```
Cookie(java.lang.String name, java.lang.String value)
```

（2）设置 Cookie 对象

setPath(java.lang.String uri)：设置 Cookie 的有效路径，即指定该 Cookie 访问哪个资源时会传过去，访问其他资源则不会传。

setMaxAge(int expiry)：设置 Cookie 的有效时长，以秒为单位。

setValue(java.lang.String newValue)：设置 Cookie 的值。

（3）发送 Cookie 信息到浏览器

```
response.addCookie(Cookie cookie)
```

（4）接收浏览器发送的 Cookie 信息

```
Cookie[] getCookies()
```

需设置 Cookie 的有效路径—— setPath（路径）。把 Cookie 设置到某个路径下，那么浏览器在该路径下访问服务器时就会带着 Cookie 信息到服务器；否则，就不会带着 Cookie 信息到服务器。

实训 5.1　实现用户自动登录

训练技能点

- 在 Servlet 中创建 Cookie 和响应 Cookie 到客户端
- 在 Servlet 中获取 Cookie
- RequestDispatcher 对象跳转页面

需求说明

- 创建登录的 HTML 页面，页面上包括“记住我”复选框
- 创建登录处理的 Servlet，用于验证用户信息
- 创建跳转到登录页面的 Servlet，根据 Cookie 是否为空，判定跳到登录页面时是否选中复选框并自动填充用户名、密码等信息
- 创建登录失败的 HTML 页面
- 创建登录成功的 HTML 页面

实现思路

Servlet 中用 Cookie 实现自动登录，LoginCookieServlet 类是跳转到登录页面的 Servlet，判断当前 Cookie 是否为 null，如果非空，就跳转到自动勾选记住密码选项的页面，并填充 Cookie 中提取的用户名和密码，实现自动登录；否则，就不勾选。

CookieTestServlet 类主要根据传递的用户名、密码参数判断是否登录成功：如果验证信息正确，而且勾选框处于选中状态，就将用户名及密码信息写入到 Cookie 中并响应到客户端浏览器。

实现步骤

（1）创建 LoginCookieServlet，代替登录页面

```
import Java.io.IOException;
import java.io.PrintWriter;
import java.util.Enumeration;
import javax.servlet.ServletException;
import javax.servlet.http.Cookie;
import javax.servlet.http.HttpServlet;
import javax.servlet.http.HttpServletRequest;
import javax.servlet.http.HttpServletResponse;
@WebServlet("/toLogin")
public class LoginCookieServlet extends HttpServlet {
private static final long serialVersionUID = 1L;
public void doGet(HttpServletRequest request, HttpServletResponse response)
throws ServletException, IOException {
request.setCharacterEncoding("utf-8");
response.setCharacterEncoding("utf-8");
String cookieName="userName";
String cookiePwd="pwd";
String userName="";
String pwd="";
String isChceked="";
Cookie[] cookies=request.getCookies();
if(cookies!=null)
{
isChceked="checked";
for(int i=0;i<cookies.length;i++)
{
```

```
if(cookies[i].getName().equals(cookieName))
userName=cookies[i].getValue();
if(cookies[i].getName().equals(cookiePwd))
pwd=cookies[i].getValue();
}
}
response.setContentType("text/html");
PrintWriter out = response.getWriter();
out.println("<!DOCTYPE HTML>");
out.println("<html>");
out.println("<head><title>登录</title></head>");
out.println("<body>");
out.print("<div align='center'>");
out.print("<form action='CookieTestServlet'"+"method='post'>");
out.print("姓名:<input type='text'"+" name='userName' value='"+userName+"'><br/>");
out.print("密码:<input type='password'"+" name='pwd' value='"+pwd+"'><br/>");
out.print("保存用户名和密码<input type='checkbox'"+"name='SaveCookie'
    value='yes'" +isChceked+"><br/>");
out.print("<input type='submit'"+"value='提交'");
out.print("</div>");
out.println("</body>");
out.println("</html>");
out.flush();
out.close();
}
public void doPost(HttpServletRequest request,  HttpServletResponse response)
throws ServletException,  IOException {
}
}
```

（2）创建登录处理的 Servlet

如果验证信息正确，根据用户是否勾选“记住我”选项，将包含有用户名信息的 Cookie 返回到客户端。

```
package com.study;

import java.io.IOException;
import java.io.PrintWriter;
import java.util.Enumeration;
import javax.servlet.ServletException;
import javax.servlet.http.Cookie;
import javax.servlet.http.HttpServlet;
import javax.servlet.http.HttpServletRequest;
import javax.servlet.http.HttpServletResponse;
@WebServlet("/doLogin")
public class CookieTestServlet extends HttpServlet {
    private static final long serialVersionUID = 1L;

    public void doGet(HttpServletRequest request, HttpServletResponse response)
            throws ServletException,  IOException {
    }

    public void doPost(HttpServletRequest request, HttpServletResponse response)
            throws ServletException,  IOException {
```

```
        request.setCharacterEncoding("utf-8");
        response.setCharacterEncoding("utf-8");
        Cookie userCookie = new Cookie("userName",
                request.getParameter("userName"));
        Cookie pwdCookie = new Cookie("pwd",  request.getParameter("pwd"));
        if (request.getParameter("SaveCookie")      != null
                && request.getParameter("SaveCookie") .equals("yes")){
            userCookie.setMaxAge(1 * 24 * 60 * 60);
            pwdCookie.setMaxAge(1 * 24 * 60 * 60);
        } else {
            userCookie.setMaxAge(0);
            pwdCookie.setMaxAge(0);
        }
        response.addCookie(userCookie);
        response.addCookie(pwdCookie);
        response.setContentType("text/html");
        PrintWriter out = response.getWriter();
        out.println("<!DOCTYPE HTML>");
        out.println("<html>");
        out.println("<head><title>login Servlet</title></head>");
        out.println("<body>");
        out.println("</body>");
        out.print("欢迎" + request.getParameter("userName") + "访问本网站!");
        out.println("</html>");
        out.flush();
        out.close();
    }

}
```

首次登录时访问 toLogin 页面时，因为客户端 Cookie 中没有用户名及密码信息，所以登录界面的复选框没有被选中，登录界面如图 5.3 所示。

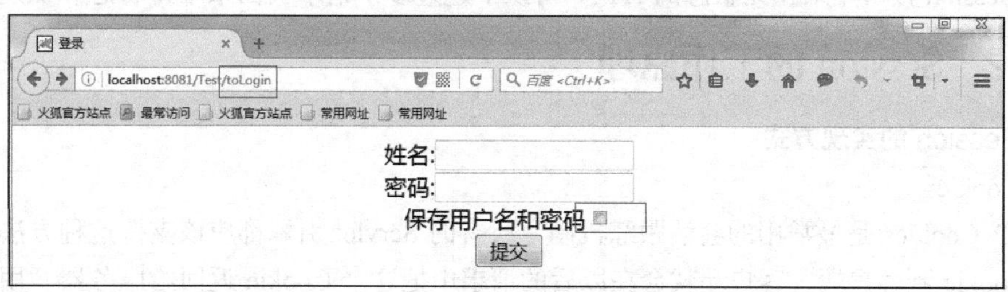

图 5.3　首次进入登录界面

手动勾选“保存用户名和密码”复选框，输入用户名和密码后，单击“提交”按钮，将会跳转到 doLogin 进行处理。这时，我们会看到 Servlet 响应的 Cookie 信息，如图 5.4 所示。

名称	内容	域	原始大小	路径	过期时间	仅 Http	安全
JSESSIONID	9D545E96FBFE0CEFBAC2B3A4A7895030	localhost	42 B	/Test/	会话	HttpOnly	
pwd	ok	localhost	5 B	/Test/	2016/12/12 上午8:54:28		
userName	admin	localhost	13 B	/Test/	2016/12/12 上午8:54:28		

图 5.4　观察的响应 Cookie 信息

当我们再次访问 toLogin 页面时，会发现自动勾选了“保存用户名和密码”复选框，而且填充了用户名和密码，如图 5.5 所示。

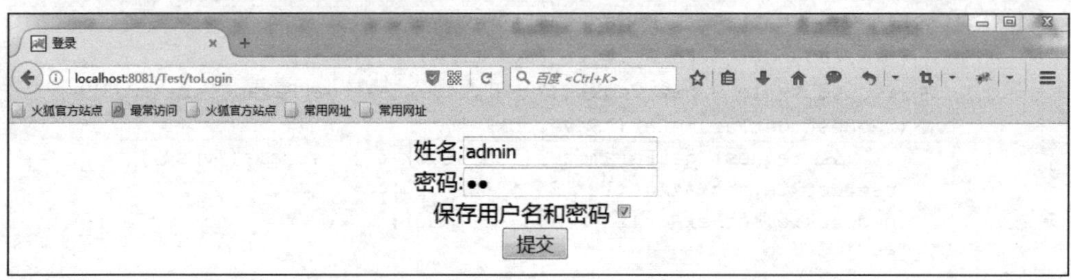

图 5.5　再次访问 toLogin 进入登录页面

5.2　Session 技术及应用

5.2.1　什么是 Session

虽然 Cookie 能够在多次请求时记住用户会话状态和信息片段，但是 Cookie 也有以下局限。

（1）Cookie 的数据类型都是 String，且容量有限制。

（2）Cookie 不适合保存敏感数据。

而 Session 技术可以解决以上问题。

Session 其实也是一种会话数据管理技术，它与 Cookie 的区别在于该技术把会话数据保存在服务器端而不是客户端的硬盘上。

Servlet 规范中提供了一个简单的 HttpSession 接口，不需要开发者关心会话跟踪的具体细节。

HttpSession 接口被 Servlet 引擎用来实现在 HTTP 客户端和 HTTP 会话两者的关联。

HttpSession 接口用来在无状态的 HTTP 协议下越过多个请求页面来维持状态和识别用户。

5.2.2　Session 的工作原理

1. Session 的实现方式

- Cookies

HTTP Cookies 是最常用的会话跟踪机制，所有的 Servlet 引擎都应该支持这种方法。引擎发送一个 Cookie 到客户端，客户端就会在以后的请求中把这个 Cookie 返回给服务器。用户会话跟踪的 Cookie 的名字必须是 JSESSIONID。

- URL 重写

URL 重写是最低性能的通用会话跟踪方法。当一个客户端不能接受 Cookie 时，URL 重写就会作为基本的会话跟踪方法。

URL 重写包括一个附加的数据和一个 Session ID，这样的 URL 会被引擎解析和一个 Session 相关联。一个 Session ID 是作为 URL 的一个被编码的参数传输的，这个参数名字必须是 JSESSIONID。

2. Session 工作的基本流程

（1）浏览器发出请求到服务器。

（2）服务器会根据需求生成 Session 对象，并且给这个 Session 对象一个编号，一个编号对应一个 Session 对象。

（3）服务器把需要记录的数据封装到这个 Session 对象里，然后把这个 Session 对象保存下来。

（4）服务器把这个 Session 对象的编号放到一个 Cookie 里，随着响应发送给浏览器。

（5）浏览器接收到这个 Cookie 就会保存下来。

（6）当下一次浏览器再次请求该服务器服务，就会发送该 Cookie。

（7）服务器得到这个 Cookie，取出它的内容，它的内容就是一个 Session 的编号。

（8）凭借这个 Session 编号找到对应的 Session 对象，然后利用该 Session 对象把保存的数据取出来。

5.2.3　Session 的开发体验

1. 基本开发方法

下面我们就在 Servlet 内创建一个 Session。

```
public class sessionTest extends HttpServlet {
    @Override
    protected void doGet(HttpServletRequest request, HttpServletResponse response)
        throws ServletException, IOException {

        HttpSession session = request.getSession();
        session.setAttribute("name", "Rime");
    }
}
```

这样当浏览器请求这个 Servlet 服务时，就会把这个 Session 发过去。我们来看看服务器收到的响应头，如图 5.6 所示。

可以看到服务器给浏览器发出了一个 Set-Cookie 的响应头，里面有一个 JSESSIONID。这个就是 Session 的编号了，然后我们再次访问这个 Servlet，如图 5.7 所示。

▼ 响应头 (0.171 KB)
Content-Length: "0"
Date: "Sat, 29 Nov 2014 05:05:22 GMT"
Server: "Apache-Coyote/1.1"
Set-Cookie: "JSESSIONID=B6F97B6B8B84098FB7D2EB99AFE79A65; Path=/TestArea"

图 5.6　当服务器产生 Session 时客户端得到的 JSESSIONID

Accept: "text/html,application/xhtml+xml,application/xml;q=0.9,*/
Accept-Language: "zh-cn,zh;q=0.8,en-us;q=0.5,en;q=0.3"
Accept-Encoding: "gzip, deflate"
Cookie: "JSESSIONID=B6F97B6B8B84098FB7D2EB99AFE79A65"

图 5.7　每次请求带 JSESSIONID 的 Cookie 信息

浏览器会把保存这个 JSESSIONID 的 Cookie 发送给服务器，服务器接收这个 Session 编号，并取出这个编号对应的数据。

```
//得到数据
String name = (String) session.getAttribute("name");
System.out.println("name="+name);
```

然后看到输出结果：

```
name=Rime
```

这样就服务器就可以根据这个 name 的值来做出一些动作。

2. Session 的基本 API

（1）HttpSession getSession(boolean create)：在 Servlet 中获得会话对象只需要使用 HttpServletRequest 对象的方法，返回当前 HTTP 会话对象。

① create 参数为 true 时，如果不存在，则创建一个新的会话；如果存在，就返回当前 HTTP

会话对象。

② create 参数为 false 时，如果不存在，则返回 null；如果存在，就返回当前 HTTP 会话对象。

（2）HttpSession getSession()：调用 getSession(true)的简化版。

（3）void setAttribute(String name, Object value)：将一个对象保存到会话中。

（4）Object getAttribute(String name)：返回会话中保存的对象。

（5）void removeAttribute(String name)：删除会话中保存的对象。

（6）void invalidate()：使得会话被终止，释放其中任意对象。

（7）void setMaxInactiveInterval(int seconds)：设置会话存活时间。

（8）void invalidate()：使得会话被终止，释放其中的任意对象。

实训 5.2　Session 实现购物车功能

训练技能点

- Servlet 中 HttpSession 的获取和使用 Session 保存数据
- 理解 Session 的服务器端保存和获取对象的方法
- 了解创建购物车的基本流程和 Session 带来的用户体验

需求说明

- 实现用户登录功能，并将用户信息保存到 Session 中
- 登录成功后进入购物页面
- 实现购物 Servlet，并将商品信息放入到购物车中
- 查看购物车中的商品信息
- 删除购物车中的某个商品

实现思路

用户登录成功后，Session 保存当前的用户信息，当用户单击“加入到购物车”时，假使用户从 Session 取得购物车，首先要判断用户是不是第一次购物。如果是第一次购物，我们需要为用户创建购物车，并在购物车里添加商品，同时将该购物车添加到 Session 中保存起来。如果不是第一次购物，我们需要从 Session 作用域先获取购物车，然后在购物车里添加商品，最后把购物车放在 Session 域中，完成一次购物。

实现步骤

（1）创建登录页面

```
<html>
    <head>
    <meta http-equiv="Content-Type" content="text/html; charset=UTF-8">
    <title>登录</title>
    </head>
    <body>
        <form action="/login" method="post">
            姓名：<input type="text" name="username" /><br />
            密码：<input type="password" name="password" /><br />
            <input type="submit" value="登录" />
        </form>
    </body>
</html>
```

（2）创建购物页面

```
<!DOCTYPE html PUBLIC "-//W3C//DTD HTML 01 Transitional//EN" "http://www.worg/
    TR/html4/loose.dtd">
<html>
<head>
<meta http-equiv="Content-Type" content="text/html; charset=UTF-8">
<title>购买</title>
</head>
<body>
    <form action="/buy" method="post">
        货品: <select name="product">
            <option value="鼠标">鼠标</option>
            <option value="光盘">光盘</option>
            <option value="手机">手机</option>
        </select><br />
        数量: <input type="text" name="number" /><br />
        <input type="submit" value="购买" />
    </form>
</body>
</html>
```

（3）购物车实体类的创建

```
import java.util.ArrayList;
import java.util.List;

/**
 * 购物车类，可添加、删除和获取购物车项
 * @author Mrchi
 *
 */
public class Car {
    // 用于存放 CarItem（购物车项）的 list
    private List<CarItem> list = new ArrayList<CarItem>();

    /**
     * 获取购物车中的所有购物车项
     * @return 包含所有购物车项的 list
     */
    public List<CarItem> list() {

        return list;
    }

    /**
     * 添加购物车项到购物车
     * @param carItem 需要添加的购物车项
     */
    public void add(CarItem carItem) {
        this.list.add(carItem);
    }
```

```
    /**
     * 从购物车中删除购物车项
     * @param id 需要删除的购物车项 ID
     */
    public void remove(String id) {
        for (int i = 0; i < list.size(); i++) {
            if (list.get(i).getId().equals(id)){
                list.remove(i);
                break;
            }
        }
    }
}
```

（4）创建购物车项实体类 CarItem.java

```
/**
 * 购物车项，包含 id、货品名、数量
 * @author Mrchi
 *
 */
public class CarItem {
    private String id;
    private String product;
    private Integer number;

    public String getId() {
        return id;
    }

    public void setId(String id) {
        this.id = id;
    }

    public String getProduct() {
        return product;
    }

    public void setProduct(String product) {
        this.product = product;
    }

    public Integer getNumber() {
        return number;
    }

    public void setNumber(Integer number) {
        this.number = number;
    }
}
```

（5）创建实体类用户 User.java

```
/**
 * 用户类，用于封装用户登录信息
 * @author Mrchi
 *
 */
public class User {
    private String username;
    private String password;

    public String getUsername() {
        return username;
    }

    public void setUsername(String username) {
        this.username = username;
    }

    public String getPassword(){
        return password;
    }

    public void setPassword(String password) {
        this.password = password;
    }

    @Override
    public String toString() {
        return "User [" + username + ", " + password + "]";
    }

}
```

（6）创建购物 BuyServlet

```
import java.io.IOException;
import java.io.PrintWriter;
import java.util.UUID;

import javax.servlet.ServletException;
import javax.servlet.http.HttpServlet;
import javax.servlet.http.HttpServletRequest;
import javax.servlet.http.HttpServletResponse;
import javax.servlet.http.HttpSession;

import com.myself.domain.Car;
import com.myself.domain.CarItem;
import com.myself.domain.User;

/**
 * 购买时需要的 Servlet，可以将一个购物车项添加到购物车
 * @author Mrchi
 *
 */
```

```
public class BuyServlet extends HttpServlet {

    @Override
    protected void service(HttpServletRequest request, HttpServletResponse response)
        throws ServletException, IOException {

        //设置编码
        request.setCharacterEncoding("UTF-8");
        response.setContentType("text/html;charset=UTF-8");
        //获取打印流
        PrintWriter out = response.getWriter();

        //获取货品名称
        String product = request.getParameter("product");

        Integer number = null;     //数量
        try {
            //接收到的是一个 String，将其转换为 Integer。如果转换失败，则向页面输出提示信息
            number = Integer.parseInt(request.getParameter("number"));
        } catch (NumberFormatException e){
            out.println("数量非法，<a href='/buy.html'>重新填写</a><br/>");
            return;
            //e.printStackTrace();
        }

        //通过 JSESSIONID 获取 Session 对象，如果没有获取到，则新创建一个 Session 对象
        HttpSession session = request.getSession();
        //在 Session 中获取 user 属性的对象
        User user = (User) session.getAttribute("user");
        //在 Session 中获取 car 属性的对象
        Car car = (Car) session.getAttribute("car");

        //只有当用户已登录，且货品和数量不为空时，才允许添加项到购物车
        if (user != null && product!= null && number != null) {

            CarItem carItem = new CarItem();     //创建购物车项
            // UUID.randomUUID().toString()，一个随机且不重复的字符串，方便购物车项的查询
            carItem.setId(UUID.randomUUID().toString());
            carItem.setProduct(product);
            carItem.setNumber(number);

            // 如果购物车为空，则创建一个购物车，并添加到 Session
            if (car == null) {
               car = new Car();
               session.setAttribute("car",  car);
            }

            car.add(carItem);

            out.println("购买成功<br/>");
```

```
            out.println("<a href='/buy.html'>继续购买</a><br/>");
            out.println("<a href='/list'>管理列表</a><br/>");
        } else {
            out.println("<a href='/login.html'>请登录</a><br/>");
        }
    }

}
```

（7）从购物车中删除某个商品 DeleteServlet.java

```
import java.io.IOException;
import java.io.PrintWriter;

import javax.servlet.ServletException;
import javax.servlet.http.HttpServlet;
import javax.servlet.http.HttpServletRequest;
import javax.servlet.http.HttpServletResponse;
import javax.servlet.http.HttpSession;

import com.myself.domain.Car;
import com.myself.domain.User;

/**
 * 删除购物车中的购物车项
 * @author Mrchi
 *
 */
public class DeleteServlet extends HttpServlet {

    @Override
    protected void service(HttpServletRequest request,HttpServletResponse response)
        throws ServletException,  IOException {

        //设置编码
        request.setCharacterEncoding("UTF-8");
        response.setContentType("text/html;charset=UTF-8");
        //获取输出流
        PrintWriter out = response.getWriter();

        //获取 Session，如果使用 JSESSIONID 没有找到，则创建一个
        HttpSession session = request.getSession();
        //获取 Session 中属性名为 User 的对象
        User user = (User)      session.getAttribute("user");
        //获取 Session 中属性名为 Car 的对象
        Car car = (Car)      session.getAttribute("car");

        //接收需要删除的购物车项的 id
        String id = request.getParameter("id");

        //如果用户已登录，则向下执行，否则向页面输出提示信息
        if (user != null){
```

```
                //当 Car 对象存在时，才从此购物车中删除购物车项，且转入的 id 也不为空
                if (car != null && id != null && !"".equals(id)){
                    car.remove(id);

                    out.println("删除成功<br/>");
                    out.println("<a href='/buy.html'>继续购买</a><br/>");
                    out.println("<a href='/list'>管理列表</a><br/>");
                } else {
                    out.println("也还没车车...");
                }
            } else {
                out.println("还没登录，禁止操作。<a href='/login.html'>返回登录</a>");
            }
        }

}
```

（8）显示购物车中所有的商品 ListServlet.java

```
/**
 * 用于显示购物车里面的内容
 * @author Mrchi
 *
 */
public class ListServlet extends HttpServlet {

    @Override
    protected void service(HttpServletRequest request, HttpServletResponse response)
        throws ServletException,  IOException {

        //设置编码
        request.setCharacterEncoding("UTF-8");
        response.setContentType("text/html;charset=UTF-8");
        //获取输出流
        PrintWriter out = response.getWriter();

        //获取 Session，如果使用 JSESSIONID 没有找到，则创建一个
        HttpSession session = request.getSession();
        //获取 Session 中属性名为 Car 的对象
        Car car = (Car) session.getAttribute("car");
        //获取 Session 中属性名为 User 的对象
        User user = (User) session.getAttribute("user");

        //如果 User 对象为空，则表示还没登录，要求用户登录后才能进行操作
        if (user == null) {
            out.println("还没登录。<a href='/login.html'>请登录</a>");
            return;
        }

        out.println("<b>" + user.getUsername() + "</b> 的购物车<br/>");
```

```
            //如果Car对象为空，表示还没创建购物车；如果不为空，就表示有购物车，可以依次输出其内容
            if (car != null) {
                for (CarItem carItem : car.list()){
                    out.println("商品:" + carItem.getProduct() + " 数量:" + carItem.
            getNumber() + " <a href='/delete?id=" + carItem.getId() + "'>删除</a>");
                    out.println("<hr>");
                }
            } else {
                out.println("还没购物车，所以没内容");
            }

        }

    }
```

（9）登录的 LoginServlet.java

这里没有连接数据库，用户输入之后会直接将用户信息保存到 Session 中。

```
    /**
     * 用户登录，将登录信息封装成一个User对象，并添加到Session
     * @author Mrchi
     *
     */
    public class LoginServlet extends HttpServlet {

        @Override
        protected void service(HttpServletRequest request,HttpServletResponse response)
            throws ServletException,IOException {

            //设置编码
            request.setCharacterEncoding("UTF-8");
            response.setContentType("text/html;charset=UTF-8");
            //获取输出流
            PrintWriter out = response.getWriter();

            //接收到的参数
            String username = request.getParameter("username");
            String password = request.getParameter("password");

            //获取Session，如果使用JSESSIONID没有找到，则创建一个
            HttpSession session = request.getSession();
            //获取Session中属性名为User的对象
            User user = (User) session.getAttribute("user");

            //如果User对象为空，用户名和密码不为空，则将登录信息封装为一个User对象，并添加至
            Session中
            if (user == null
                    && username != null && !"".equals(username)
                    && password != null &&!"".equals(password)){

                //将username和password封装成一个User对象
```

```
                user = new User();
                user.setPassword(password);
                user.setUsername(username);

                //将对象添加到 Session 中
                session.setAttribute("user",  user);

                out.println("欢迎回来：<b>" + user.getUsername() + "</b>
                    <a href= '/logout'>注销</a><br/>");
                out.println("<a href='/buy.html'>购物</a><br/>");
                out.println("<a href='/list'>管理购物</a>");

            } else if (user != null && username == null && password == null) {
                //当 User 对象不为空，但 username 和 password 为空，直接读取 Session 中的 User 对象

                out.println("欢迎回来：<b>" + user.getUsername() + "</b>
                    <a href= '/logout'>注销</a><br/>");
                out.println("<a href='/buy.html'>购物</a><br/>");
                out.println("<a href='/list'>管理购物</a>");

            }else {

                //当前面条件不满足时，向页面输出提示信息
                out.println("<a href='/login.html'>重新登录</a>");
            }

        }

    }
```

（10）退出 LogoutServlet.java，同时清除 Session 里面保存的购物车和用户等信息

```
    /**
     * 用户注销
     * @author Mrchi
     *
     */
    public class LogoutServlet extends HttpServlet {

        @Override
        protected void service(HttpServletRequest request,
            HttpServletResponse response) throws ServletException, IOException {

            //设置编码
            request.setCharacterEncoding("UTF-8");
            response.setContentType("text/html;charset=UTF-8");

            //获取 Session
            HttpSession session = request.getSession();

            //注销，让 Session 失效，同时清除 User 和 Car 在 Session 中的对象
            session.invalidate();
```

```
            //注销后，重定向到登录页面
            response.sendRedirect("/login.html");
        }
    }
```

我们来看一下运行情况，在浏览器中输入 localhost:8081/ShoppingCar/login.html，效果如图 5.8 所示。输入用户名及密码，将显示图 5.9 所示的页面。

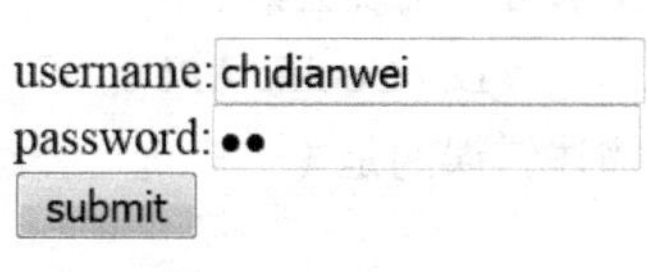

图 5.8　购物登录界面

图 5.9　购物主页面

单击 buy，开始购买商品，页面效果如图 5.10 所示。

购买多件商品后，页面效果如图 5.11 所示。

图 5.10　选择购买商品和数量

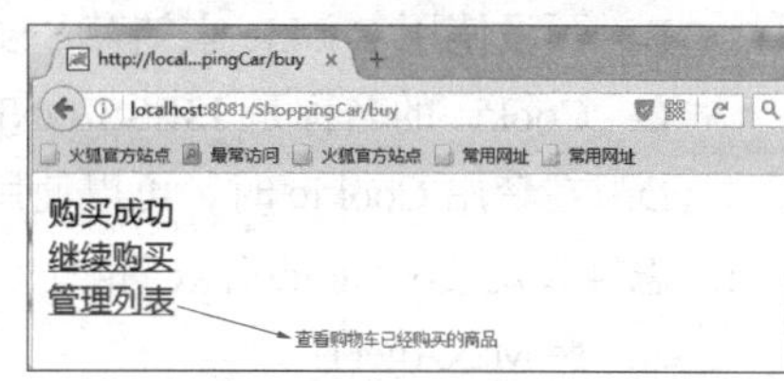

图 5.11　购买成功页面

单击管理列表，显示购物车内容，如图 5.12 所示。

图 5.12　查看购物车列表

可以删除部分商品，查看购物车中商品的变化。

本章总结

- Cookie 技术及其应用
    - Cookie 的工作原理
    - Cookie 技术的实际应用
- Session 技术及其应用
    - 理解 HttpSession 产生的原因

- 理解 HttpSession 记住用户会话状态的方式和工作原理
- Session 的实际应用之购物车功能的实现

课后练习

一、选择题

1. 浏览器的用户如果禁用了 Cookie 的使用，那（　　）技术可以实现会话。

   A. HttpSession　　B. URL 重写　　C. 隐藏字段　　D. Cookie API

2. 关于 HttpSession 的 setMaxInactiveInterval()方法，以下描述错误的是（　　）。

   A. 单位是分钟

   B. 用来设定 HttpSession 在浏览器多久没活动后失效

   C. 用来设定 Cookie 的失效时间

   D. 会覆盖 web.xml 中<session-timeout>的设置

3. 关于 Servlet 中获取的 Session 的 ID，下面说法中正确的是（　　）。

   A. 必须自行呼叫 HttpSession 的 getid()方可产生

   B. 预设使用 Cookie 来储存 Session id

   C. Cookie 的名称是 JSESSIONID

   D. 在禁用 Cookie 时，可以使用 URL 重写来发送 Session id

4. 怎样设定 Cookie 的有效期限？（　　）

   A. setMaxAge()　　B. setMaxInactive

   C. setMaxInactiveInterval()　　D. 在 web.xml 中设定<cookie-timeout>

5. 在 Web 中，（　　）对象提供有 setAttribute()方法。

   A. PageContext　　B. HttpServletRequest

   C. HttpSession　　D. ServletConfig

二、上机练习

1. 创建一个 Web 项目和一个个人网页，使用 Cookie 记录用户在 1 分钟内访问“个人网页”网站的次数。如果从来没有访问过，就提示“您至少已经 1 分钟没有光临寒舍了！”。

2. 假定我们想为第一次到达网站的访问者显示一个突出的旗帜，提示他们去注册，同时又不希望向再次到来的访问者显示这个无用的旗帜。那么，Cookie 就是区分初访者和再访者的完美方式。检查唯一命名的 Cookie 是否存在：如果存在，客户是再访者；如果不存在，那么访问者就是一个初来者。您应该设置一个输出 Cookie，说明“这个用户已经来过这里”。

第6章 Servlet文件的上传和下载

学习内容

- 文件上传的原理
- Servlet 2.5 版本文件上传的实现步骤
- Servlet 3.0 版本文件上传的实现步骤
- 多文件上传的方法
- 文件下载的原理和实现

学习目标

- 理解文件上传的基本原理
- 掌握 Servlet 2.5 版本实现文件上传的方法
- 掌握 Servlet 3.0 版本实现文件上传的方法
- 掌握多文件上传的方法
- 掌握通过 Servlet 实现文件下载的方法

本章简介

本章主要讲解了文件上传的原理和步骤，重点讲解如何用第三方开源项目 Fileupload 实现文件上传，如何使用 Servlet 3.0 实现文件上传，多文件如何上传；此外，还讲解了文件下载的几种实现方式，以及通过 Response 对象实现后台文件下载的过程。

6.1 Servlet文件的上传

6.1.1 文件上传的原理

Servlet 是用 Java 编写的、协议和平台都独立的服务器端组件，它使用请求/响应的模式，提供了一个基于 Java 的服务器解决方案。使用 Servlet 可以方便地处理在 HTML 页面表单中提交的数据，但 Servlet 的 API 没有提供对以 mutilpart/form-data 形式编码的表单进行解码的支持，因而对日常应用中涉及文件上传等事务无能为力。

如何用 Servlet 进行文件的上传？必须通过编程来实现。

1. 基本原理

通过 HTML 上载文件的基本流程如图 6.1 所示。

浏览器端提供了供用户选择提交内容的界面（通常是一个表单），在用户提交请求后，将文件数据和其他表单信息编码并上传至服务器端。服务器端（通常是一个 CGI 程序）将上传的内容进行解码，提取出 HTML 表单中的信息，并将文件数据存入磁盘或数据库。

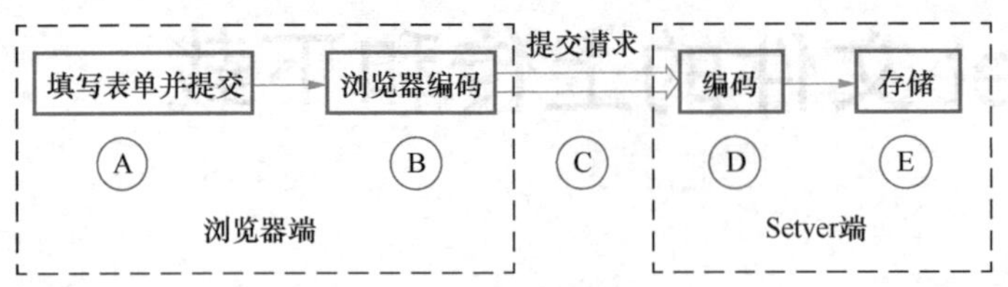

图 6.1 上传文件的基本流程图

2. 各过程详解

（1）填写表单并提交

通过表单提交数据的方法有两种，一种是 GET 方法，另一种是 POST 方法，前者通常用于提交少量的数据，而在上传文件或大量数据时，应该选用 POST 方法。在<form>标签中添加以下代码可以在页面上显示一个选择文件的控件。

```
<input type="file" name="file01">
```

可以直接在文本框中输入文件名，也可以在单击按钮后弹出一个供用户选择文件的对话框。

（2）浏览器编码

在向服务器端提交请求时，浏览器需要将大量的数据一并提交给 Server 端，而提交前，浏览器需要按照 Server 端可以识别的方式进行编码。对于普通的表单数据，这种编码方式很简单。编码后的结果通常是 field1=value2&field2=value2&…的形式，如 name=aaaa&Submit=Submit。

这种编码的具体规则可以在 rfc2231 里查到。通常使用的表单也是采用这种方式编码的，Servlet 的 API 提供了对这种编码方式解码的支持，只需要调用 ServletRequest 类中的方法就可以得到用户表单中的字段和数据。

这种编码方式（application/x-www-form-urlencoded）虽然简单，但对于传输大块的二进制数据显得力不从心。所以传输这类数据，浏览器采用了另一种编码方式，即 multipart/form-data 的编码方式。采用这种方式，浏览器可以很容易地将表单内的数据和文件关联在一起。这种编码方式先定义好一个不可能在数据中出现的字符串作为分界符，然后用它将各个数据段分开，每个数据段都对应着 HTML 页面表单中的一个 Input 区，包括一个 content-disposition 属性，说明了这个数据段的一些信息。如果这个数据段的内容是一个文件，则还会有 Content-Type 属性。

这里，我们可以编写一个简单的 Servlet 来查看浏览器是怎样编码的。实现流程如下。

① 重载 HttpServlet 中的 doPost 方法。

② 调用 request.getContentLength()得到 Content-Length，并定义一个与 Content-Length 大小相等的字节数组 buffer。

③ 从 HttpServletRequest 的实例 request 中得到一个 InputStream，并把它读入 buffer 中。

④ 使用 FileOutputStream 将 buffer 写入指定文件。

具体实现代码如下：

```
// ReceiveServlet.java
```

```
import java.io.*;
import javax.servlet.*;
import javax.servlet.http.*;
//示例程序：记录下 Form 提交上来的数据，并存储到 Log 文件中
public class  ReceiveServlet extends HttpServlet
{
    public void doPost(HttpServletRequest request, HttpServletResponse response)
    throws IOException, ServletException
    {
        //1
        int len = request.getContentLength();
        byte buffer[] = new byte[len];
        //2
        InputStream in = request.getInputStream();
        int total = 0;
        int once = 0;
        while ((total < len) && (once >=0)){
            once = in.read(buffer, total, len);
            total += once;
        }
        //3
        OutputStream out=new BufferedOutputStream( new FileOutputStream
            ("Receive.log", true));
        byte[] breaker="\r\nNewLog: -------------------->\r\n".getBytes();
        System.out.println(request.getContentType());
        out.write(breaker, 0, breaker.length);
        out.write(buffer);
        out.close();
        in.close();
    }
}
```

在使用 IE 作为浏览器测试时，从指定的文件（Receive.log）中可以看到如下内容：

```
    -----------------------------7d137a26e18
    Content-Disposition: form-data; name="name"
    123
    -----------------------------7d137a26e18
    Content-Disposition: form-data; name="introduce"
    I am...
      I am..
    -----------------------------7d137a26e18
    Content-Disposition: form-data; name="file3"; filename="C:\Autoexec.bat"
    Content-Type: application/octet-stream
    @echo off
    prompt $d $t [ $p ]$_$$
    SET PATH=d:\pf\IBMVJava2\eab\bin;%PATH%;D:\PF\ROSE98I\COMMON
-----------------------------7d137a26e18--
```

上述代码中的“---------------------------7d137a26e18”是分界符。关于分界符的规则可以概况为以下两条。

（1）除了最后一个分界符，每个分界符后面都加一个 CRLF（即“\u000D”和“\u000A”），最后一个分界符后面是两个分隔符“--”。

（2）每个分界符的开头都要加一个 CRLF 和两个分隔符（“--”）。

浏览器采用默认的编码方式是 application/x-www-form-urlencoded，可以通过指定 <form> 标签中的 enctype 属性使浏览器知道此表单是用 multipart/form-data 方式编码的，比如<form action="/servlet/ReceiveServlet" ENCTYPE="multipart/form-data" method=post >。

3. 提交请求

提交请求的过程由浏览器完成，它遵循 HTTP 协议。每一个从浏览器端到服务器端的一个请求，都包含了大量与该请求有关的信息。在 Servlet 中，HttpServletRequest 类将这些信息封装起来，便于我们提取使用。

在文件上载和表单提交的过程中，我们要注意问题：一是上载的数据采用的是哪种方式的编码，这个问题可以从 Content-Type 中得到答案。另一个问题是上载的数据量有多少（即 Content-Length），知道了它就知道了 HttpServletRequest 的实例中有多少数据可以读取出来。

这两个问题，我们可以从 HttpServletRequest 的一个实例中获得，具体调用的方法是 getContentType()和 getContentLength()。

Content-Type 是一个字符串，在上面的例子中，增加“System.out.println(request.getContentType());”，可以得到这样的一个输出字符串：

```
multipart/form-data; boundary=---------------------------7d137a26e18
```

上述字符串的前半段是编码方式，后半段是分界符。

通过 String 类中的方法，我们可以对上述字符串进行分解，从而提取出分界符。

```
String  contentType  = request.getContentType( );
int  start  = contentType.indexOf("boundary=");
int  boundaryLen  = new String("boundary=").length();
String  boundary  = contentType.substring(start+boundaryLen);
boundary = "--" + boundary;
//判断编码方式可以直接用 String 类中的 startsWith 方法判断
if(contentType==null || !contentType.startsWith("multipart/form-data"))
```

这样，我们在解码前可以知道：编码的方式是否是 multipart/form-data，以及数据内容的分界符和数据的长度。

我们可以用类似于 ReceiveServlet 中的方式将这个请求的输入流读入一个长度为 Content-Length 的字节数组，接下来就是将这个字节数组里的内容全部提取出来了。

4. 解码

解码对我们来说是整个上载过程中最复杂的一个步骤。经过以上流程，可以得到包含所有上载数据的一个字节数组和一个分界符。通过对 Receive.log 进行分析，还可以得到每个数据段中的分界符。

而我们要得到以下内容：

- 提交的表单中的各个字段以及对应的值；
- 如果表单中有 file 控件，并且用户选择了上载文件，则需要分析出字段的名称、文件在浏览器端的名字、文件的 Content-Type 和文件的内容；
- 字节数组的内容可以分解，如图 6.2 所示。

具体的解码过程也可以分为两个步骤。

（1）将上载的数据分解成数据段，每个数据段对应着表单中的一个 Input 区。

（2）对每个数据段，再进行分解，提取出上述要求得到的内容。

这两个步骤主要的操作有两个：一个是从一个数组中找出另一个数组的位置，类似于 String

类中的 indexOf 的功能。另一个是从一个数组中提取出另一个数组，类似于 String 类中的 substring 的功能。为此，我们可以专门写两个方法实现这种功能。

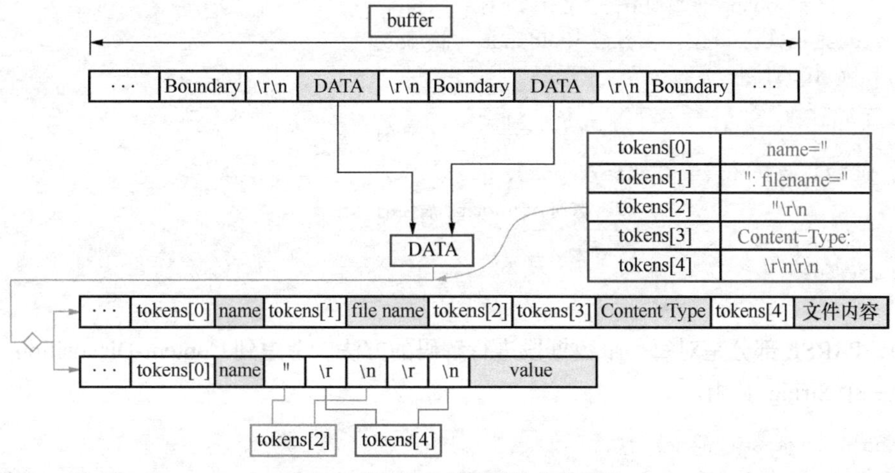

图 6.2　获取的表单数据的字节数组

```
int byteIndexOf (byte[] source, byte[] search, int start)
byte[] subBytes(byte[] source, int from, int end)
```

为了便于使用，可以从这两个方法中衍生出下列方法。

```
int byteIndexOf (byte[] source, String search, int start)
//以一个 String 作为搜索对象参数
String subBytesString(byte[] source, int from, int end)
//直接返回一个 String
int bytesLen(String s)
//返回字符串转化为字节数组后，字节数组的长度
```

这样，从一个字节数组中根据标记提取出的另一个字节数组如图 6.3 所示。

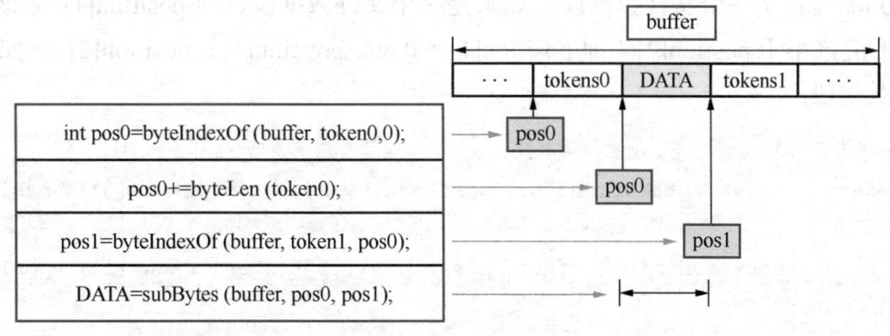

图 6.3　提取字节数组中的内容

假设我们已经将数据存入字节数组 buffer 中，分界符存入 String boundary 中。

```
int pos1=0;     //pos1 记录 在buffer 中下一个 boundary 的位置
        //pos0、pos1 是 subBytes 的两个参数
int     pos0=byteIndexOf(buffer, boundary, 0);
        //pos0 记录 boundary 的第一个字节在buffer 中的位置
```

```
do
{
      pos0+=boundaryLen;
      //记录 boundary 后面第一个字节的下标
      pos1=byteIndexOf(buffer, boundary, pos0);
      if (pos1==-1)
          break;
      pos0+=2;           //考虑到 boundary 后面的 \r\n
      PARSE[(subBytes(buffer, pos0, pos1-2));]
                         //考虑到 boundary 后面的 \r\n
      pos0=pos1;
}while(true);
```

其中，PARSE 部分是对每一个数据段进行解码的方法。考虑到 Content-Disposition 等属性，首先定义一个 String 数组。

```
String[] tokens={"name=\"",
 "\"; filename=\"",
 "\"\r\n",
 "Content-Type: ",
 "\r\n\r\n"
};
```

对于一个不是文件的数据段，只可能有 tokens 中的第一个元素和最后一个元素。如果是一个文件数据段，则包含所有的元素。第一步先得到 tokens 中每个元素在这个数据段中的位置。

```
int[] position=new int[tokens.length];
 for (int i=0;i < tokens.length ;i++ )
 {
    position[i]=byteIndexOf(buffer, tokens[i], 0);
 }
```

第二步判断是否是一个文件数据段。如果是一个文件数据段，则 position[1] 应该大于 0，并且 postion[1] 应该小于 postion[2]（即 position[1] > 0 && position[1] < position[2]），如果为真，则为一个文件数据段。

```
//1.得到字段名
String name =subBytesString(buffer, position[0]+bytesLen(tokens[0]), position[1]);
//2.得到文件名
String file= subBytesString(buffer, position[1]+bytesLen(tokens[1]), position[2]);
//3.得到 Content-Type
String contentType=subBytesString(buffer, position[3]+bytesLen(tokens[3]), position[4]);
//4.得到文件内容
byte[] b=subBytes(buffer, position[4]+bytesLen(tokens[4])     , buffer.length);
```

如果 position[1]不小于 position[2]，则说明数据段是一个 name/value 型的数据段，且 name 在 tokens[0]和 tokens[2]之间，value 在 tokens[4]之后。

```
//1.得到 name
String name =subBytesString(buffer, position[0]+bytesLen(tokens[0]), position[2]);
```

```
//2.得到 value
String value= subBytesString(buffer, position[4]+bytesLen(tokens[4]), buffer.length);
```

6.1.2　第三方开源项目实现文件上传

FileUpload 是 Apache commons 下面的一个子项目，用来实现 Java 环境下的文件上传功能，与常见的 SmartUpload 齐名，可以从官网下载该项目的核心 jar 包。

1. 准备所需的 jar 包

所需的 jar 包有 commons-fileupload-1.3.1.jar 和 commons-io-2.4.jar。将上述两个.jar 包复制到项目的 WEB-INF 下面的 lib 中即可。

2. UploadServlet 核心代码

```
if (ServletFileUpload.isMultipartContent(request)){
    DiskFileItemFactory dff = new DiskFileItemFactory();// 创建该对象
    dff.setRepository(tmpDir);     // 指定上传文件的临时目录
    dff.setSizeThreshold(1024000);// 指定在内存中缓存数据大小，单位为 byte
    ServletFileUpload sfu = new ServletFileUpload(dff);// 创建该对象
    sfu.setFileSizeMax(5000000);  // 指定单个上传文件的最大尺寸
    sfu.setSizeMax(10000000);     // 指定一次上传多个文件的总尺寸
    FileItemIterator fii = sfu.getItemIterator(request);// 解析 request
    while (fii.hasNext()){
        FileItemStream fis = fii.next();// 从集合中获得一个文件流
        if (!fis.isFormField() && fis.getName().length()> 0){// 过滤掉表单中非文件域
String fileName = fis.getName().substring(fis.getName().lastIndexOf("\\"));
// 获得上传文件的文件名
BufferedInputStream in = new BufferedInputStream(
fis.openStream());                // 获得文件输入流
File outfile =new File(saveDir + fileName);
System.out.println(outfile.getAbsolutePath());
    outfile.createNewFile();
BufferedOutputStream out = new BufferedOutputStream(
new FileOutputStream(new File(saveDir + fileName)) );// 获得文件输出流
Streams.copy(in, out, true);     // 开始把文件写到指定的上传文件夹
//out.write("hello".getBytes());
}
response.getWriter().println("File upload successfully!!!");
```

实际上不论采用什么组件进行文件上传，根本原理都是如 6.1.1 所述的那样，对请求的输入流进行解析，获取文件名和文件内容，但如果自己手工去分割、读取数据，则很难写出稳定的程序。common-upload 组件就是封装好获取文件的方法，提供简便的文件上传的 API。

3. 上传文件的表单页面

```
<html>
<body>
<p>FileUploadServlet Demo</p>
<form name="form1" action="upload" method="post" enctype="multipart/form-data">
    <input type="file" name="file" />
    <input type="submit" name="button" value="Submit" />
</form>
</body>
</html>
```

6.1.3 Servlet 3.0 实现文件上传

要在 Servlet 2.5 中实现文件上传功能，需要借助第三方开源组件，如 Apache 的 commons-fileupload 组件。而 Servlet 3.0 提供了对文件上传的原生支持，所以在 Servlet 3.0 中我们不需要借助任何第三方上传组件，直接使用 Servlet 3.0 提供的 API 就能够实现文件上传功能了。

1. 编写上传页面

```
<!DOCTYPE HTML>
 <html>
   <head>
     <title>Servlet3.0 实现文件上传</title>
   </head>

   <body>
         <fieldset>
            <legend>
                上传单个文件
            </legend>
            <!-- 文件上传时必须要设置表单的 enctype="multipart/form-data"-->
            <form action="UploadServlet"
                method="post" enctype="multipart/form-data">
                上传文件:
                <input type="file" name="file">
                <br>
                <input type="submit" value="上传">
            </form>
        </fieldset>
        <hr />
        <fieldset>
            <legend>
                上传多个文件
            </legend>
            <!-- 文件上传时必须要设置表单的 enctype="multipart/form-data"-->
            <form action="UploadServlet"
                method="post" enctype="multipart/form-data">
                上传文件:
                <input type="file" name="file1">
                <br>
                上传文件:
                <input type="file" name="file2">
                <br>
                <input type="submit" value="上传">
            </form>
        </fieldset>
    </body>
</html>
```

2. 开发处理文件上传的 Servlet

Servlet 3.0 将 multipart/form-data 的 POST 请求封装成 Part，通过 Part 对上传的文件进行操作。

UploadServlet 的代码如下：

```
package com.controller;

import java.io.File;
import java.io.IOException;
import java.io.PrintWriter;
import java.util.Collection;

import javax.servlet.ServletException;
import javax.servlet.annotation.MultipartConfig;
import javax.servlet.annotation.WebServlet;
import javax.servlet.http.HttpServlet;
import javax.servlet.http.HttpServletRequest;
import javax.servlet.http.HttpServletResponse;
import javax.servlet.http.Part;

//使用@WebServlet 配置 UploadServlet 的访问路径
@WebServlet(name="UploadServlet", urlPatterns="/UploadServlet")
//使用注解@MultipartConfig 将一个 Servlet 标识为支持文件上传
@MultipartConfig//标识 Servlet 支持文件上传
public class UploadServlet1 extends HttpServlet {

    public void doGet(HttpServletRequest request, HttpServletResponse response)
            throws ServletException, IOException {
            request.setCharacterEncoding("utf-8");
            response.setCharacterEncoding("utf-8");
            response.setContentType("text/html;charset=utf-8");
            //存储路径
            String savePath = request.getServletContext().getRealPath("/WEB-INF/
                uploadFile");
            //获取上传的文件集合
            Collection<Part> parts = request.getParts();
            //上传单个文件
            if (parts.size() ==1){
                //Servlet3.0 将 multipart/form-data 的 POST 请求封装成 Part，通过 Part 对上
                传的文件进行操作
                Part part = request.getPart("file");
                //通过表单 file 控件(<input type="file"name="file">)的名字直接获取 Part 对象
                //Servlet3 没有提供直接获取文件名的方法，需要从请求头中解析出来
                //获取请求头，请求头的格式为 form-data; name="file"; filename="snmp4j--
                api.zip"
                String header = part.getHeader("content-disposition");
                //获取文件名
                String fileName = getFileName(header);
                //把文件写到指定路径
                part.write(savePath+File.separator+fileName);
            }else {
                //一次性上传多个文件
                for (Part part : parts){//循环处理上传的文件
                    //获取请求头，请求头的格式：form-data; name="file"; filename="snmp4j--
```

```
            api.zip"
                String header = part.getHeader("content-disposition");
                //获取文件名
                String fileName = getFileName(header);
                //把文件写到指定路径
                part.write(savePath+File.separator+fileName);
            }
        }
        PrintWriter out = response.getWriter();
        out.println("上传成功");
        out.flush();
        out.close();
    }

    /**
     * 根据请求头解析出文件名
     * 请求头的格式：火狐和google浏览器下：form-data; name="file"; filename="snmp4j--
       api.zip"
     * IE浏览器下：form-data; name="file"; filename="E:\snmp4j--api.zip"
     * @param header 请求头
     * @return 文件名
     */
    public String getFileName(String header){
        /**
         * String[] tempArr= header.split(";");代码执行完之后，在不同的浏览器下，tempArr1
        数组里面的内容稍有区别
         * 火狐或者google浏览器下：tempArr1={form-data, name="file", filename="snmp4j--
        api.zip"}
         * IE浏览器下:tempArr1={form-data,name="file",filename="E:\snmp4j--api.zip"}
         */
        String[] tempArr1= header.split(";");
        /**
         *火狐或者google浏览器下：tempArr2={filename, "snmp4j--api.zip"}
         *IE浏览器下：tempArr2={filename, "E:\snmp4j--api.zip"}
         */
        String[] tempArr2= tempArr1[2].split("=");
        //获取文件名，兼容各种浏览器的写法
        String fileName = tempArr2[1].substring(tempArr2[1].lastIndexOf("\\")+1).
          replaceAll("\"", "");
        return fileName;
    }

    public void doPost(HttpServletRequest request, HttpServletResponse response)
        throws ServletException, IOException {
        this.doGet(request, response);
    }
}
```

运行结果如图 6.4 所示。

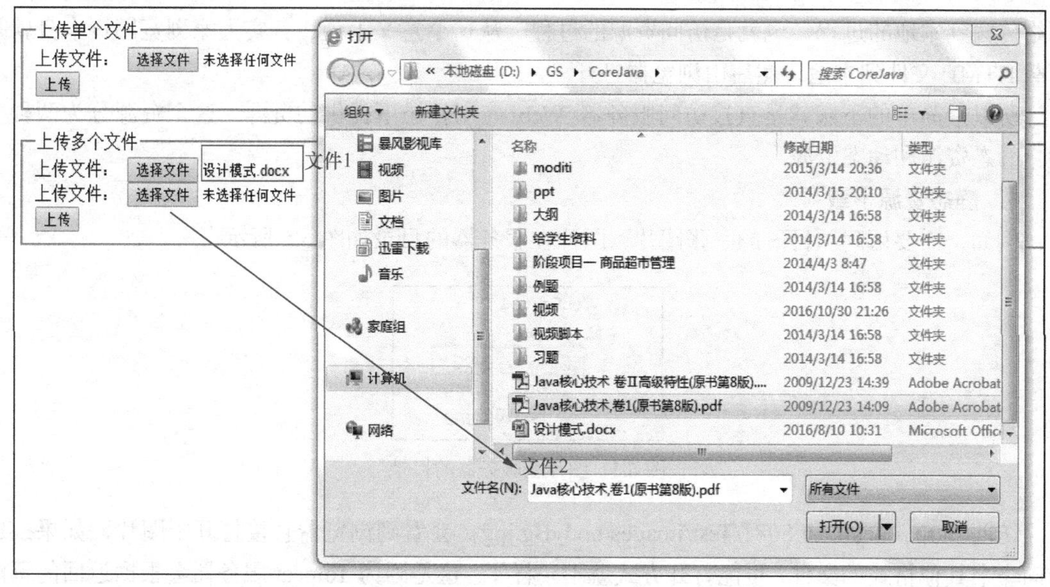

图 6.4　Servlet 3.0 文件上传

可以看到，使用 Servlet 3.0 提供的 API 实现文件上传功能是非常方便的。

读者需要熟悉 MultipartConfig 注解，其标注在@WebServlet 之上，具有表 6.1 所示的属性。

表 6.1　MultipartConfig 的属性

属　性　名	类型	是否可选	描　　述
fileSizeThreshold	int	是	当数据量大于该值时，内容将被写入文件
location	String	是	存放生成的文件地址
maxFileSize	long	是	允许上传的文件最大值。默认值为-1，表示没有限制
maxRequestSize	long	是	针对该 multipart/form-data 请求的最大数量。默认值为-1，表示没有限制

3. Servlet 3.0 文件上传的注意事项

- 若是上传一个文件，则仅仅需要设置 maxFileSize 属性即可。
- 若是上传多个文件，可能需要设置 maxRequestSize 属性，设定一次上传数据的最大量。
- 上传过程中无论是单个文件超过 maxFileSize 值，或者上传的总数据量大于 maxRequestSize 值，都会抛出 IllegalStateException 异常。
- location 属性既是保存路径（写入文件时，可以忽略路径设定），又是上传过程中临时文件的保存路径，一旦执行 Part.write 方法之后，临时文件将被自动清除。
- Servlet 3.0 规范也说明，不提供获取上传文件名的方法，尽管我们可以通过 part.getHeader ("Content-Disposition") 方法间接获取得到。
- 如何读取 MultipartConfig 注解属性值，API 没有提供直接读取的方法，只能手动获取。

6.2　Servlet 文件的下载

我们大家都有过下载文件的经历，从本质上来说，下载文件是指将文件从一台服务器上通过网络传输到本地的过程，也就是访问资源的过程。从这个意义上说，其实大家浏览网页本身就是下载 HTML 文件到本地，然后由浏览器打开。

所以最简单的下载就是直接访问服务器 Web 应用目录下提供的资源。这个资源分为两种类型：静态资源和动态资源。

1. 静态资源下载

例如，需要访问项目目下的一张图片，图片在服务器的目录如图 6.5 所示。

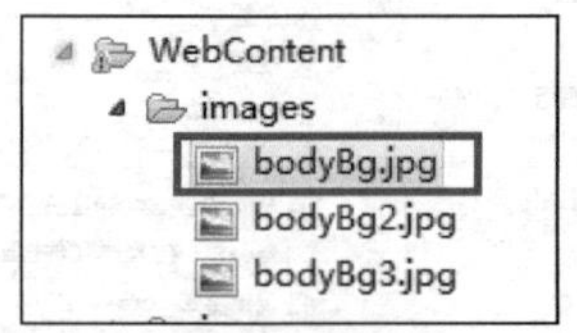

图 6.5　图片在服务器的目录

访问 http://localhost:8081/Test/images/bodyBg.jpg，会看到浏览器直接打开了图片，如果换成访问一个其他格式的文件，可能打开方式就不一样了。这是因为 Tomcat 服务器会根据返回的资源类型自动设置响应头部的 Content-Type 属性，从而告诉浏览器以何种方式打开。

但这种方式的下载对服务器中的文件来说是不安全的，下面我们来看看如何通过 Servlet 的 response 将文件返回到客户端。

2. 动态资源下载

Web 容器为 Servlet 生成并且传递的 HttpServletResponse 对象不仅可以返回 HTML 文本，而且可以返回任何主流的其他文件格式，如.doc、.pdf、.jar、.avi 等格式的文件。这些类型的内容在 HTTP 协议中主要是体现在 HTTP 响应消息中的 content-type 字段以及响应的有效负载中。

content-type 是向浏览器指明有效负载里的内容是某某类型的，如.jar 类型的内容。而有效负载中的内容就是目标文件的字节集合，也就是二进制格式的内容，而不是具体的类似于 HTML 的文本格式内容。

因此，可以说 Servlet 利用 HttpServletResponse 对象可以返回任何想要返回的内容，同时可以在确定要返回具体内容之前加入任何逻辑代码，如判断权限逻辑。也可以使用 Servlet 来动态创建用户所需要的内容，或者说返回实时创建的字节。

下面演示了如何请求服务器进行文件下载。

```
public class DownloadServlet extends HttpServlet {

    private static final long serialVersionUID = -2142723162865292420L;

    @Override
    protected void doGet(HttpServletRequest request, HttpServletResponse response)
        throws ServletException, IOException {
        // TODO Auto-generated method stub
        response.setHeader("content-type", "application/jar");
        response.addHeader("content-disposition", "attachment;filename=utils.jar");
        ServletContext ctx = this.getServletContext();
        InputStream is = ctx.getResourceAsStream("/utils.jar");
```

```
        int read = 0;
        byte[] bytes = new byte[1024];

        OutputStream os = response.getOutputStream();
        while((read = is.read(bytes))!= -1){
            os.write(bytes, 0, read);
        }
        os.flush();
        os.close();
    }
}
```

上述代码的相关说明如下。

（1）首先通过 HttpServletResponse 的实例去设置 HTTP 协议响应消息头部的一些属性。这个是通过 response.addHeader()或 response.setHeader()或 response.setIntHeader()函数来完成的。这几个函数都有两个参数，第一个参数是属性名，第二个参数是属性值，具体要根据国际标准的 MIME 属性来制定。很多种格式的文件类型在 MIME 都会有对应。如果直接通过 URL 来指定具体的资源文件，则 Apache 服务器会根据服务器上的资源文件类型，生成相应的 HTTP 消息的 content-type 类型。如果不是直接通过 URL 指定资源文件，而是指向一个 Servlet，则在 Servlet 内部就需要通过代码来显式指定响应消息中的 content-type 类型；否则，不同种类的浏览器会有不同的动作，也很有可能使浏览器崩溃。

（2）上例将返回类型指定为.jar 类型格式。而第二个 addHeader 指定了文件保存的默认名，上例指定为 utils.jar，是通过“content-disposition”属性指定的。如果不指定，则浏览器会默认指定为当前 Servlet 的 URL 名称，如 download.do，也就是说扩展名变成了.do 而不是.jar。

再比如下载一个 Excel 文件，其代码是一样的：

```
OutputStream o = response.getOutputStream();
byte b[] = new byte[500];
File fileLoad = new File("e:/tmpxls.xls");
response.reset();
//response.setCharacterEncoding("gb2312");
response.setContentType("application/vnd.ms-excel");
response.setHeader("content-disposition",  "attachment; filename=abc.xls");
//这里的 length()返回的是文件的长度，以字节为单位，Long 类型
long fileLength = fileLoad.length();
String length1 = String.valueOf(fileLength);
//content-length 指的是有效负载的字节(Byte)长度
response.setHeader("Content_Length",  length1);
FileInputStream in = new FileInputStream(fileLoad);
int n;
while ((n = in.read(b))!= -1){
    o.write(b,  0,  n);
}
in.close();
o.close();
```

本章总结

- Servlet 文件的上传
  - Servlet 实现文件上传的原理
  - Common-upload 实现文件上传
  - Servlet 3.0 基于注解的文件上传
- 文件下载
  - 文件下载的本质
  - 通过 Servlet 的 Response 对象实现文件下载

课后练习

一、选择题

1. 关于文件上传，说法正确的是（　　）。

   A. 文件作为表单的一个参数传递到后台

   B. 表单提交方式必须为 post

   C. 表单的 enctype 属性必须为 multipart/form-data

   D. 文件以流的方式传到 Servlet

2. 关于 Servlet 3.0 文件上传，说法错误的是（　　）。

   A. 必须引入 Servlet 3.0 以上的 jar

   B. 需要使用@MultipartConfig 注解来声明 Servlet 支持文件上传

   C. 可以在注解中限定上传文件的大小

   D. 用 request 的 getParameter 可直接获取文件参数

3. 关于文件下载，正确的是（　　）。

   A. 文件下载分为静态文件下载和动态文件下载

   B. 静态文件下载类似于一个 get 请求的响应

   C. 可以在浏览器中直接敲入网址以进行静态文件下载

   D. 动态文件下载借助于 Response 的 setContentType 指定浏览器打开或保存的方式

二、上机练习

使用 FileUpload 实现文件上传，上传成功后，显示文件列表，并在文件列表展示页面提供下载文件的功能。

第 7 章 Servlet 过滤器和监听器

学习内容

- Servlet 过滤器的概念和作用
- Servlet 过滤器接口的介绍
- Servlet 过滤器实战之编码过滤器
- Servlet 过滤器实战之日志过滤器
- Servlet 常见的监听器
- Servlet 监听器的应用

学习目标

- 理解过滤器的应用场合和作用
- 熟练使用过滤器自定义编程
- 理解监听器的概念和作用
- 掌握自定义监听器的方法

本章简介

本章主要讲解了过滤器的概念和作用，以及开发过程。重点讲解了监听器的分类和作用，以及开发一个自定义的监听器的方法；还讲解了如何使用 Servlet 3.0 定义过滤器和监听器，并通过实训示例讲解这两个 Servlet 接口的应用场景。

7.1 Servlet 过滤器

7.1.1 理解 Servlet 过滤器

1. Servlet 过滤器的概念

从 J2EE 1.3 开始，Servlet 2.3 规范中就加入了对 Filter 的支持。Filter 被称为过滤器，它是 Servlet 技术中最激动人心的技术之一。Web 开发人员通过 Filter 技术可以对所有 Web 资源进行拦截，从而实现一些特殊的功能。例如，实现 URL 级别的权限访问控制、过滤敏感词汇、压缩响应信息等一些高级功能。ServletAPI 提供了一个 Filter 接口，实现这个接口的 Servlet 就是一个过滤器。

Servlet 过滤器本身并不产生请求和响应对象，它只能提供过滤作用。Servlet 过滤器能够在 Servlet 被调用之前检查 Request 对象，修改 Request Header 和 Request 内容；在 Servlet 被调用之后检查 Response 对象，修改 Response Header 和 Response 内容。Servlet 过滤器负责过滤的 Web 组件可以是 Servlet、JSP 或者 HTML 文件。

2. Servlet 过滤器的特点

（1）Servlet 过滤器可以检查和修改 ServletRequest 和 ServletResponse 对象。

（2）Servlet 过滤器可以指定为与特定的 URL 关联，只有当客户请求访问该 URL 时，才会触发过滤器。

（3）Servlet 过滤器可以串联在一起，形成管道效应，协同修改请求和响应对象。

3. Servlet 过滤器的作用

（1）查询请求并作出相应的行动。

（2）阻塞请求－响应对，使其不能进一步传递。

（3）修改请求的头部和数据。用户可以提供自定义的请求。

（4）修改响应的头部和数据。用户可以通过提供定制的响应版本实现。

（5）与外部资源进行交互。

4. Servlet 过滤器的适用场合

过滤器在请求到达目标资源之前可以修改请求对象，而在结束目标资源的执行返回页面之前可以修改响应的信息，比如修改响应头部信息等。所以过滤器比较适合需要对许多请求做统一处理的操作，具体如下。

（1）认证过滤。

（2）登录和审核过滤。

（3）编码过滤。

（4）数据压缩过滤。

（5）日志过滤。

5. Servlet 过滤器接口的构成

所有的 Servlet 过滤器类都必须实现 javax.servlet.Filter 接口。这个接口含有 3 个过滤器类必须实现的方法。

（1）init(FilterConfig)：这是 Servlet 过滤器的初始化方法。Servlet 容器创建 Servlet 过滤器实例后将调用这个方法。在这个方法中可以读取 web.xml 文件中的 Servlet 过滤器的初始化参数。

（2）doFilter(ServletRequest,ServletResponse,FilterChain)：这个方法完成实际的过滤操作。当客户请求访问于过滤器关联的 URL 时，Servlet 容器将先调用过滤器的 doFilter 方法。参数 FilterChain 用于访问后续过滤器。

（3）destroy()：Servlet 容器在销毁过滤器实例前调用该方法。这个方法可以释放 Servlet 过滤器占用的资源。

6. Servlet 过滤器的创建步骤

（1）实现 javax.servlet.Filter 接口。

（2）实现 init 方法，读取过滤器的初始化函数。

（3）实现 doFilter 方法，完成对请求或过滤的响应。

（4）调用 FilterChain 接口对象的 doFilter 方法，向后续的过滤器传递请求或响应。

（5）发布 Servlet 过滤器。发布 Servlet 过滤器时，必须在 web.xml 文件中加入<filter>元素和

<filter-mapping>元素。

① <filter>元素用来定义一个过滤器，它如下属性。

- filter-name：指定过滤器的名字。
- filter-class：指定过滤器的类名。
- init-param：为过滤器实例提供初始化参数，可以有多个参数。

② <filter-mapping>元素用于将过滤器和 URL 关联，它有如下属性。

- filter-name：指定过滤器的名字。
- url-pattern：指定和过滤器关联的 URL，当其为"/*"时表示所有 URL。

7.1.2　开发 Servlet 过滤器

1. 需求

提交请求到 Servlet 后台，解决中文参数乱码问题，同时记录本次请求访问的 URL，并作为日志存储起来。

2. 思路

平时我们在访问 Web 项目请求时，经常会碰到 Servlet 获取请求参数是中文而出现乱码的情况，原因在之前的章节已经讲过了，是因为 form 表单提交参数的编码方式和 request 默认的解码方式不一致，所以我们需要在 request.getParameter 之前先设置编码方式。有了过滤器，就可以统一定义一个拦截所有请求的编码过滤器，设置成统一的编码方式即可。

日志过滤器只需要在到达目标请求之前，通过 request 获取当前的 URL 即可。

3. 开发步骤

首先来看一下 web.xml 的配置。

```
    <!-- 请求 URL 日志记录过滤器 -->
        <filter>
            <filter-name>logfilter</filter-name>
            <filter-class>filter.LogFilter</filter-class>
        </filter>
        <filter-mapping>
            <filter-name>logfilter</filter-name>
            <url-pattern>/*</url-pattern>
        </filter-mapping>
    <!-- 编码过滤器 -->
        <filter>
            <filter-name>setCharacterEncoding</filter-name>

            <filter-class>com.weijia.filterservlet.EncodingFilter</filter-class>
            <init-param>
                <param-name>encoding</param-name>
                <param-value>utf-8</param-value>
            </init-param>
        </filter>
        <filter-mapping>
            <filter-name>setCharacterEncoding</filter-name>
            <url-pattern>/*</url-pattern>
        </filter-mapping>
```

定义编码过滤器：

```
package filter;
import java.io.IOException;
import java.util.Enumeration;
import java.util.HashMap;
import javax.servlet.Filter;
import javax.servlet.FilterChain;
import javax.servlet.FilterConfig;
import javax.servlet.ServletException;
import javax.servlet.ServletRequest;
import javax.servlet.ServletResponse;
public class EncodingFilter implements Filter {
   private String encoding;
   private HashMap<String,String> params = new HashMap<String,String>();
   //项目结束时就已经进行销毁
   public void destroy(){
      System.out.println("end do the encoding filter!");
      params=null;
      encoding=null;
   }
   public void doFilter(ServletRequest req, ServletResponse resp,FilterChain
     chain)throws IOException, ServletException {
      System.out.println("before encoding " + encoding + " filter! ");
      req.setCharacterEncoding(encoding);
      chain.doFilter(req, resp);
      System.out.println("after encoding " + encoding + " filter! ");

      System.err.println("----------------------------------------");
   }

   //项目启动时就已经进行读取
   public void init(FilterConfig config) throws ServletException {
       System.out.println("begin do the encoding filter!");
       encoding = config.getInitParameter("encoding");
       for (Enumeration<?> e = config.getInitParameterNames(); e.hasMoreElements();){
          String name = (String) e.nextElement();
          String value = config.getInitParameter(name);
          params.put(name, value);
       }
   }
}
```

定义日志过滤器：

```
package filter;
    import java.io.IOException;
    import javax.servlet.Filter;
    import javax.servlet.FilterChain;
    import javax.servlet.FilterConfig;
    import javax.servlet.ServletException;
    import javax.servlet.ServletRequest;
    import javax.servlet.ServletResponse;
    import javax.servlet.http.HttpServletRequest;
    public class LogFilter implements Filter {

        public FilterConfig config;
```

```
    public void destroy(){
        this.config = null;
        System.out.println("end do the logging filter!");
    }

    public void doFilter(ServletRequest req, ServletResponse res,
       FilterChain chain)throws IOException, ServletException {
        System.out.println("before the log filter!");
        //将请求转换成 HttpServletRequest 请求
        HttpServletRequest hreq = (HttpServletRequest) req;
        //记录日志
        System.out.println("Log Filter已经截获用户请求的地址:"+hreq.getServletPath());
        try {
            // Filter 只是链式处理，请求依然转发到目的地址
            chain.doFilter(req, res);
        } catch (Exception e){
            e.printStackTrace();
        }
        System.out.println("after the log filter!");
    }

    public void init(FilterConfig config) throws ServletException {
        System.out.println("begin do the log filter!");
        this.config = config;
    }

}
```

测试用的 Servlet 可以使用任意的 Servlet，这里使用之前定义的 LoginServlet，试一下用户名输入中文，后台控制台是否乱码。

LoginServlet 代码略。

控制台运行结果如图 7.1 所示。

```
before the log filter!
Log Filter 已经截获到用户的请求的地址:/FilterServlet
before encoding utf-8 filter！
中文用户名参数：张三！
after encoding utf-8 filter！
------------------------------------
after the log filter!
```

图 7.1　日志和编码过滤器控制台结果

从该运行结果能够看出在请求到达 LoginServlet 之前，依次经过了日志过滤器和编码过滤器，然后输出了正确的中文编码的用户名，响应的时候又依次经过了两个过滤器，但是注意顺序，跟请求的时候正好相反。

4. 使用 Servlet 过滤器的注意事项

（1）由于 Filter、FilterConfig、FilterChain 都是位于 javax.servlet 包下，并非 HTTP 包所特有的，所以其中用到的请求、响应对象 ServletRequest、ServletResponse 在使用前都必须转换成 HttpServletRequest、HttpServletResponse，再进行下一步的操作。

（2）在 web.xml 中配置 Servlet 和 Servlet 过滤器，应该先声明过滤器元素，再声明 Servlet 元素。需要特别注意的是，此处定义过滤器的顺序就是过滤器最终调用的顺序。

7.1.3 Servlet 3.0 过滤器开发

Servlet 3.0 开始支持使用注解的方式定义过滤器，不需要在 web.xml 里面进行配置。这时，定义编码过滤器和配置信息都集中在 EncodingFilter 中，具体如下。

```
package filter;
```

```
import java.io.IOException;
import java.util.Enumeration;
import java.util.HashMap;
import javax.servlet.Filter;
import javax.servlet.FilterChain;
import javax.servlet.FilterConfig;
import javax.servlet.ServletException;
import javax.servlet.ServletRequest;
import javax.servlet.ServletResponse;
public class EncodingFilter implements Filter {
   private String encoding;
   private HashMap<String,String> params = new HashMap<String,String>();
   //项目结束时就已经进行销毁
   public void destroy(){
      System.out.println("end do the encoding filter!");
      params=null;
      encoding=null;
   }
   public void doFilter(ServletRequest req, ServletResponse resp,FilterChain
      chain)throws IOException, ServletException {
      System.out.println("before encoding " + encoding + " filter! ");
      req.setCharacterEncoding(encoding);
      chain.doFilter(req, resp);
      System.out.println("after encoding " + encoding + " filter! ");

      System.err.println("----------------------------------------");
   }

   //项目启动时就已经进行读取
   public void init(FilterConfig config)throws ServletException {
      System.out.println("begin do the encoding filter!");
      encoding = config.getInitParameter("encoding");
      for (Enumeration<?> e = config.getInitParameterNames(); e.hasMoreElements();){
         String name = (String) e.nextElement();
         String value = config.getInitParameter(name);
          params.put(name, value);
      }
   }
}
```

7.2 Servlet 监听器

7.2.1 什么是 Servlet 监听器

1. Servlet 监听器的概念

Servlet 监听器是 Servlet 规范中定义的一种特殊类，用于监听 ServletContext、HttpSession 和 ServletRequest 等域对象的创建与销毁事件，以及监听这些域对象中的属性发生修改的事件，具体如下。

（1）ServletContext：为 Application，整个应用只存在一个。

（2）HttpSession：为 Session，针对每一个对话都有一个 Session 对象。

（3）ServletRequest：为 Request，针对每一个客户请求都会产生一个 Request 对象。

Servlet 监听器的作用是：可以在事件发生前、发生后进行一些处理，一般可以用来统计在线人数和在线用户、网站访问量以及系统启动时的初始化信息等。

2. 监听器的基本应用

创建步骤如下。

（1）创建一个实现监听器接口的类。

（2）和过滤器一样，监听器也需要在 web.xml 中配置。注册监听器的方式如下。

```
<listener>
    <listener-class>完整类名</listener-class>
</listener>
```

监听器的启动顺序：按照 web.xml 的配置顺序来启动。

加载顺序：监听器>过滤器>Servlet。

7.2.2　Servlet 监听器的分类和使用

1. 按照监听的对象划分

① 用于监听应用程序环境对象（ServletContext）的事件监听器，实现 ServletContextListener、ServletContextAttributeListener 接口。

② 用于监听用户会话对象（HttpSeesion）的事件监听器，实现 HttpSessionListener、HttpSessionAttributeListener 接口。

③ 用于监听请求消息对象（ServletRequest）的事件监听器，实现 ServletRequestListener、ServletRequestAttributeListener 接口。

2. 按照监听的事件划分

（1）监听域对象的创建和销毁的事件监听器

根据监听对象的不同，分别实现 ServletContextListener、HttpSessionListener、ServletRequestListener 接口。

① ServletContext 的创建和销毁通过 contextInitialized 方法和 contextDestroyed 方法实现，具体如下。

```
public void contextInitialized(ServletContextEvent sce)  //ServletContext 创建时调用
public void contextDestroyed(ServletContextEvent sce)    //ServletContext 销毁时调用
```

主要用途：作为定时器、加载全局属性对象、创建全局数据库连接、加载缓存信息等。

实例：在 web.xml 中可以配置项目初始化信息，在 contextInitialized 方法中进行启动时读取这些配置信息。

配置在 web.xml 中的信息如下：

```
<context-param>
   <param-name>属性名</param-name>
   <param-value>属性值</param-value>
</context-param>
```

自定义监听器，代码如下：

```
public class MyFirstListener implements ServletContextListener{
   public void contextInitialized(ServletContextEvent sce){
```

```
        //获取 web.xml 中配置的属性
        String value=sce.getServletContext().getInitParameter("属性名");
        System.out.println(value);
    }
    public void contextDestroyed(ServletContextEvent sce){
        //关闭时操作
    }
}
```

② HttpSession 的创建和销毁通过 sessionCreated 方法和 sessionDestroyed 方法实现，具体如下。

```
public void sessionCreated(HttpSessionEvent se)//session 创建时调用
public void sessionDestroyed(HttpSessionEvent se)//session 销毁时调用
```

主要用途：统计在线人数、记录访问日志等。

web.xml 配置 Session 超时参数，单位为分，Session 超时的时间并不是精确的，实例如下。

```
<session-config>
    <session-timeout>10</session-timeout>
</session-config>
```

③ ServletRequest 的创建和销毁通过 requestInitialized 方法和 requestDestroyed 方法实现，具体如下。

```
public void requestInitialized(ServletRequestEvent sre)//request 创建时调用
public void requestDestroyed(ServletRequestEvent sre)//request 销毁时调用
```

主要用途：读取 request 参数，记录访问历史。

实例：如果想在每次请求对象创建的时候都获取一下请求参数，则使用如下代码。

```
public class MySRequestListener implements SevletRequestListener{
    public void requestInitialized(ServletRequestEvent sre){
        String value=sre.getServletRequest().getParameter("key");//获取 request 中的参数
        System.out.println(value);
    }
    public void requestDestroyed(ServletRequestEvent sre){
        System.out.println("request destroyed");
    }
}
```

（2）监听域对象中的属性增加和删除的事件监听器

根据监听对象的不同，分别实现 ServletContextAttributeListener、HttpSessionAttributeListener、ServletRequestAttributeListener 接口。

实现方法有 attributeAdded、attributeRemoved、attributeReplaced。

（3）监听绑定到 HttpSeesion 域中的某个对象的状态的事件监听器（创建普通 JavaBean）

HttpSession 中的对象状态：绑定→解除绑定；钝化→活化。

实现接口及对应的方法：HttpSessionBindingListener 接口（valueBound 和 valueUnbound 方法）、HttpSessionActivationListener 接口（sessionWillPassivate 和 sessionDidActivate 方法）

要实现钝化和活化必须实现 Serializable 接口，而且不需要在 web.xml 中注册。

产生绑定和钝化事件的方法如下。

① 绑定：通过 setAttribute 保存到 Session 对象中。

② 解除绑定：通过 removeAttribue 去除。

③ 钝化：将 Session 对象持久化到存储设备上。

④ 活化：将 Session 对象从存储设备上进行恢复。

Session 钝化机制：把服务器不常使用的 Session 对象暂时序列化到系统文件或者是数据库中，当使用时反序列化到内存中，整个过程由服务器自动完成。

Session 的钝化机制由 SessionManager 管理，创建一个普通的 JavaBean 与 Session 的绑定与解除。

实训 7.1　统计网站的访问量和在线人数

训练技能点

- ServletContextListener 监听器的使用
- HttpSessionListener 监听器的使用
- 访问量通过 IO 流写入文件

需求说明

利用 Servlet 监听器实现简单网站访问量和在线人数统计：当用户登录进入会话阶段时，在线人数加 1；用户退出，也就是 session 结束阶段，在线人数减 1。统计当前网站历史访问人数，在服务器重启后还能在之前访问人数基础上继续统计。

实现思路

要实现统计网站的历史访问量，就要利用 ServletContext 的全局属性的特点了。

为了在服务器停止后，之前的访问量不会消失，我们就应该在服务器关闭前将当前的访问量存放到文件里面，以便下一次重启服务器后，可以继续使用。在 ServletContext 上面创建监听器，监听上下文对象的销毁和创建，并同时在创建上下文的时候从文件读取历史数据，在上下文销毁的时候将当前访问量写入到文件中保存起来。

以后每创建一个会话（Session），就将当前的计数值加 1。实现在线人数统计的方法是：在创建会话的时候，将在线人数值加 1，在会话对象销毁的时候，将在线人数值减 1。因为两种人数统计都是被所有用户共享的信息，所以可以使用 ServletContext 的 setAttribute()和 getAttribute()方法来对总人数和在线人数进行管理。

实现步骤

（1）创建上下文的监听器 ContextListener，在 contextInitialized 方法里面先设置一个属性 online，初值为 0。这个属性被所有在线会话共享。还需要定义一个 counter 属性，表示历史访问量，设置属性之前先从硬盘文件中读取存储变量值。

```
public class ContextListener implements ServletContextListener{
 public void contextDestroyed(ServletContextEvent arg0){
  // TODO Auto-generated method stub
  Properties pro = new Properties();
  try {
   pro.setProperty("counter", arg0.getServletContext().getAttribute("counter").
       toString());
   String filePath = arg0.getServletContext().getRealPath("/WEB-INF/classes/db/
       count.txt");
```

```
        //上下文对象销毁时，将当前访问量写入文件
        OutputStream os = new FileOutputStream(filePath);
        pro.store(os, null);
       } catch (IOException e){
        // TODO Auto-generated catch block
        e.printStackTrace();
       }
     }
     public void contextInitialized(ServletContextEvent arg0){
      // TODO Auto-generated method stub
      arg0.getServletContext().setAttribute("online", 0);
      Properties pro = new Properties();
      InputStream in = ContextListener.class.getResourceAsStream("/db/count.txt");
      String n = null;
      try {
       pro.load(in);
       n = pro.getProperty("counter");//从计数文件中读取该站的历史访问量
       arg0.getServletContext().setAttribute("counter", Integer.parseInt
          (pro.getProperty("counter")));
      } catch (IOException e){
       // TODO Auto-generated catch block
       System.out.println("读取计数文件失败");
      }
      System.out.println("创建上下文对象" + n);
     }
    }
```

（2）创建会话对象的监听器，在 sessionCreated 里面让 online 变量加 1，sessionDestroy 里面让 online 属性值减 1。在创建会话时，也需要更新 counter 的属性值。

```
    public class SessionListener implements HttpSessionListener{
     public void sessionCreated(HttpSessionEvent arg0){
      // TODO Auto-generated method stub
       HttpSession session = arg0.getSession();
      //获得当前在线人数，并将其加 1
      int i = (Integer)session.getServletContext().getAttribute("online");
      session.getServletContext().setAttribute("online", i+1);
      //创建一个会话时，需要将访问量加 1
      int n = (Integer)session.getServletContext().getAttribute("counter");
      session.getServletContext().setAttribute("counter", n+1);
      Properties pro = new Properties();
      try {//访问人数加 1 后就将结果写入文件（防止不正常关闭服务器）
       pro.setProperty("counter", session.getServletContext().getAttribute("counter").
          toString());
       String filePath = session.getServletContext().getRealPath("/WEB-INF/classes/db/
          count.txt");
       OutputStream os = new FileOutputStream(filePath);
       pro.store(os, null);
      } catch (IOException e){
       // TODO Auto-generated catch block
       System.out.println("写入计数文件失败");
      }
      System.out.println("创建一个会话");
     }
     public void sessionDestroyed(HttpSessionEvent arg0){
```

```
    // TODO Auto-generated method stub
    //销毁会话的时候，需要将在线人数减一
    ServletContext context = arg0.getSession().getServletContext();
    Integer i = (Integer)context.getAttribute("online");
    context.setAttribute("online", i-1);
    arg0.getSession().invalidate();
    System.out.println("销毁一个会话");
   }
  }
```

（3）在 web.xml 文件中注册监听器。

```
<listener>
    <listener-class>com.listener.ContextListener</listener-class>
</listener>
<listener>
    <listener-class>com.listener.SessionListener</listener-class>
</listener>
```

在创建和销毁对象时就会触发该事件。因为通常做测试的时候，服务器的关闭是没有通过正常的方式来进行的，所以程序在创建一个会话的时候将网站历史访问数据值加 1 后就将该值在文件中进行更新；否则，可能该值不会改变。另外，还需要注意怎么产生会话，一定是有 HttpSession 产生才算开始会话，所以 Servlet 要这样写：HttpSession session = request.getSession()。

7.2.3 Servlet 3.0 监听器的使用

Servlet 3.0 中的监听器跟之前 2.5 的差别不大，唯一的区别就是增加了对注解的支持。在 3.0 以前，监听器都是需要配置在 web.xml 文件中的。在 3.0 中有了更多的选择，之前在 web.xml 文件中配置的方式还是可以的，同时还可以使用注解进行配置。

对于使用注解的监听器就是在监听器类上使用@WebListener 进行标注，这样 Web 容器就会把它当作一个监听器进行注册和使用了。该注解用于将类声明为监听器，被@WebListener 标注的类必须实现以下至少一个接口：ServletContextListener、ServletContextAttributeListener、ServletRequestListener、ServletRequestAttributeListener、HttpSessionListener、HttpSessionAttributeListener。

对于使用注解的监听器，这里列举两个类型的监听器来举例，一类是对 Session 的监听，另一类是对 ServletContext 的监听。

HttpSessionListener 实现类的定义如下：

```
import javax.servlet.annotation.WebListener;
import javax.servlet.http.HttpSessionAttributeListener;
import javax.servlet.http.HttpSessionBindingEvent;
import javax.servlet.http.HttpSessionEvent;
import javax.servlet.http.HttpSessionListener;

/**
 *
 * HttpSession 监听器和 HttpSession 属性监听器
 *
 */
@WebListener
```

```
public class SessionListener implements HttpSessionAttributeListener,
    HttpSessionListener {

    @Override
    public void sessionCreated(HttpSessionEvent se){
      System.out.println("session created");
    }

    @Override
    public void sessionDestroyed(HttpSessionEvent se){
      System.out.println("session destroyed");
    }

    @Override
    public void attributeAdded(HttpSessionBindingEvent event){
      System.out.println("session attribute added");
    }

    @Override
    public void attributeRemoved(HttpSessionBindingEvent event){
       System.out.println("session attribute removed");
    }

    @Override
    public void attributeReplaced(HttpSessionBindingEvent event){
       System.out.println("session attribute replaced");
    }

}
```

ServletContextListener 实现类的定义如下：

```
import javax.servlet.ServletContextAttributeEvent;
import javax.servlet.ServletContextAttributeListener;
import javax.servlet.ServletContextEvent;
import javax.servlet.ServletContextListener;
import javax.servlet.annotation.WebListener;

/**
 *
 * ServletContext 监听器和 ServletContext 属性监听器
 *
 */
@WebListener
public class ContextListener implements ServletContextAttributeListener,
    ServletContextListener {

    @Override
    public void contextDestroyed(ServletContextEvent sce){
      System.out.println("ServletContext destroyed");
    }

    @Override
    public void contextInitialized(ServletContextEvent sce){
      System.out.println("ServletContext initialized");
    }
```

```
    @Override
    public void attributeAdded(ServletContextAttributeEvent event){
      System.out.println("ServletContext attribute added");
    }

    @Override
    public void attributeRemoved(ServletContextAttributeEvent event){
      System.out.println("ServletContext attribute removed");
    }

    @Override
    public void attributeReplaced(ServletContextAttributeEvent event){
      System.out.println("ServletContext attribute replaced");
    }

}
```

本章总结

- Servlet 过滤器
  - 理解什么是过滤器
  - 过滤器的编程思想和开发规范
  - 结合应用场合和作用开发自定义的过滤器
  - 熟练使用过滤器自定义编程
- 监听器的开发
  - 什么是监听器
  - 监听器的分类及常见应用
  - 实训案例：统计在线人数和网站访问量

课后练习

一、选择题

1. 关于对过滤器的描述，正确的有（　　）。
   A. Filter 接口定义了 init()、service()与 destroy()方法
   B. 会传入 ServletRequest 与 ServletResponse 至 Filter
   C. 要执行下一个过滤器，必须执行 FilterChaing 的 next()方法
   D. 要执行下一个过滤器，必须执行 FilterChaing 的 doFilter()方法
2. 关于 FilterChain 的描述，正确的有（　　）。
   A. 如果不呼叫 FilterChain 的 doFilter()方法，则请求略过接下来的过滤器而直接交给 Servlet
   B. 如果有下一个过滤器，呼叫 FilterChain 的 doFilter()方法，则会将请求交给下一个过滤器
   C. 如果没有下一个过滤器，呼叫 FilterChain 的 doFilter()方法，则会将请求交给 Servlet

D. 如果没有下一个过滤器，呼叫 FilterChain 的 doFilter()方法，则不起作用

3. 关于 Filter 界面上的 doFilter()方法，下列说法中错误的是（　　）。

A. 会传入两个参数 HttpServletRequest、HttpServletResponse

B. 会传入三个参数 HttpServletRequest、HttpServletResponse、FilterChain

C. 前一个过滤器呼叫 FilterChain 的 doFilter()后，会执行目前过滤器的 doFilter()方法

D. 前一个过滤器的 doFilter()执行后，会执行目前过滤器的 doFilter()方法

4. 开发过滤器时，需要注意的是（　　）。

A. 必须考虑前后过滤器之间的关系

B. 挂上过滤器后不改变应用程序原有的功能

C. 设计 Servlet 时必须考虑到未来加装过滤器的需求

D. 每个过滤器都要设计为独立的、互不影响的组件

5. 以下属于作用域对象创建和销毁监听器的是（　　）。

A. HttpSessionListener　　B. HttpServletRequestListener

C. ServletContextListener　　D. ActionListener

二、上机练习

1. 用于检测用户是否登录过滤器，如果未登录，则重定向到登录页面。配置参数 checkSessionKey 需检查在 Session 中保存的关键字 redirectURL。

2. 编写一个过滤器用来处理字符编码问题，解决中文显示乱码的问题。

3. 编写一个过滤器来处理用户对页面访问权限的问题。当登录用户不是 admin 的时候，不允许访问 admin 页面，并且重定向到登录页面要求重新登录。

4. 使用 Servlet 事件监听器创建消息日志，并将 servlet 被创建和销毁的信息记录到日志中。

5. 使用 Servlet 事件监听器统计网站当前在线人员的名单。当容器初始化的时候，在 application 中存放一个空的容器。当用户登录成功时，将用户名保存起来；当用户离开时，将用户名称从列表中删除。

第8章 JSP入门

学习内容

- 动态网页的概念和 JSP 的概念
- JSP 的编写技巧
- JSP 的运行机制

学习目标

- 理解为何要使用 JSP
- 掌握 JSP 的基本写法和服务器安装的方法
- 理解 JSP 的运行原理

本章简介

本章讲解了动态页面的概念；介绍了 JSP 的基本概念和运行原理。学习本章后，读者应能够配置安装 JSP 的运行环境，并能够写出第一个在服务器上运行的 JSP 页面。

8.1 什么是 JSP

首先我们来了解下什么是动态网页，什么是 JSP。

1. 什么是动态网页

所谓的动态网页，是指跟静态网页相对的一种网页编程技术。静态网页在 HTML 代码生成后，页面的内容和显示效果基本上就不会发生变化了，除非修改页面代码。而动态网页则不然，页面代码虽然没有变，但是显示的内容却可以随着时间、环境或者数据库操作的结果而发生改变。

值得注意的是，不要将动态网页和页面内容是否有动态效果混为一谈。这里说的动态网页，与网页上的各种动画、滚动字幕等视觉上的动态效果没有直接关系。动态网页可以是纯文字内容的，也可以是包含各种动画的内容，这些只是网页具体内容的表现形式，无论网页是否具有动态效果，只要是采用了动态网站技术生成的网页都可以称为动态网页。

总体来说，一般的动态网页都需要访问数据库，就像大家每天浏览新浪网但看到的新闻却不一样，原因是其后台每天都在增加新闻信息，前台网页负责查询显示，而这种查询是静态网页技术 HTML 无法办到的。这就要求网页中嵌入后台编程语言代码。如果这时网页中嵌入的是 Java 代码，则实现此动态网页的技术就叫作 JSP。

2. 什么是 JSP

JSP（Java Server Pages）是由 Sun 公司倡导、许多公司参与，于 1999 年推出的一种动态网页技术标准。JSP 是基于 Java Servlet 以及整个 Java 体系的 Web 开发技术，利用这一技术可以建立安全、跨平台的先进动态网站。这项技术还在不断地更新和优化。JSP 以 Java 技术为基础，又在许多方面做了改进，具有动态页面与静态页面分离，能够脱离硬件平台的束缚，以及编译后运行等优点，完全克服了 ASP 的缺点。JSP 比 Servlet 更适合页面显示，即作为视图层出现。

8.2 一个 JSP 网页的基本结构

从某种意义上说，一个 JSP 网页的结构类似于一个 HTML 网页，但是里面嵌入了 Java 程序片段，所以 JSP 从写法上来说和 HTML 没有多少区别。我们先来看一个显示当前服务器时间的页面代码。

```
<%@page contentType="text/html;charset=GB2312"%>
<html>
   <head><title>A simple JSP</title><head>
   <body>
       Hello, Guys!<br/>
       Current time is <%=new java.util.Date()%>
  </body>
</html>
```

上述代码的运行效果如图 8.1 所示。

```
the current time is:

Thu Dec 01 15:04:11 CST 2016
```

图 8.1 第一个 JSP 的运行效果

上述代码中，在<%和%>之间的代码就是 Java 代码，其他都是静态网页。浏览器不会直接运行该网页，因为浏览器无法编译和运行 Java 代码。

8.3 JSP 的运行原理

用户请求第一次访问 JSP 的时候，会先生成一个 Servlet 源文件到 Tomcat 的 work 目录下，然后编译成字节码文件，以后每一次请求都要先检查是否存在该源文件，如果已经存在就直接执行。这样会大大提高 JSP 的执行效率。

对应的 Servlet 源文件，可以到 Tomcat 的 work 目录下的对应项目中查看该文件结构。用户请求一个 JSP 的过程如图 8.2 所示。

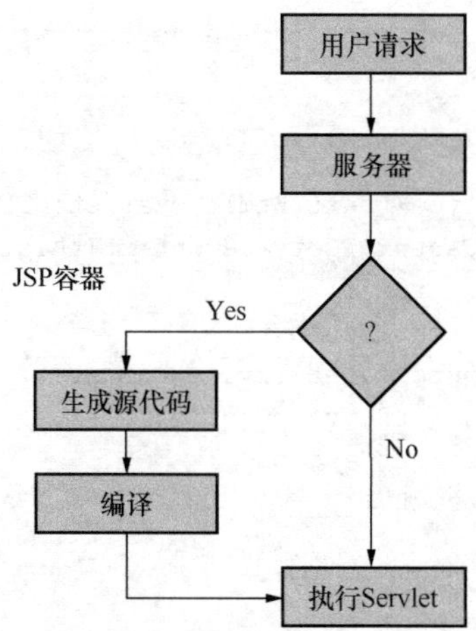

图 8.2　请求 JSP 的执行过程

```
public final class showDate_jsp extends org.apache.jasper.runtime.HttpJspBase
    implements org.apache.jasper.runtime.JspSourceDependent {

  private static final javax.servlet.jsp.JspFactory _jspxFactory =
    javax.servlet.jsp.JspFactory.getDefaultFactory();

  private static java.util.Map<java.lang.String,java.lang.Long> _jspx_dependants;

  private javax.el.ExpressionFactory _el_expressionfactory;
  private org.apache.tomcat.InstanceManager _jsp_instancemanager;

  public java.util.Map<java.lang.String,java.lang.Long> getDependants(){
    return _jspx_dependants;
  }

  public void _jspInit(){
    _el_expressionfactory = _jspxFactory.getJspApplicationContext
    (getServletConfig().getServletContext()).getExpressionFactory();
    _jsp_instancemanager = org.apache.jasper.runtime.InstanceManagerFactory.
    getInstanceManager(getServletConfig());
  }

  public void _jspDestroy(){
  }

  public void _jspService(final javax.servlet.http.HttpServletRequest request,
    final javax.servlet.http.HttpServletResponse response)

      throws java.io.IOException, javax.servlet.ServletException {

    final javax.servlet.jsp.PageContext pageContext;
    javax.servlet.http.HttpSession session = null;
    final javax.servlet.ServletContext application;
    final javax.servlet.ServletConfig config;
    javax.servlet.jsp.JspWriter out = null;
    final java.lang.Object page = this;
    javax.servlet.jsp.JspWriter _jspx_out = null;
```

```
        javax.servlet.jsp.PageContext _jspx_page_context = null;


        try {
          response.setContentType("text/html; charset=UTF-8");
          pageContext = _jspxFactory.getPageContext(this, request, response,
             null, true, 8192, true);
          _jspx_page_context = pageContext;
          application = pageContext.getServletContext();
          config = pageContext.getServletConfig();
          session = pageContext.getSession();
          out = pageContext.getOut();
          _jspx_out = out;

          out.write("\r\n");
          out.write("<!DOCTYPE html PUBLIC \"-//W3C//DTD HTML 4.01 Transitional//EN\
            " \"http://www.w3.org/TR/html4/loose.dtd\">\r\n");
          out.write("<html>\r\n");
          out.write("<head>\r\n");
          out.write("<meta http-equiv=\"Content-Type\" content=\"text/html; charset=
            UTF-8\">\r\n");
          out.write("<title>Insert title here</title>\r\n");
          out.write("</head>\r\n");
          out.write("<body>\r\n");
          out.write("<h1>the current time is:</h1> ");
          out.print(new Date());
          out.write("\r\n");
          out.write("</body>\r\n");
          out.write("</html>");
        } catch (java.lang.Throwable t){
          if (!(t instanceof javax.servlet.jsp.SkipPageException)){
            out = _jspx_out;
            if (out != null && out.getBufferSize()!= 0)
              try { out.clearBuffer(); } catch (java.io.IOException e){}
            if (_jspx_page_context != null)_jspx_page_context.handlePageException(t);
            else throw new ServletException(t);
          }
        } finally {
          _jspxFactory.releasePageContext(_jspx_page_context);
        }
      }
    }
```

这个文件非常类似之前的 Servlet，通过_jspService 方法进行最后内容的输出，以前静态的内容做成字符串，动态内容进行解析。

所以相应的 JSP 也有生命周期，和 Servlet 应该是一样的，只不过由 Tomcat 将 init 阶段、service 阶段及 destroy 阶段翻译后变成了：

```
public void _jspInit()
public void _jspService(final javax.servlet.http.HttpServletRequest request, final
  javax.servlet.http.HttpServletResponse response)
public void _jspDestroy()
```

总之，当服务器上的一个 JSP 页面被第一次请求执行时，服务器上的 JSP 引擎首先将 JSP 页面文件转译成一个 Java 文件，再将这个 Java 文件编译生成字节码文件。然后通过执行字节码，文件响应客户的请求，而当这个 JSP 页面再次被请求执行时，JSP 引擎将直接执行这个字节码文件来响应客户。这也是 JSP 比 ASP 速度快的一个原因。而 JSP 页面的首次执行往往由服务器管理者来执行。这个字节码文件的主要工作如下。

（1）把 JSP 页面中普通的 HTML 标记符号（页面的静态部分）交给客户的浏览器显示。

（2）执行“<%”和“%>”之间的 Java 程序片段（JSP 页面中的动态部分），并把执行结果交给客户的浏览器显示。

当多个客户请求一个 JSP 页面时，JSP 引擎为每个客户启动一个线程而不是启动一个进程。这些线程由 JSP 引擎服务器来管理，与传统的 CGI（Common Gateway Interface，公共网关接口）为每个客户启动一个进程相比较，效率要高得多。

本章总结

- 动态网页和 JSP 的介绍
  - 什么动态网页
  - 什么是 JSP
  - JSP 网页的基本结构和组成
- JSP 的运行原理

课后练习

一、选择题

1. 关于 JSP 的描述，正确的有（　　）。
   A. JSP 是直译式的网页，与 Servlet 无关
   B. JSP 会先转译为.java 格式的文件，然后编译为.class 格式的文件后载入容器
   C. JSP 会直接由容器动态生成 Servlet 实例，无须转译
   D. JSP 是丢到浏览器端，由浏览器进行直译
2. 关于 JSP 的描述，正确的有（　　）。
   A. 要在 JSP 中撰写 Java 程序代码，必须重新定义_jspService()
   B. 重新定义 jspInit()来作 JSP 初次载入容器的初始化动作
   C. 重新定义 jspDestroy()来作 JSP 从容器销毁时的结尾动作
   D. 要在 JSP 中撰写 Java 程序代码，必须重新定义 service()
3. 下列有关 JSP 和 Servlet 的说法正确的是（　　）。
   A. JSP 适合页面展示，Servlet 适合后台处理
   B. JSP 其实就是 HTML 和 Java 程序的结合
   C. Servlet 和 JSP 同属于 Java EE 规范
   D. JSP 是一种客户端技术

二、上机练习

写一个显示当前日期的 JSP 页面，并观察 Tomcat 服务器中 work 目录下生成的.java 和.class 格式的文件，刷新页面继续观察。描述 JSP 的翻译、编译和运行原理。

第 9 章 JSP 脚本元素

学习内容

- JSP 脚本元素（表达式、Scriptlet、声明）
- JSP 指令
- JSP 动作

学习目标

- 学会 JSP 中 Java 代码的写法。
- 掌握 JSP 中常见指令的用法
- 灵活运用 JSP 的动作标签

本章简介

本章讲解了 JSP 中写 Java 脚本的 3 种方式，分别是声明变量、程序片段和 Java 表达式，还讲解了 JSP 中指令标签和动作标签的用法，最后讲解了注释的应用。

9.1 JSP 页面的基本结构

在传统的 HTML 页面文件中加入 Java 程序片段和 JSP 标签就构成了一个 JSP 页面文件。一个 JSP 页面可由 5 种元素组合而成。

（1）普通的 HTML 标记符。

（2）JSP 标签：如指令标签、动作标签。

（3）变量和方法的声明。

（4）Java 程序片段。

（5）Java 表达式。

我们称（3）、（4）、（5）形成的部分为 JSP 的脚本部分。

JSP 页面中普通的 HTML 标记符号交给客户的浏览器显示。

JSP 标签、数据和方法声明，Java 程序片段由服务器负责执行，将需要显示的结果发送给客户的浏览器。

Java 表达式由服务器负责计算，并将结果转化为字符串，然后交给客户的浏览器显示。

在下面的示例 Example9_1.jsp 中，客户通过表单向服务器提交三角形三边的长度，服务器将计算三角形的面积，并将计算的结果以及客户输入的三边长度返回给客户。为了讲解方便，下面的 JSP 文件加入了行号，它们并不是 JSP 源文件的组成部分。运行效果如图 9.1 所示。

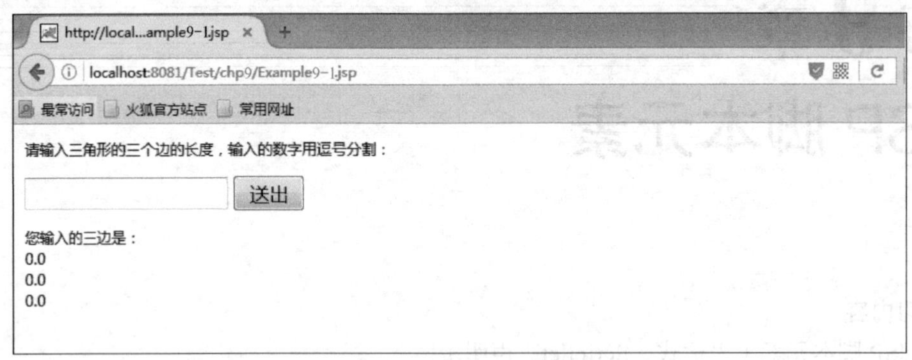

图 9.1　计算三角形面积

在下面的 Example9_1.jsp 中，有如下几点需要注意。

- 第（1）、（2）行是 JSP 指令标签。
- 第（3）～（10）行是 HTML 标记，其中第（7）～（10）行是 HTML 表单，客户通过该表单向服务器提交数据。
- 第（11）～（13）行是数据声明部分，该部分声明的数据在整个 JSP 页面内有效。第（14）～（42）行是 Java 程序片段。该程序片段负责计算面积，并将结果返回给客户。该程序片段内声明的变量只在该程序片段内有效。
- 第（45）、（47）、（49）行是 Java 表达式。

Example9_1.jsp：

```
(1)<%@ page contentType="text/html;charset=GB2312" %>
(2)<%@ page import="java.util.*" %>
(3)<HTML>
(4) <BODY><FONT Size=1>
(5)  <P> 请输入三角形的三个边的长度，输入的数字用逗号分割：
(6)  <BR>
(7)  <FORM action="Example9_1.jsp" method=post name=form>
(8)  <INPUT type="text" name="boy">
(9)  <INPUT TYPE="submit" value="送出" name=submit>
(10)     </FORM>
(11)          <%! double a[]=new double[3];
(12)             String answer=null;
(13)          %>
(14)          <% int i=0;
(15)            boolean b=true;
(16)            String s=null;
(17)            double result=0;
(18)            double a[]=new double[3];
(19)            String answer=null;
(20)            s=request.getParameter("boy");
(21)               if(s!=null)
(22)                  { StringTokenizer  fenxi=new StringTokenizer(s,",, ");
(23)                    while(fenxi.hasMoreTokens())
(24)                       { String temp=fenxi.nextToken();
```

```
                      try{ a[i]=Double.valueOf(temp).doubleValue();
                           i++;
                         }
                     catch(NumberFormatException e)
                       {out.print("<BR>"+"请输入数字字符");
                       }
                  }
             if(a[0]+a[1]>a[2]&&a[0]+a[2]>a[1]&&a[1]+a[2]>a[0]&&b==true)
                { double p=(a[0]+a[1]+a[2]) /2;
                  result=Math.sqrt(p*(p-a[0])*(p-a[1]) *(p-a[2]));
                  out.print("面积: "+result);
                }
            else
               {answer="您输入的三边不能构成一个三角形";
                  out.print("<BR>"+answer);
               }
        }
    %>
    <P> 您输入的三边是:
     <BR>
        <%=a[0]%>
     <BR>
         <%=a[1]%>
     <BR>
         <%=a[2]%>
  </BODY>
</HTML>
```

9.2　变量和方法的声明

在“<%!”和“%>”标记符号之间可以声明变量和方法。

9.2.1　声明变量

在“<%!”和“%>”标记符之间声明变量，即在“<%!”和“%>”之间放置 Java 的变量声明语句。变量的类型可以是 Java 语言允许的任何数据类型。这些变量被称为 JSP 页面的成员变量。示例如下：

```
<%@page contentType="text/html;charset=GB2312"%>
<html>
   <head><title>A simple JSP</title><head>
   <body>
       Hello, Guys!<br/>
       Current time is <%=new java.util.Date() %>
  </body>
</html>
```

“<%!”和“%>”之间声明的变量在整个 JSP 页面内都有效，因为 JSP 引擎将 JSP 页面转译成 Java 文件时，将这些变量作为类的成员变量。这些变量的内存空间直到服务器关闭才释放。当多个客户请求一个 JSP 页面时，JSP 引擎为每个客户启动一个线程，这些线程由 JSP 引擎服务器来管理。这些线程共享 JSP 页面的成员变量，因此任何一个用户对 JSP 页面成员变量操作的结果，都会影响到其他用户。

下面的 Example9_2.jsp 利用成员变量被所有用户共享这一性质，实现了一个简单的计数器，效果如图 9.2 所示。

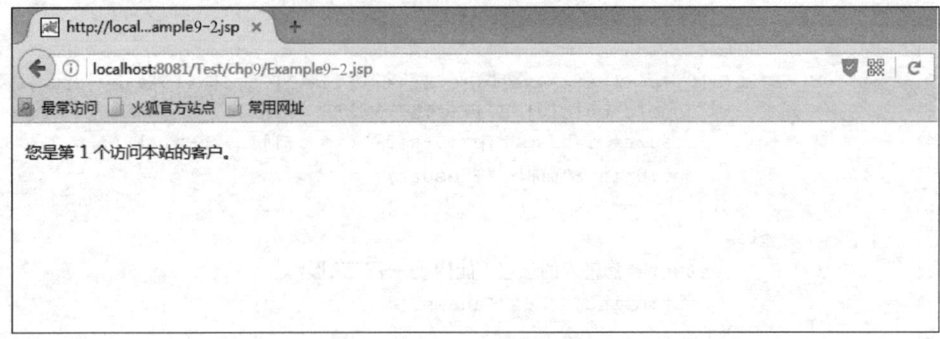

图 9.2　JSP 成员变量统计网站计数

Example9_2.jsp：

```
<%@ page contentType="text/html;charset=GB2312" %>
<HTML>
<BODY BGCOLOR=gray><FONT size=1>
  <%!int i=0;
  %>
  <%i++;
  %>
<P>您是第
   <%=i%>
  个访问本站的客户
</BODY>
</HTML>
```

在处理多线程问题时，我们必须注意这样一个问题：当两个或多个线程同时访问同一个共享的变量，并且一个线程需要修改这个变量时，我们应对这样的问题作出处理；否则，可能发生混乱。在上面的 Example9_2.jsp 中，可能发生两个客户同时请求 Example9_2.jsp 页面的情况。Java 语言中，在处理线程同步时，可以将线程共享的变量放入一个 synchronized 块，或将修改该变量的方法用 synchronized 来修饰。这样，当一个客户用 synchronized 块或 synchronized 方法操作一个共享变量时，其他线程就必须等待，直到该线程执行完该方法或同步块。下面的 Example9_3.jsp 对 Example9_2.jsp 进行了改进。

Example9_3.jsp：

```
<HTML>
<BODY>
  <%! Integer number=new Integer(0);
  %>
   <%
     synchronized(number)
     { int i=number.intValue();
       i++;
      number=new Integer(i);
    }
%>
  <P>您是第
```

```
    <%=number.intValue() %>
   个访问本站的客户。
  </BODY>
  </HTML>
```

9.2.2　声明方法

在“<%!”和“%>”之间声明方法，该方法在整个 JSP 页面都有效，但是在该方法内定义的变量只在该方法内有效。这些方法将在 Java 程序片段中被调用。当方法被调用时，方法内定义的变量被分配内存，调用完毕即会释放所占的内存。当多个客户端同时请求一个 JSP 页面时，它们可能使用方法操作成员变量，对这种情况应给予注意。在下面的 Example9_4.jsp 中，将通过 synchronized 方法操作一个成员变量来实现一个计数器。

Example9_4.jsp：

```
<%@ page contentType="text/html;charset=GB2312" %>
<HTML>
<BODY>
   <%! int number=0;
    synchronized void countPeople()
       { number++;
       }
    %>
    <% countPeople();   //在程序片段中调用方法
    %>
<P><P>您是第
   <%=number%>
个访问本站的客户
</BODY></HTML>
```

在上面的 Example9_4.jsp 中，如果 Tomcat 服务器重新启动就会刷新计数器，因此计数又从 0 开始。在下面的 Example9_5.jsp 中，使用 Java 的输入输出流技术，将计数保存到文件。当客户访问该 JSP 页面时，就去读取这个文件，将服务器重新启动之前的计数读入，并在此基础上加 1，然后将新的计数写入到文件。如果这个文件不存在（服务器没有作过重新启动），就将计数加 1，并创建一个文件，然后将计数写入到这个文件，如图 9.3 所示。

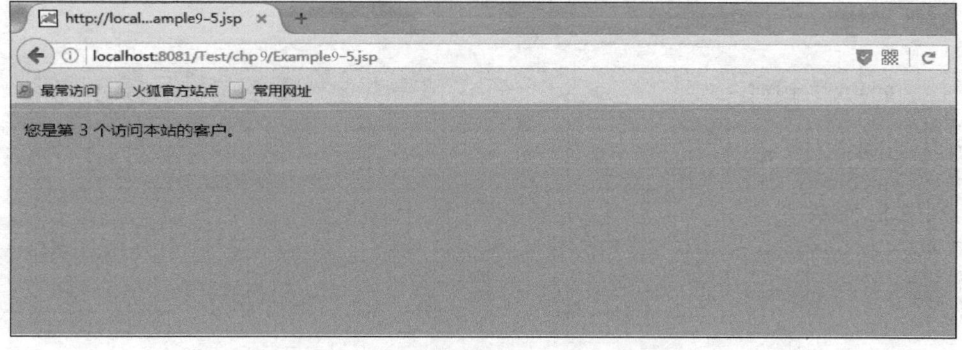

图 9.3　网站访问计数器（计数写入文件）

Example9_5.jsp：

```
<%@ page contentType="text/html;charset=GB2312" %>
<%@ page import="java.io.*" %>
```

```
<HTML>
<BODY BGCOLOR=cyan><FONT Size=1>
   <%! int number=0;
    synchronized void countPeople()      //计算访问次数的同步方法
       {
         if(number==0)
            {
              try{
                  FileInputStream in=new FileInputStream("count.txt");
                  DataInputStream dataIn=new DataInputStream(in);
                  number=dataIn.readInt();
                  number++;
                  in.close();
                  dataIn.close();
                 }
                  catch(FileNotFoundException e)
                   { number++;
                    try {FileOutputStream out=new FileOutputStream("count.txt");
                         DataOutputStream dataOut=new DataOutputStream(out);
                         dataOut.writeInt(number);
                         out.close();dataOut.close();
                        }
                      catch(IOException ee){}
                   }
                 catch(IOException ee)
                     {
                     }
            }
         else
            {number++;
             try{
                  FileOutputStream out=new FileOutputStream("count.txt");
                  DataOutputStream dataOut=new DataOutputStream(out);
                  dataOut.writeInt(number);
                  out.close();dataOut.close();
             }
            catch(FileNotFoundException e){}
            catch(IOException e){}
           }
     }
   %>
   <%
     countPeople();
   %>
<P><P>您是第
   <%=number%>
 个访问本站的客户
<BODY>
<HTML>
</HTML>
```

9.3　Java 程序片段

可以在“<%”和“%>”之间插入 Java 程序片段。一个 JSP 页面可以有许多程序片段，这些程序片段将被 JSP 引擎按顺序执行。在一个程序片段中声明的变量称作 JSP 页面的局部变量，它们在 JSP 页面内的所有程序片段部分以及表达式部分都有效。这是因为 JSP 引擎将 JSP 页面转译成 Java 文件时，将各个程序片段的这些变量作为类中某个方法的变量，即局部变量。利用程序片段的这个性质，有时候可以将一个程序片段分割成几个更小的程序片段，然后在这些小的程序片段之间再插入 JSP 页面的一些其他标记元素。当程序片段被调用执行时，这些变量被分配内存空间，所有的程序片段调用完毕，这些变量即会释放所占的内存。当多个客户请求一个 JSP 页面时，JSP 引擎为每个客户启动一个线程，一个客户的局部变量和另一个客户的局部变量被分配不同的内存空间。因此，一个客户对 JSP 页面局部变量操作的结果，不会影响到其他客户的这个局部变量。

使用任意 Java 代码插入到 Servlet 的_jspService()方法，可以完成表达式不能单独完成的功能，执行的代码包含循环、条件分支、执行业务逻辑或数据访问逻辑（更新数据库）、记录服务器日志等。可设置响应头和状态代码，可使用预定义变量，包括隐式对象格式。

下面的 Example9_6.jsp 中的程序片段负责打印出一周 7 天的信息。

Example9_6.jsp：

```
<%@ page contentType="text/html;charset=GB2312" %>
<% response.setContentType("text/html;charset=\"gb2312\"") ; %>
<html><head><title>Scriplet Sample</title></head>
<body><h2>
   Display weekdays in Chinese:<br/>
    <%
        java.text.DateFormatSymbols zhDfs =
           new java.text.DateFormatSymbols(java.util.Locale.CHINA);
        String[] weekDays = zhDfs.getWeekdays();
        for(int i = 1; i < weekDays.length; i++)
           out.println(weekDays[i] + "<br/>");
  %>
</h2></body>
</html>
```

运行结果如图 9.4 所示。

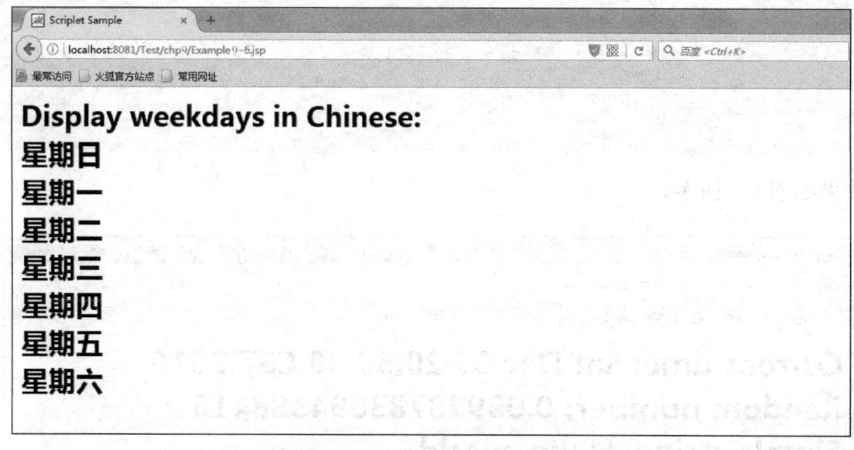

图 9.4　打印一周 7 天的信息

翻译成 Servlet 形式的 Java 文件的内容如下：

```
public void _jspService(HttpServletRequest request,HttpServletResponse response)
   throws java.io.IOException, ServletException {
   ...
```

```
        response.setContentType("text/html;charset=gb2312")    ;
        ...
         java.text.DateFormatSymbols zhDfs =
            new java.text.DateFormatSymbols(java.util.Locale.CHINA);
         String[] weekDays = zhDfs.getWeekdays();
         for(int i = 1; i < weekDays.length; i++)
             out.println(weekDays[i] + "<br/>");

         ...
    }
```

9.4 表 达 式

可以在“<%=”和“%>”之间插入一个表达式（注意：不可插入语句，“<%=”是一个完整的符号，“<%”和“=”之间不要有空格）。这个表达式必须能求值。表达式的值由服务器负责计算，并将计算结果用字符串形式发送到客户端显示。

表达式在执行阶段作如下处理。

- 表达式求值后转换成一个字符串。
- 字符串被直接插入到 Servlet 的输出流。
- 结果输出方法为 out.print (表达式)。
- 表达式中可以输出变量或隐式对象。

下面的 Example9_7.jsp 将用于计算表达式的值。

Example9_7.jsp：

```
<%@ page language="java" import="java.util.*" pageEncoding="GB2312"%>
<html><head><title>Expression Sample</title></head>
<body><h2>
   Current time: <%=new java.util.Date()%><br/>
   Random number: <%=Math.random() %><br/>
   Simple string: <%="Hello, world"%><br/>
   Simple statement: 1 + 1 = <%=1 + 1%> <br/>
   Visit implicit object: remote host is <%=request.getRemoteHost()%>
</h2></body>
</html>
```

运行效果如图 9.5 所示。

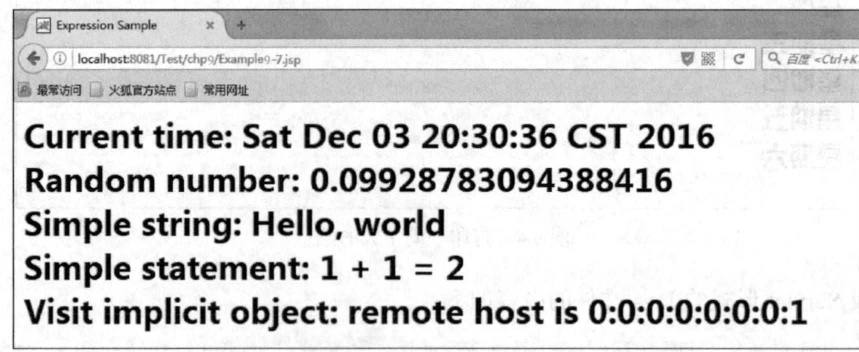

图 9.5　表达式界面

9.5　JSP 中的注释

注释可以增强 JSP 文件的可读性，并易于 JSP 文件的维护。JSP 中的注释可分为以下两种。

（1）HTML 注释：在标记符号“<!--”和“-->”之间加入注释内容，具体如下。

```
<!--      注释内容      -->
```

JSP 引擎把 HTML 注释交给客户，因此客户通过浏览器查看 JSP 的源文件时，能够看到 HTML 注释。

（2）JSP 注释：在标记符号“<%--”和“--%>”之间加入注释内容，具体如下。

```
<%--  注释内容  --%>
```

JSP 引擎忽略 JSP 注释，即在编译 JSP 页面时忽略 JSP 注释。相关示例如 Example9_8.jsp 所示。

Example9_8.jsp：

```
<%@ page contentType="text/html;charset=GB2312" %>
<HTML>
<BODY>
<P> 请输入三角形的三个边 a,b,c 的长度：
<BR>
 <!-- 以下是 HTML 表单，向服务器发送三角形的三个边的长度 -->
  <FORM action="Example9_8.jsp" method=post name=form>
      <P>请输入三角形边 a 的长度：
      <INPUT type="text" name="a">
       <BR>
      <P>请输入三角形边 b 的长度：
      <INPUT type="text" name="b">
       <BR>
      <P>请输入三角形边 c 的长度：
      <INPUT type="text" name="c">
       <BR>
      <INPUT TYPE="submit" value="送出" name=submit>
  </FORM>
 <%--获取客户提交的数据--%>
  <% String string_a=request.getParameter("a")      ,
    string_b=request.getParameter("b")      ,
    string_c=request.getParameter("c");
    double a=0,b=0,c=0;
  %>
  <%--判断字符串是否是空对象，如果是空对象就初始化--%>
     <% if(string_a==null)
         {string_a="0";string_b="0";string_c="0";
         }
     %>
   <%--求出边长，并计算面积--%>
      <% try{ a=Double.valueOf(string_a).doubleValue();
            b=Double.valueOf(string_b).doubleValue();
            c=Double.valueOf(string_c).doubleValue();
```

```
            if(a+b>c&&a+c>b&&b+c>a)
             {double p=(a+b+c)    /2.0;
              double mianji=Math.sqrt(p*(p-a)    *(p-b)    *(p-c));
             out.print("<BR>"+"三角形面积: "+mianji);
             }
            else
             {out.print("<BR>"+"您输入的三边不能构成一个三角形");
             }
            }
            catch(NumberFormatException e)
                 {out.print("<BR>"+"请输入数字字符");
                 }
      %>
</BODY>
</HTML>
```

在最终显示的页面中单击右键查看页面源代码时，会看到<%--%>注释消失了，而 HTML 方式的注释仍然存在。

9.6 JSP 指令标签

指令是发送给 JSP 编译器的信息，告诉 JSP 编译器如何处理 JSP 页面，它不直接生成输出。语法如下：

```
<%@directive {attr="value"}*%>
```

9.6.1 page 指令

page 指令用来定义整个 JSP 页面的一些属性和这些属性的值。例如，我们可以用 page 指令定义 JSP 页面的 contentType 属性的值是“text/html;charset=GB2312”。这样，我们的页面就可以显示标准汉语。示例如下：

```
<%@ page contentType="text/html;charset=GB2312" %>
```

page 指令的格式如下：

```
<%@ page   属性 1= "属性 1 的值"  属性 2="属性 2 的值"  …%>
```

属性值总是用单引号或引号双号括起来，例如：

```
<%@ page contentType="text/html;charset=GB2312"  import="java.util.*" %>
```

如果要为一个属性指定多个值，这些值之间需用逗号分隔。page 指令能给 import 属性指定多个值，但给其他属性只能指定一个值。例如：

```
<%@ page  import="java.util.*" ,"java.io.*" ,  "java.awt.*" %>
```

当为 import 指定多个属性值时，JSP 引擎把 JSP 页面转译成的 Java 文件会有如下的 import 语句：

```
import java.util.*;
import java.io.*;
import java.awt.*;
```

在一个 JSP 页面中，也可以使用多个 page 指令来指定属性及其值。需要注意的是，可以使用多个 page 指令给属性 import 指定多个值，但其他属性只能使用一次 page 指令指定该属性的一个值。示例如下：

```
<%@ page  contentType="text/html;charset=GB2312" %>
<%@ page  import="java.util.*" %>
<%@ page  import="java.util.*", "java.awt.*" %>
```

需注意的是，下列用法是错误的：

```
<%@ page contentType="text/html;charset=GB2312" %>
<%@ page contentType="text/html;charset=GB2312" %>
```

尽管指定的属性值相同，也不允许两次使用 page 给 contentType 属性指定属性值，

注：page 指令的作用对整个页面有效，与其书写的位置无关，但习惯把 page 指令写在 JSP 页面的最前面。

Page 指令的属性有以下几个。

（1）language 属性

该属性用于定义 JSP 页面使用的脚本语言。该属性的值目前只能取“java”。

为 language 属性指定值的格式为：<%@ page language="java" %>。

language 属性的默认值是“java”，即如果你在 JSP 页面中没有使用 page 指令指定该属性的值，那么 JSP 页面默认有如下 page 指令：<%@ page language="java" %>。

（2）import 属性

该属性的作用是为 JSP 页面引入 Java 核心包中的类。这样就可以在 JSP 页面的程序片段部分、变量及函数声明部分、表达式部分使用包中的类。我们可以为该属性指定多个值，该属性的值可以是 Java 某包中的所有类或一个具体的类，例如：

```
<%@ page  import="java.io.*", "java.util.Date" %>
```

JSP 页面默认 import 属性已经有如下的值：

```
java.lang.*、javax.servlet.*、javax.servlet.jsp.*、javax.servlet.http.*
```

（3）contentType 属性

定义 JSP 页面响应的 MIME（Multipurpose Internet Mail Extention）类型和 JSP 页面字符的编码。属性值的一般形式是“MIME 类型”或“MIME 类型;charset=编码”，例如：

```
<%@ page contentType="text/html;charset=GB2312" %>
```

contentType 属性的默认值是“text/html ; charset=ISO-8859-1”。

（4）session 属性

该属性用于设置是否需要使用内置的 session 对象。

session 的属性值可以是 true 或 false，默认是 true。

（5）buffer 属性

内置输出流对象 out 负责将服务器的某些信息或运行结果发送到客户端显示，buffer 属性用来指定 out 设置的缓冲区的大小或不使用缓冲区。

buffer 属性可以取值“none”，设置 out 不使用缓冲区。buffer 属性的默认值是 8kb。如<%@ page buffer= "24kb" %>。

（6）autoFlush 属性

该属性用于指定 out 的缓冲区被填满时，缓冲区是否会自动刷新。

autoFlush 可以取值 true 或 false。autoFlush 属性的默认值是 true。当 autoFlush 属性取值 false 时，如果 out 的缓冲区填满，就会出现缓存溢出异常。当 buffer 的值是 none 时，autoFlush 的值就不能设置成 false。

（7）errorPage 属性和 isErrorPage 属性

errorPage 用于设置当前页面出现错误时所指向的页面，也就是说当前页面如果出现错误，就会跳转到 errorPage 所指定的页面。

IsErrorpage 用于设置当前页面为错误页面。isErrorpage 默认值为 false，若要将当前页面设为错误页面，可设置 isErrorPage=true。

例如，下面的 Example9_9_1.jsp 是求表单输入的两个数字的商，提交到 Example9_9_2.jsp 进行除法运算，如果除数为 0，页面就会报错，并跳转到出错信息页面，也就是 Example9_9_3.jsp。

Example9_9_1.jsp（表单输入页面）：

```
<!DOCTYPE html PUBLIC "-//W3C//DTD HTML 4.01 Transitional//EN" "http://www.w3.org/
    TR/html4/loose.dtd">
<html>
    <head>
        <meta http-equiv="Content-Type" content="text/html; charset=UTF-8">
        <title>Compute</title>
    </head>
    <body bgcolor="#FFFFFF">
        <div align="center">
            <form method="post" action="Divide.jsp">
                <p>--- 整数除法 ---<p>
                    被除数<input type="text" name="value1">
                    除数<input type="text" name="value2">
                </p>
                <p>
                    <input type="submit" name="Submit" value="计算">
                </p>
            </form>
        </div>
    </body>
</html>
```

Example9_9_2.jsp（除法运算页面）：

```
<%@ page language="java" errorPage="error.jsp" contentType="text/html;  charset=
    UTF-8" pageEncoding="UTF-8"%>
<!DOCTYPE html PUBLIC "-//W3C//DTD HTML 4.01 Transitional//EN" "http://www.w3.org/
    TR/html4/loose.dtd">
<html>
    <head>
        <meta http-equiv="Content-Type" content="text/html; charset=UTF-8">
        <title>Divide</title>
    </head>
    <body bgcolor="#FFFFFF">
        <center>
            <br>
            <h1>
                <%
                    int dividend = 0;
                    int divisor = 0;
```

```
                    int result = 0;
                    try {
                        dividend = Integer.parseInt(request.getParameter("value1"));
                    } catch (NumberFormatException nfex){
                        throw new NumberFormatException("被除数不是整数！");
                    }
                    try {
                        divisor = Integer.parseInt(request.getParameter("value2"));
                    } catch (NumberFormatException nfex){
                        throw new NumberFormatException("除数不是整数！");
                    }
                    result = dividend / divisor;
                    out.println(dividend + " / " + divisor + " = " + result);
                %>
            </h1>
            <br>
            <br>
            <br>
            <a href="javascript: history.back();">返回</a>
        </center>
    </body>
</html>
```

Example9_9_3.jsp（显示错误信息页面）:

```
<%@ page language="java" isErrorPage="true" contentType="text/html; charset=UTF-8"
    pageEncoding="UTF-8"%>
<!-- isErrorPage 的作用是设置当前页面为错误页面，当在别的页面设置 errorPage="error.jsp" 后，
    在设置页面出现问题后就自动会跳转到当前的错误页面 -->
<!DOCTYPE html PUBLIC "-//W3C//DTD HTML 4.01 Transitional//EN" "http://www.w3.org/
    TR/html4/loose.dtd">
<html>
    <head>
        <meta http-equiv="Content-Type" content="text/html; charset=UTF-8">
        <title>Compute error</title>
    </head>
    <body bgcolor="#FFFFFF">
        <div align="center">
            <br>
            <br>
            <h1>
                错误信息
            </h1>
            <hr>
            <p>
            <h3><%=exception.toString()%></h3>
            <br>
            <br>
            <br>
            <a href="javascript: history.back();">返回</a>
        </div>
    </body>
</html>
```

9.6.2　include 指令

include 指令用来包含一个文件。这个指令告诉容器在翻译阶段需要将当前 JSP 文件和其他外

部文件合并。可以在 JSP 文件的任何地方使用这个指令。这个指令的通用格式如下：

```
<%@ include file="relative url" >
```

include 指令中的文件名是一个相关的 URL。如果只指定了文件名而没有指定路径，则 JSP 编译器假定这个文件与当前 JSP 文件在同一目录下。

等价的 XML 语法如下：

```
<jsp:directive.include file="relative url" />
```

上述 XML 语法已基本不再使用了。

一个比较好的 include 指令例子就是使用多页面来包含一个通用的头模块和尾模块的内容。

下面定义 header.jsp、footer.jsp 和 main.jsp 三个文件。

header.jsp：

```
<%@ page language="java" contentType="text/html; charset=UTF-8"
    pageEncoding="UTF-8"%>
<!DOCTYPE html PUBLIC "-//W3C//DTD HTML 4.01 Transitional//EN" "http://www.w3.org/
    TR/html4/loose.dtd">

<%!
int pageCount = 0;
void addCount(){
   pageCount++;
}
%>
<% addCount(); %>
<html>
<head>
<title>The include Directive Example</title>
</head>
<body>
<center>
<h2>The include Directive Example</h2>
<p>This site has been visited <%= pageCount %> times.</p>
</center>
<br/><br/>

</body>
</html>
```

footer.jsp：

```
<html>
<head>
<title>The include Directive Example</title>
</head>
<body>
<br/><br/>
<center>
<p>Copyright © 2010</p>
</center>
</body>
</html>
```

main.jsp：

```
<%@ include file="header.jsp" %>
```

```
<center>
<p>Thanks for visiting my page.</p>
</center>
<%@ include file="footer.jsp" %>
```

现在试着访问 main.jsp 页面，将会得到如下结果：

```
The include Directive Example
This site has been visited 1 times.
Thanks for visiting my page.
Copyright © 2010
```

9.7　JSP 动作标签

动作标签是一种特殊的标签，它影响 JSP 运行时的功能。

9.7.1　include 动作标签

include 动作标签的写法可以是<jsp:include page= "文件的名字" / >，也可以是<jsp:include page= "文件的名字"></jsp:include>。

该动作标签告诉 JSP 页面动态包含一个文件，即 JSP 页面运行时才将文件加入。与静态插入文件的 include 指令标签不同，当 JSP 引擎把 JSP 页面转译成 Java 文件时，不是把 JSP 页面中动作指令 include 所包含的文件与原 JSP 页面合并成一个新的 JSP 页面，而是告诉 Java 解释器，这个文件在 JSP 运行时（Java 文件的字节码文件被加载执行）才包含进来。如果包含的文件是普通的文本文件，就将文件的内容发送到客户端，由客户端负责显示；如果包含的文件是 JSP 文件，JSP 引擎就执行这个文件，然后将执行的结果发送到客户端，并由客户端负责显示这些结果。

include 动作标签与静态插入文件的 include 指令标签有很大的不同，动作标签是在执行时才对包含的文件进行处理，因此 JSP 页面和它所包含的文件在逻辑及语法上是独立的。如果你对包含的文件进行了修改，那么运行时就能看到所包含文件修改后的效果，而静态的 include 指令包含的文件如果发生了变化，就必须重新将 JSP 页面转译成 Java 文件（可将该 JSP 页面重新保存，然后再访问，就可产生新的转译 Java 文件），否则，就只能看到文件修改前的内容。

下面的例子动态包含两个文件：image.html 和 Hello.txt。这里把 Example9_10.jsp 页面保存到项目根目录下，Hello.txt、image.html 存放在根目录下。

Hello.txt：

```
<H4>你好，好好学习，天天向上。
<BR>学习 JSP 要有 Java 语言的基础。
<BR>要认真学习 JSP 的基本语法。
</H4>
```

image.html：

```
<img src="oracle.jpg">
```

Example9_10.jsp：

```
<%@ page contentType="text/html;charset=utf-8" pageEncoding="utf-8"%>
<HTML>
<BODY BGCOLOR=Cyan><FONT Size=1>
<P>加载的文件：
```

```
    <jsp:include page="Hello.txt"></jsp:include>
<P>加载的图像:
<BR>
    <jsp:include page="image.html"></jsp:include>
</BODY>
</HTML>
```

在浏览器中的运行结果如图 9.6 所示。

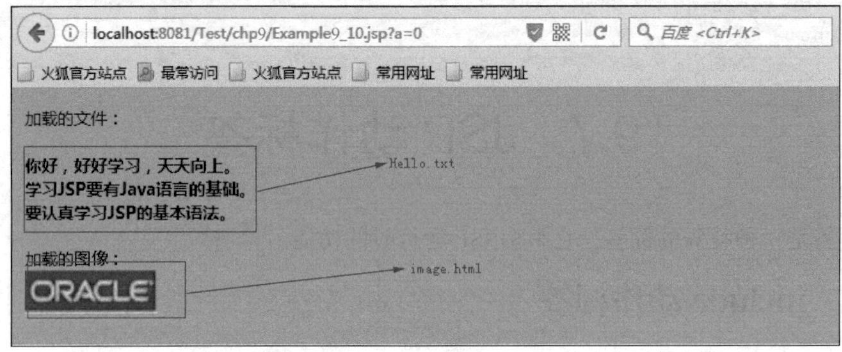

图 9.6　include 动作包含静态网页

9.7.2　param 动作标签

param 标签以“名字-值”对的形式为其他标签提供附加信息。这个标签常与 jsp:include、jsp:forward、jsp:plugin 标签一起使用。

param 动作标签的格式为：

```
<jsp:param  name= "名字"  value= "指定给 param 的值">
```

当该标签与 jsp:include 标签一起使用时，可以将 param 标签中的值传递到 include 动作要加载的文件中去，因此 include 动作标签如果结合 param 标签，可以在加载文件的过程中向该文件提供信息。在下面的示例中，Example9_11_1.jsp 加载时，将获取 param 标签中 computer 的值（获取 computer 的值由 JSP 的内置对象 request 调用 getParameter 方法完成）；Example9_11_2.jsp 用于执行加载 Example9_11_1.jsp。

Example9_11_1.jsp：

```
<%@ page contentType="text/html;charset=GB2312" %>
<HTML>
<BODY>
    <%  String str=request.getParameter("computer"); //获取值
        int n=Integer.parseInt(str);
        int sum=0;
        for(int i=1;i<=n;i++)
           { sum=sum+i;
           }
    %>
<P>
    从 1 到<%=n%>的连续和是:
<BR>
   <%=sum%>
</BODY>
</HTML>
```

Example9_11_2.jsp：

```
<%@ page contentType="text/html;charset=GB2312" %>
<HTML>
<BODY>
<P>加载文件效果：
   <jsp:include page="Example9_11_1.jsp">
     <jsp:param name="computer" value="300" />
   </jsp:include>
</BODY>
</HTML>
```

上述示例在浏览器中的运行结果如图 9.7 所示。

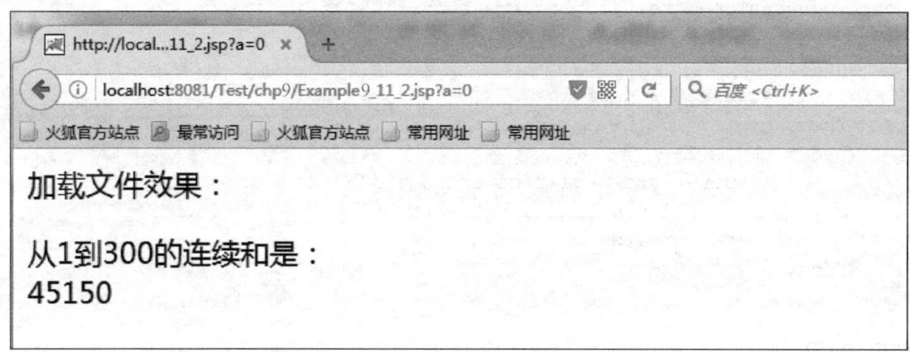

图 9.7　动态包含并传参数到 jsp 页面

9.7.3　forward 动作标签

<jsp:forward>的含义是重定向一个 HTML 文件、JSP 文件，或者是一个程序片段，语法如下：

```
JSP 语法<jsp:forward page={"relativeURL" | "<%= expression %>"} />
```

或者

```
<jsp:forward page={"relativeURL" | "<%= expression %>"} >
       <jsp:param name="parameterName" value="{parameterValue | <%= expression %>}" />
</jsp:forward>
```

例如下面这样的写法：

```
<jsp:forward page="/servlet/login" />
<jsp:forward page="/servlet/login">
<jsp:param name="username" value="jsmith" />
</jsp:forward>
```

相关说明如下。

（1）<jsp:forward>标签从一个 JSP 文件向另一个文件传递一个包含用户请求的 Request 对象时，<jsp:forward>标签以下的代码将不能执行。

（2）在上述例子中，传递的参数名为 username，值为 scott。此时，如果你使用了<jsp:param>标签，那么目标文件必须是一个动态的文件，才能够处理参数。

（3）如果使用了非缓冲输出，那么使用<jsp:forward>时就要小心。如果在使用<jsp:forward>之前，JSP 文件已经有了数据，那么文件执行就会出错。

相关属性的说明如下。

（1）page="{relativeURL | <%= expression %>}"

这里是一个表达式或是一个字符串用于说明将要定向的文件或 URL。这个文件可以是 JSP、程序片段，或者其他能够处理 Request 对象的文件（如 ASP、CGI、PHP）。

（2）<jsp:param name="parameterName" value="{parameterValue | <%= expression %>}" />

若要向一个文件发送一个或多个参数，这个文件一定是动态文件。

如果想传递多个参数，可以在一个 JSP 文件中使用多个<jsp:param>。Name 用于指定参数名，value 用于指定参数值。

下面的例子演示了从 forwardFrom.jsp 提交 userName 参数到 forwardTo.jsp 的过程。

forwardFrom.jsp：

```
<%@ page contentType="text/html;charset=gb2312" %>
<html>
        <head>
                <title>test</title>
        </head>
        <body>
                <jsp:forward page="forwardTo.jsp">
                        <jsp:param name="userName" value="Jason.D"/>
                </jsp:forward>
        </body>
</html>
```

forwardTo.jsp：

```
<%@ page contentType="text/html;charset=gb2312" %>
<!--forwardTo.jsp-->
<%
        String useName=request.getParameter("userName");
        String outStr= "Welcome! ";
        outStr+=useName;
        out.println(outStr);
%>
```

上述代码在浏览器中的运行结果如图 9.8 所示。

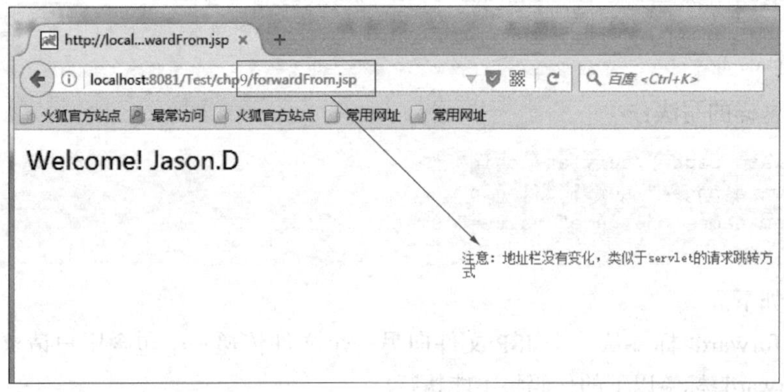

图 9.8　forward 示例运行界面

9.7.4　useBean 动作标签

1. 用法

jsp:useBean 动作最简单的语法为：

```
<jsp:useBean id="guessBiz" class="biz.GuessBiz" scope="session" />
```

这行代码的含义是：“创建一个由 class 属性指定的类的实例，然后把它绑定到其名字由 id 属性给出的变量上”。

此时，jsp:useBean 动作只有在不存在同样 id 和 scope 的 Bean 时才创建新的对象实例。

我们既可以通过 jsp:setProperty 动作的 value 属性直接提供一个值，也可以在 Scriptlet 中利用 id 属性所命名的对象变量，通过调用该对象的方法显式地修改其属性（比如<% guessBiz.setName("name"); %>），还可以通过 param 属性声明 Bean 的属性值来自指定的请求参数，或者列出 Bean 属性表明它的值应该来自请求参数中的同名变量。

2. 属性用法

（1）id：命名引用该 Bean 的变量。如果能够找到 id 和 scope 相同的 Bean 实例，jsp:useBean 动作将使用已有的 Bean 实例而不是创建新的实例。

（2）class：指定 Bean 的完整包名。

（3）scope：指定 Bean 在哪种上下文内可用，可以取下面的四个值之一，如 page、request、session 和 application。

① 默认值是 page，表示该 Bean 只在当前页面内可用（保存在当前页面的 PageContext 内）。

② request 表示该 Bean 在当前的客户请求内有效（保存在 ServletRequest 对象内）。

③ session 表示该 Bean 对当前 HttpSession 内的所有页面都有效。

④ application 表示该 Bean 对所有具有相同 ServletContext 的页面都有效。

scope 很重要，因为 jsp:useBean 只有在不存在具有相同 id 和 scope 的对象时才会实例化新的对象；如果已有 id 和 scope 都相同的对象则直接使用已有的对象，此时 jsp:useBean 开始标记和结束标记之间的所有内容都将被忽略。

（4）type：指定引用该对象的变量的类型。它必须是 Bean 类的名字、超类名字、该类所实现的接口名字之一。请记住变量的名字是由 id 属性指定的。

（5）beanName：指定 Bean 的名字。如果提供了 type 属性和 beanName 属性，允许省略 class 属性。

实训 9.1　猜数字游戏

训练技能点

- useBean 动作标签的用法
- 设置 HttpSession 作用域和获取 Attribute
- getProperty 动作标签的用法

需求说明

在输入界面输入数字进行猜数字，单击“确定”提交后到后台，根据验证结果提示用户猜数字的结果。

实现思路

通过 Servlet 初始化界面需要的信息，跳转到输入数字的游戏界面 Example9_12.jsp，输入数字，提交到 GuessServlet 处理，并跟设置的答案进行比对：如果成功，则跳转到 success.jsp；如果猜错了，则返回到输入界面，同时将错误信息显示到页面上。

实现步骤

首先创建一个输入数字页面，对应文件为 Example9_12.jsp，代码如下：

```
<%@ page contentType="text/html;charset=gbk"%>
<jsp:useBean id="guessBiz" class="biz.GuessBiz" scope="session"></jsp:useBean>

<html>
    <head>
        <title>input</title>
    </head>
  <script type="text/javascript">
    function check(form){
      var input = form.guess;
      if(input.value.length == 0){
        alert("Please input your guess");
        return false;
      }
      if(isNaN(input.value)){
        alert("Please input number only");
        return false;
      }
      return true;
    }

  </script>
    <body>
        <h1>
            Welcome to number guess game
        </h1>
        <hr />
        <h2>
            Please guess a number between 1 and 100
        </h2>
        <form method="post" action="guess.action" onsubmit="return check(this)">
            <input type="text" size="3" name="guess" />
            <input type="submit" value=" ok "/>
        </form>
        <%-- 表现猜的结果 --%>
        <%=guessBiz.getMessage()    %>
    </body>
</html>
```

上面的页面使用了业务类 GuessBiz，所有游戏的判断和信息设置都在这里，代码如下：

```
package biz;

public class GuessBiz {

    private String message;//返回猜数字结果信息
    public String getMessage(){
        return message;
    }

    public void setMessage(String message){
        this.message = message;
    }
    private int answer=80;//设置答案
```

```
    private int userGuess;//用户猜的数字

    /**
     * 开始游戏
     */
    public void start(){
        // TODO Auto-generated method stub
        this.setMessage("游戏开始，请输入数字范围是:1-100");
    }

    public void guess(int userGuess){
        // TODO Auto-generated method stub
        this.userGuess=userGuess;

    }

    public boolean isSuccess(){
        // TODO Auto-generated method stub
        boolean b=false;
        if( this.userGuess==this.answer){
            this.setMessage("恭喜你，猜对了！！");
            b=true;
        }
        if( this.userGuess<this.answer){
            this.setMessage("你猜的数字小了！！");
        }
        if( this.userGuess>this.answer){
            this.setMessage("你猜的数字大了！！");
        }
        return b;
    }



}
```

创建后台接收用户输入的 GuessServlet，代码如下：

```
package controller;


import java.io.IOException;

import javax.servlet.ServletException;
import javax.servlet.http.HttpServlet;
import javax.servlet.http.HttpServletRequest;
import javax.servlet.http.HttpServletResponse;
import javax.servlet.http.HttpSession;

import biz.GuessBiz;
@WebServlet("*.action")
public class GuessServlet extends HttpServlet {
    public void doGet(HttpServletRequest request, HttpServletResponse response)
            throws ServletException, IOException {
```

```
        String path = request.getServletPath();
        path = path.substring(0,path.indexOf("."));
        String nextPage = null;
        boolean redirect = false;

        if(path.equals("/start.action")){
            GuessBiz guessBiz = new GuessBiz();
            guessBiz.start();
            HttpSession session = request.getSession();
            session.setAttribute("guessBiz", guessBiz);
            nextPage = "/Example9_12.jsp";
        }else if(path.equals("/guess.action")){
            HttpSession session = request.getSession();
            GuessBiz guessBiz = (GuessBiz)session.getAttribute("guessBiz");
            int userGuess = Integer.parseInt(request.getParameter("guess"));
            guessBiz.guess(userGuess);
            if(guessBiz.isSuccess()){
                nextPage = "/success.jsp";
            }else{
                nextPage = "/Example9_12.jsp";
            }
        }else{
            response.sendError(HttpServletResponse.SC_NOT_FOUND,"bad path:"+path);
        }

        if(redirect){
          response.sendRedirect(request.getContextPath()+nextPage);
        }else{
            getServletContext().getRequestDispatcher(nextPage).forward(request,response);
        }
    }


    public void doPost(HttpServletRequest request, HttpServletResponse response)
        throws ServletException, IOException {
        doGet(request,response);
    }

}
```

成功页面 guessSuccess.jsp 的代码如下：

```
<%@ page contentType="text/html;charset=GB2312" %>
<HTML>
<BODY>
<P>加载文件效果：
   <jsp:useBean id="guessBiz" class="biz.GuessBiz" scope="session">
   </jsp:useBean>
   <jsp:getProperty property="message" name="guessBiz"/>
</BODY>
</HTML>
```

我们来验证一下，首先输入/start，对应到输入页面，如图 9.9 所示。

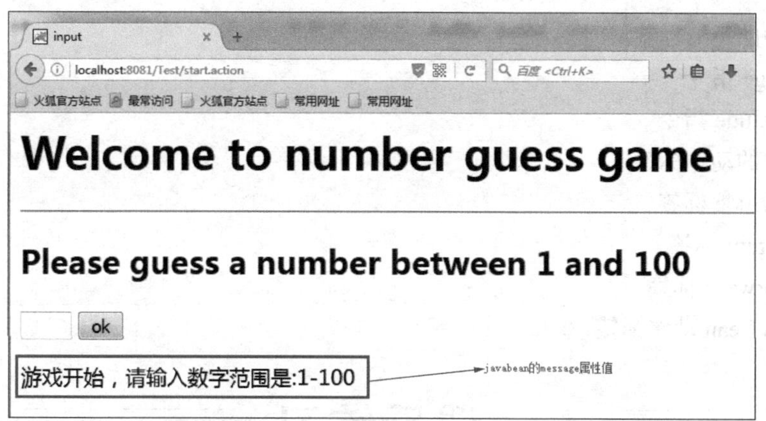

图 9.9　猜数字游戏输入界面

输入一个数字，单击 ok 按钮，如图 9.10 所示。

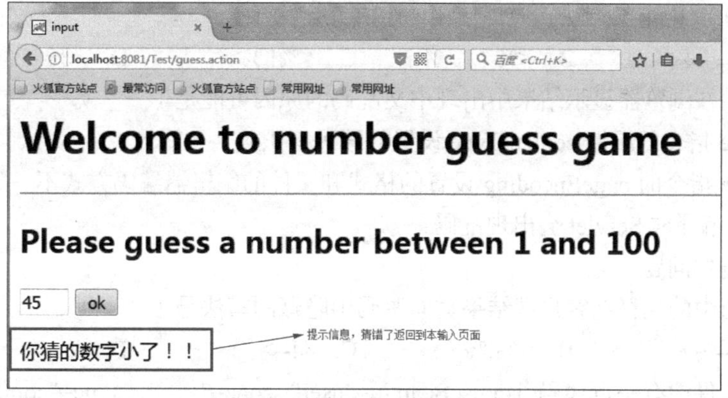

图 9.10　猜错后的界面

输入预设的答案 80，跳转到成功页面，用 getProperty 标签显示的效果如图 9.11 所示。

图 9.11　猜对后的界面

本章总结

- JSP 中 Java 程序的定义
  - JSP 中的变量声明和方法声明
  - JSP 中 Java 代码片段的定义
  - JSP 中 Java 表达式的定义

- JSP 中的指令标签
  - Page 指令
  - Include 指令
- JSP 中的动作标签
  - Include 标签
  - Param 标签
  - Forward 标签
  - useBean 动作标签

课后练习

一、选择题

1. 想要在 JSP 中定义方法，应该使用的 JSP 元素为（　　）。

A. <%　%>　　B. <%=　%>　　C. <%! %>　　D. <%--%>

2. JSP 页面在浏览器显示结果中出现中文乱码的原因可能是（　　）。

A. Page 指令的属性 contentType 设置的编码不正确

B. Page 指令的 pageEncoding 设置的格式和文件的编辑器编码方式不一致

C. JSP 编译成 Servlet 会出现乱码

D. 浏览器问题

3. JSP 页面中的注释在客户端结果页面源码中隐藏的写法是（　　）。

A. <%--%>　　B. <%!%>　　C. <!-->　　D. //

4. 在 JSP 文件中有一行代码<jsp:useBean id="user" scope="_____" type="com.UserBean"/>。若要使 user 对象一直存在于会话中，直至其终止或被删除为止，则下画线中应填入（　　）。

A. Page　　B. Request　　C. Session　　D. Application

5. 在当前页面中包含 a.htm 的正确语句是（　　）。

A. <%@ include="a.htm"%>　　B. <jsp:include file="a.htm"/>

C. <%@ include page="a.htm"%>　　D. <%@ include file="a.htm"%>

二、上机练习

1. 新建一个 Web 项目，创建一个标题为 banner.html 的页面，要求如下。

（1）包含一张图片和一些标题文字。创建一个 copyright.jsp 页面。

（2）包含一些版权信息。创建一个 JSP 页面 hello.jsp，并在 hello.jsp 页面中导入 banner.html 页面和 copyright.jsp 页面。

2. 创建一个 newBook.jsp 页面，提交一本新书的信息。创建一个 saveBook.jsp 页面，接收新书的信息，并封装成 JavaBean 对象，调用类实现数据库保存。如果增加失败，则跳转回 newBook.jsp 页面。创建一个 showBook.jsp 页面，显示新增加的图书信息。

第 10 章 JSP 隐式对象

学习内容

- JSP 中内置对象产生的原因
- 九大隐式对象的含义
- 四大作用域对象的使用方法

学习目标

- 掌握 JSP 隐式对象的含义和使用方法
- 理解作用域的概念
- 应用隐式对象进行页面开发

本章简介

本章主要学习 JSP 隐式对象的产生原因，以及常见的九大隐式对象及其应用，每一个隐式对象都有案例进行巩固和说明，重点讲解了其中最重要的四个作用域对象（pageContext、request、session 和 application），并通过案例进行相关讲解，读者应理解它们的作用范围，获取属性和设置属性的方式。

10.1 什么是隐式对象

所谓隐式对象，指的是在 JSP 页面中可以直接使用的 Java 对象，如大家熟悉的 request、response 等。那么，为何可以在页面中直接使用呢？

我们知道 JSP 是需要在第一次使用的时候翻译成 Servlet 源码的，从某种意义上说，JSP 就是一个 Servlet，而访问一个 JSP 的过程其实就是调用翻译的 Servlet 中的 service 方法。JSP 引擎在调用 JSP 对应的_jspServlet 时，会传递或创建 9 个与 Web 开发相关的对象供_jspServlet 使用。JSP 技术的设计者为便于开发人员在编写 JSP 页面时获得这些 Web 对象的引用，特意定义了 9 个相应的变量。开发人员在 JSP 页面中通过这些变量就可以快速引用这 9 大对象。我们来看一下翻译成 Servlet 后的代码：

```
public void _jspService(HttpServletRequest request, HttpServletResponse response)
    throws java.io.IOException, ServletException {
```

```
    JspFactory _jspxFactory = null;
    PageContext pageContext = null;
    HttpSession session = null;
    ServletContext application = null;
    ServletConfig config = null;
    JspWriter out = null;
    Object page = this;
    JspWriter _jspx_out = null;
    PageContext _jspx_page_context = null;
    try {
      _jspxFactory = JspFactory.getDefaultFactory();
      response.setContentType("text/html");
      pageContext = _jspxFactory.getPageContext(this, request, response,
                  null, true, 8192, true);
      _jspx_page_context = pageContext;
      application = pageContext.getServletContext();
      config = pageContext.getServletConfig();
      session = pageContext.getSession();
      out = pageContext.getOut();
      _jspx_out = out;
```

在上面的代码中就存在着 9 个隐式对象，如表 10.1 所示。

表 10.1　　常见 JSP 隐式对象的变量名及类型

对　　象	类　　型	有 效 范 围
request	javax.servlet.http.HttpServletRequest	请求范围
response	javax.servlet.http.HttpServletResponse	页面范围
pageContext	javax.servlet.jsp.PageConext	页面范围
session	javax.servlet.http.HttpSession	会话范围
application	javax.servlet.ServletContext	应用程序范围
out	javax.servlet.jsp.JspWriter	页面范围
config	Javax.servlet.ServletConfig	页面范围
page	javax.servlet.jsp.HttpJspPage	页面范围
exception	java.lang.Throwable	只在错误页面有效

10.2　隐式对象的含义及应用

10.2.1　request 对象

request 封装了用户提交的请求信息，其使用方式等同于在 Servlet 中的使用方式，后面介绍作用域时还会详细讲解。

对应的类型是 javax.servlet.http.HttpServletRequest，主要方法如下。

```
String getParameter(String name);
//返回 name 指定参数的参数值
String name = request.getParameter("name");
```

```
void setCharacterEncoding(String encoding);
//设置请求的字符编码方式
request.setCharacterEncoding("utf-8");
RequestDispatcher getRequestDispatcher(String url);
//获得请求分发器对象
request.getRequestDispatcher("forward.jsp").forward(request, response);
```

request 对象获取客户提交信息的常用方法是 getParameter(String s)。在下面的例子中，Example10_1.jsp 通过表单向 tree.jsp 提交信息“I am a student”；tree.jsp 通过 request 对象获取表单提交的信息，包括 text 的值以及按钮的值。

Example10_1.jsp：

```
<%@ page contentType="text/html;charset=GB2312" %>
<HTML>
<BODY bgcolor=green><FONT size=1>
   <FORM action="tree.jsp" method=post name=form>
      <INPUT type="text" name="boy">
      <INPUT TYPE="submit" value="Enter" name="submit">
   </FORM>
</FONT>
</BODY>
</HTML>
```

tree.jsp：

```
<%@ page contentType="text/html;charset=GB2312" %>
<HTML>
<BODY bgcolor=green><FONT size=1>
<P>获取文本框提交的信息：
   <%String textContent=request.getParameter("boy");
   %>
<BR>
   <%=textContent%>
<P> 获取按钮的名字：
   <%String buttonName=request.getParameter("submit");
   %>
<BR>
   <%=buttonName%>
</FONT>
</BODY>
</HTML>
```

运行结果如图 10.1 所示。

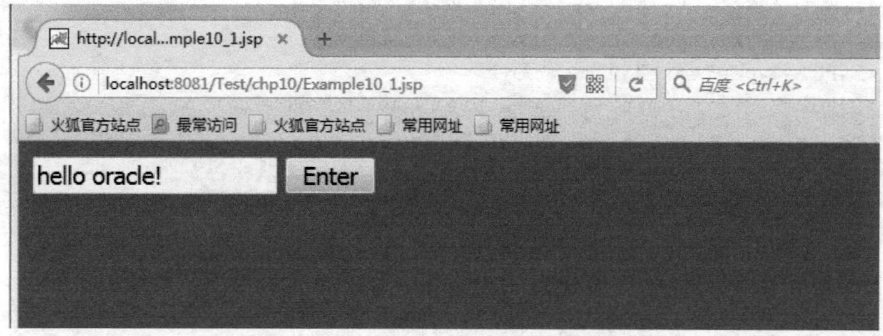

图 10.1　表单输入界面

单击 Enter 按钮，提交到 tree.jsp，显示获取参数之后的结果如图 10.2 所示。

图 10.2　获取表单参数并显示

request 还有许多其他不太常用的 API。

我们可以使用 JSP 引擎的内置对象 request 来获取客户提交的信息，相关方法的说明如下。

（1）getProtocol()：获取客户向服务器提交信息所使用的通信协议，如 http/1.1 等。

（2）getServletPath()：获取客户请求的 JSP 页面文件的目录。

（3）getContentLength()：获取客户提交的整个信息的长度。

（4）getMethod()：获取客户提交信息的方式，如 post 或 get。

（5）getHeader(String s)：获取 HTTP 头文件中由参数 s 指定的头名字的值。一般来说 s 参数可取的头名有 accept、referer、accept-language、content-type、accept-encoding、user-agent、host、content-length、connection、cookie 等，例如，s 取值 user-agent 时，将获取客户的浏览器的版本号等信息。

（6）getHeaderNames()：获取头名字的一个枚举。

（7）getHeaders(String s)：获取头文件中指定头名字的全部值的一个枚举。

（8）getRemoteAddr()：获取客户的 IP 地址。

（9）getRemoteHost()：获取客户机的名称（如果获取不到，就获取 IP 地址）。

（10）getServerName()：获取服务器的名称。

（11）getServerPort()：获取服务器的端口号。

（12）getParameterNames()：获取客户端提交的信息体中 name 参数值的一个枚举。

这里通过一个小例子（Example10_2_1.jsp 和 Example10_2_2.jsp）来讲解上述方法。

请求页面代码（Example10_2_1.jsp）：

```
<HTML>
<BODY bgcolor=cyan><FONT size=1>
<%@ page contentType="text/html;charset=GB2312" %>
   <FORM action="Example10_2_2.jsp" method=post name=form>
       <INPUT type="text" name="boy">
       <INPUT TYPE="submit" value="enter" name="submit">
   </FORM>
</FONT>
</BODY>
</HTML>
```

获取请求参数和请求信息的页面代码（Example10_2_2.jsp）：

```
<%@ page contentType="text/html;charset=GB2312" %>
<%@ page import="java.util.*" %>
<MHML>
```

```
<BODY bgcolor=cyan>
<Font size=1 >
<BR>客户使用的协议是:
   <% String protocol=request.getProtocol();
      out.println(protocol);
   %>
<BR>获取接受客户提交信息的页面:
   <% String path=request.getServletPath();
      out.println(path);
   %>
<BR>接受客户提交信息的长度:
   <% int length=request.getContentLength();
      out.println(length);
   %>
<BR>客户提交信息的方式:
   <% String method=request.getMethod();
      out.println(method);
   %>
<BR>获取 HTTP 头文件中 User-Agent 的值:
   <% String header1=request.getHeader("User-Agent");
      out.println(header1);
   %>
<BR>获取 HTTP 头文件中 accept 的值:
   <% String header2=request.getHeader("accept");
      out.println(header2);
   %>
<BR>获取 HTTP 头文件中 Host 的值:
   <% String header3=request.getHeader("Host");
      out.println(header3);
   %>
<BR>获取 HTTP 头文件中 accept-encoding 的值:
   <% String header4=request.getHeader("accept-encoding");
      out.println(header4);
   %>
<BR>获取客户的 IP 地址:
   <% String  IP=request.getRemoteAddr();
      out.println(IP);
   %>
<BR>获取客户机的名称:
   <% String clientName=request.getRemoteHost();
      out.println(clientName);
   %>
<BR>获取服务器的名称:
   <% String serverName=request.getServerName();
      out.println(serverName);
   %>
<BR>获取服务器的端口号:
   <% int serverPort=request.getServerPort();
      out.println(serverPort);
   %>
<BR>获取客户端提交的所有参数的名字:
   <% Enumeration enum=request.getParameterNames();
       while(enum.hasMoreElements())
```

```
            {String s=(String)enum.nextElement();
             out.println(s);
            }
        %>
<BR>获取头名字的一个枚举:
   <% Enumeration enum_headed=request.getHeaderNames();
      while(enum_headed.hasMoreElements())
            {String s=(String)enum_headed.nextElement();
             out.println(s);
            }
   %>
<BR>获取头文件中指定头名字的全部值的一个枚举:
   <% Enumeration enum_headedValues=request.getHeaders("cookie");
      while(enum_headedValues.hasMoreElements())
            {String s=(String)enum_headedValues.nextElement();
             out.println(s);
            }
   %>
<BR>
   <P> 文本框 text 提交的信息:
   <%String str=request.getParameter("boy");
     byte  b[]=str.getBytes("ISO-8859-1");
     str=new String(b);
   %>
 <BR>
   <%=str%>
<BR> 按钮的名字:
   <%String buttonName=request.getParameter("submit");
     byte  c[]=buttonName.getBytes("ISO-8859-1");
     buttonName=new String(c);
   %>
<BR>
   <%=buttonName%>
</Font>
</BODY>
</HTML>
```

运行结果如图 10.3 所示。

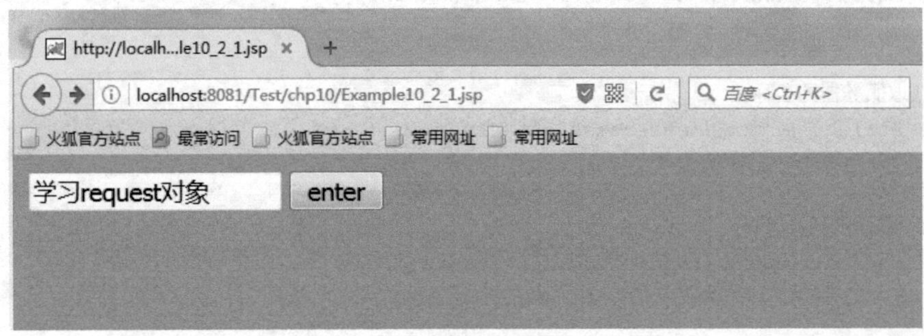

图 10.3　request 表单页面

单击 Enter 按钮，结果如图 10.4 所示。

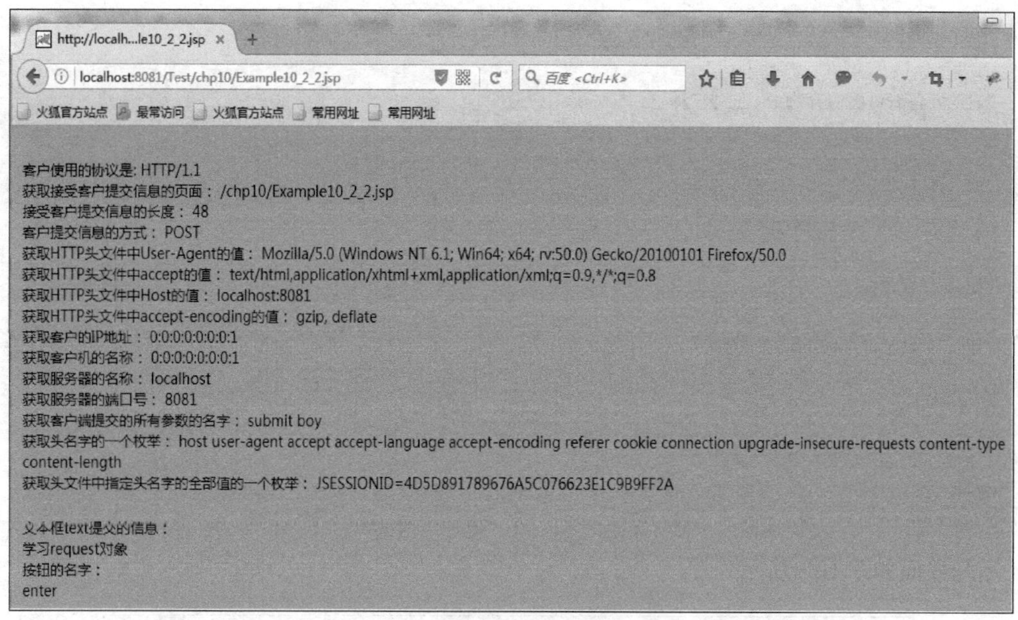

图 10.4　获取请求对象的各种信息

10.2.2　response 对象

当客户访问一个服务器的页面时，会提交一个 HTTP 请求。服务器收到请求时，返回 HTTP 响应。响应和请求类似，也有某种结构，每个响应都由状态行开始，可以包含几个头及可能的信息体（网页的结果输出部分）。

上一节我们学习了使用 request 对象获取客户端请求提交的信息，与 request 对象相对应的对象是 response 对象，我们可以用 response 对象对客户端的请求作出动态响应，向客户端发送数据。比如，当一个客户端请求访问一个 JSP 页面时，该页面用 page 指令设置页面的 contentType 属性值是 text/html，那么 JSP 引擎将按这种属性值响应客户对页面的请求，将页面的静态部分返回给客户。如果想动态地改变 contentType 的属性值，就需要用 response 对象改变页面的这个属性的值，从而作出动态的响应。

如何动态响应 contentType 属性呢？当一个客户请求访问一个 JSP 页面时，如果该页面用 page 指令设置页面的 contentType 属性值为 text/html，那么 JSP 引擎将按这种属性值作出响应，将页面的静态部分返回给客户。由于 page 指令只能为 contentType 指定一个值，来决定响应的 MIME 类型，如果想动态改变这个属性的值来响应客户，就要使用 response 对象的 setContentType(String s) 方法改变 contentType 的属性值：

```
public void setContentType(String s);
```

在下面的例子 Example10_3.jsp 中，当单击 yes 按钮，选择将当前页面保存为一个 Word 文档时，JSP 页面动态地改变 contentType 的属性值为 application/msword。这时，客户端的浏览器会提示用户用 Word 格式来显示当前页面。

Example10_3.jsp：

```
<%@ page contentType="text/html;charset=GB2312" %>
<HTML>
<BODY bgcolor=cyan><Font size=1 >
```

```
<P>我正在学习 response 对象的
<BR>setContentType 方法
<P>将当前页面保存为 Word 文档吗?
 <FORM action="" method="get" name=form>
    <INPUT TYPE="submit" value="yes" name="submit">
  </FORM>
<% String str=request.getParameter("submit");
    if(str==null)
       {str="";
       }
    if(str.equals("yes"))
       {response.setContentType("application/msword;charset=GB2312");
       }
%>
</FONT>
</BODY>
</HTML>
```

运行界面如图 10.5 所示。

图 10.5　动态响应 contentType 属性

单击 Yes 按钮，将会以 Word 方式打开，如图 10.6 所示。

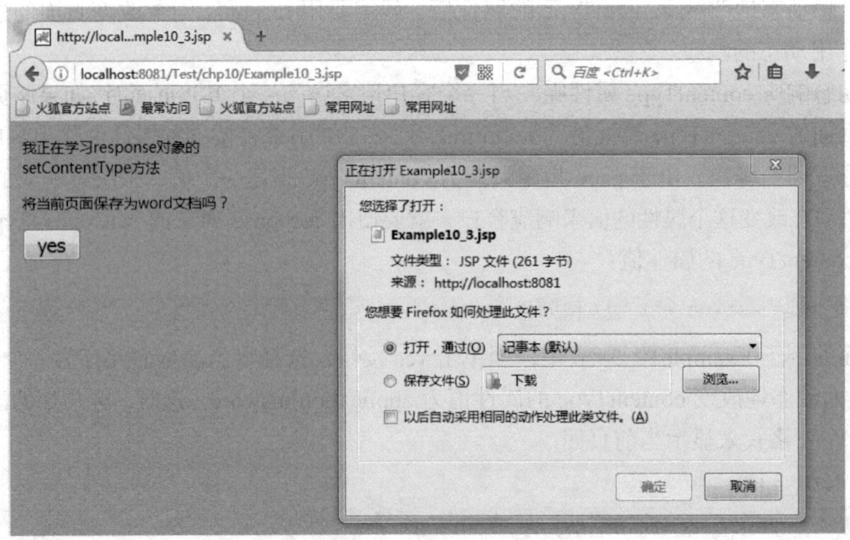

图 10.6　以 Word 方式打开运行界面

response 还可以实现页面重定向、设置响应头等功能，前面章节已介绍过，这里不做赘述。

10.2.3　session 对象

session 内置对象在 JSP 中的几个常见应用如下。

1. session 对象的 ID

当一个客户首次访问服务器上的 JSP 页面时，JSP 引擎会产生一个 session 对象。这个 session 对象调用相应的方法可以存储客户在访问各个页面期间提交的各种信息，比如姓名、号码等信息。这个 session 对象被分配了一个 String 类型的 ID 号，JSP 引擎同时将这个 ID 号发送到客户端，并存放在客户端的 Cookie 中。这样，session 对象和客户端之间就建立起一一对应的关系，即每个客户端都对应着一个 session 对象(该客户端的会话)，这些 session 对象互不相同，具有不同的 ID。我们已经知道，JSP 引擎为每个客户端启动一个线程，也就是说，JSP 为每个线程分配不同的 session 对象。当客户端再访问连接该服务器的其他页面时，或从该服务器连接其他服务器再返回该服务器时，JSP 引擎不再分配给客户端新的 session 对象，而是使用完全相同的一个，直至客户端关闭浏览器后，服务器端对应的 session 对象被取消，和客户端的会话关系消失。客户端重新打开浏览器再连接到该服务器时，服务器才会为该客户端再创建一个新的 session 对象。

在下面的例子中，客户在服务器的三个页面之间进行连接，只要不关闭浏览器，三个页面的 session 对象是完全相同的。客户首先访问 session.jsp 页面，从这个页面连接到 tom.jsp 页面，然后再从 tom.jsp 连接到 jerry.jsp 页面。

session.jsp：

```
<%@ page contentType="text/html;charset=GB2312" %>
<HTML>
<BODY>
<P>
   <% String s=session.getId();
   %>
<P> 您的 session 对象的 ID 是:
   <BR>
   <%=s%>
<P>输入你的姓名连接到 tom.jsp
   <FORM action="tom.jsp" method=post name=form>
       <INPUT type="text" name="boy">
       <INPUT TYPE="submit" value="送出" name=submit>
  </FORM>
</BODY>
</HTML>
```

tom.jsp：

```
<%@ page contentType="text/html;charset=GB2312" %>
<HTML>
<BODY>
<P>我是 Tom 页面
   <% String s=session.getId();
   %>
<P> 您在 Tom 页面中的 session 对象的 ID 是:
   <%=s%>
<P> 单击超链接，连接到 Jerry 的页面。
<A HREF="jerry.jsp">
 <BR>  欢迎到 Jerry 屋来!
```

```
</A>
</BODY>
</HTML>
```

jerry.jsp：

```
<%@ page contentType="text/html;charset=GB2312" %>
<HTML>
<BODY>
<P>我是 Jerry 页面
   <% String s=session.getId();
   %>
<P> 您在 Jerry 页面中的 session 对象的 ID 是：
   <%=s%>
<P> 单击超链接，连接到 session 的页面。
<A HREF="session.jsp">
 <BR>   欢迎到 session 屋来！
</A>
</BODY>
</HTML>
```

若访问 session.jsp，则浏览器的界面如图 10.7 所示。

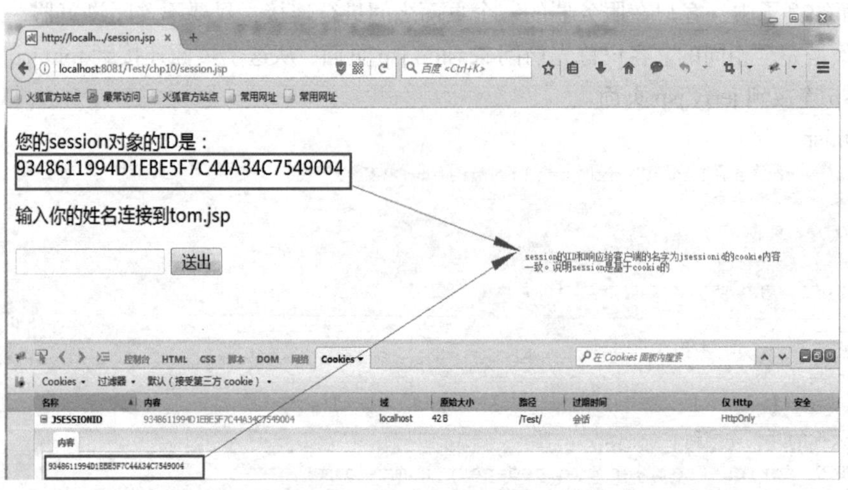

图 10.7　session.jsp 的运行界面

说明 session 的 ID 就是响应给客户端的 Cookie。输入姓名跳转到 tom.jsp 时，得到的页面如图 10.8 所示。

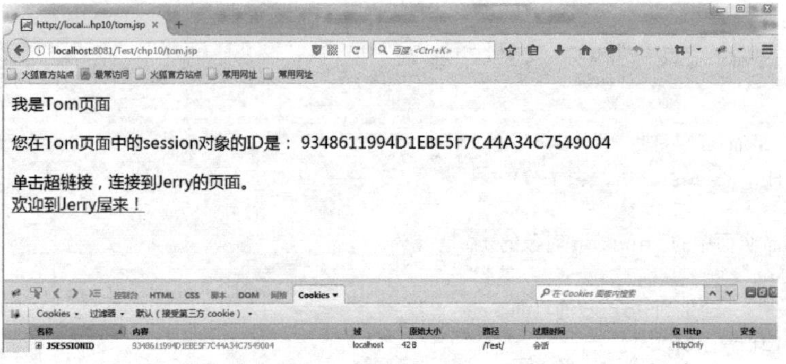

图 10.8　tom.jsp 的运行界面

可以看到 session 的 ID 没有变化，再单击跳转到 jerry.jsp 页面，界面如图 10.9 所示。

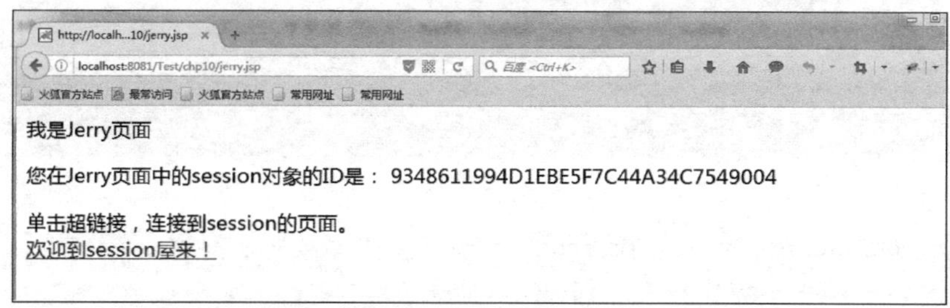

图 10.9 jerry.jsp 的运行界面

session 的 ID 还是没有变化，都等于 Cookie 的值。所以 session 技术是基于 Cookie 的机制实现的，是每次请求服务器端都通过获取的 Cookie 来找到对应的 session 对象，从而达到记住用户状态的目的。

2. session 对象与 URL 重写

session 对象是否能和客户建立起一一对应的关系依赖于客户的浏览器是否支持 Cookie。如果客户端不支持 Cookie，那么相同客户端在不同网页之间的 session 对象可能是互不相同的，因为服务器无法将 ID 存放到客户端，就不能建立 session 对象和客户端的一一对应关系。将浏览器的 Cookie 设置为禁止后（选择浏览器菜单→工具→Internet 选项→安全→Internet 和本地 Intranet→自定义级别→Cooker，将全部选项设置成禁止），运行上述例子会得到不同的结果。也就是说，“同一客户端”对应了多个 session 对象，这样服务器就无法知道在这些页面上访问的实际上是同一个客户端。

如果客户端的浏览器不支持 Cookie，则我们可以通过 URL 重写来实现 session 对象的唯一性。所谓 URL 重写，就是当客户从一个页面重新连接到另一个页面时，通过向这个新的 URL 添加参数，把 session 对象的 ID 传带过去。这样就可以保障客户端在该网站各个页面中的 session 对象是完全相同的。可以使用 response 对象调用 encodeURL()或 encodeRedirectURL()方法实现 URL 重写。例如，如果从 tom.jsp 页面跳转到 jerry.jsp 页面，首先实现 URL 重写：

```
String str=response.encodeRedirectURL("jerry.jsp");
```

然后将连接目标写成<%=str%>。

如果客户不支持 Cookie，则可在下面的例子中将上例中的 session.jsp、tom.jsp 和 jerry.jsp 实行 URL 重写，修改如下。

session.jsp：

```
<%@ page contentType="text/html;charset=GB2312" %>
<HTML>
<BODY bgcolor=cyan>
<P> 您的 session 对象的 ID 是:
   <% String s=session.getId();
      String str=response.encodeURL("tom.jsp");
   %>
<P> 您的 session 对象的 ID 是:
  <%=s%>
 <BR>
<P>您向 URL:http://localhost:8080/tom.jsp 写入的信息是:
   <%=str%>
```

```
    <FORM action="<%=str%>" method=post name=form>
         <INPUT type="text" name="boy">
         <INPUT TYPE="submit" value="送出" name=submit>
    </FORM>
  </BODY>
  </HTML>
```

tom.jsp:

```
<%@ page contentType="text/html;charset=GB2312" %>
<HTML>
<BODY bgcolor=pink>
<P>我是 Tom 页面
   <% String s=session.getId();
     String str=response.encodeRedirectURL("jerry.jsp");
   %>
<P> 您在 Tom 页面中的 session 对象的 ID 是:
   <%=s%>
<P>您向 URL:http://localhost:8080/jerry.jsp 写入的信息是:
<BR>
<%=str%>
<P> 单击超链接，连接到 Jerry 的页面。
<A HREF="<%=str%>">
 <BR>欢迎到 Jerry 屋来!
</A>
</BODY>
</HTML>
```

jerry.jsp:

```
<%@ page contentType="text/html;charset=GB2312" %>
<HTML>
<BODY bgcolor=pink>
<P>我是 jerry 页面
   <% String s=session.getId();
     String str=response.encodeRedirectURL("session.jsp");
   %>
<P> 您在 jerry 页面中的 session 对象的 ID 是:
   <%=s%>
<P>您向 URL:http://localhost:8080/session.jsp 写入的信息是:
<BR>
<%=str%>
<P> 单击超链接，连接到 session 的页面。
<A HREF="<%=str%>">
 <BR>欢迎到 session 屋来!
</A>
</BODY>
</HTML>
```

运行界面如图 10.10 所示。

这里的 session 对象和 Servlet 中讲的 Session 那一章是一致的，具体关于 Session 的 API 方法参照 Servlet 部分对 Session 的讲解。

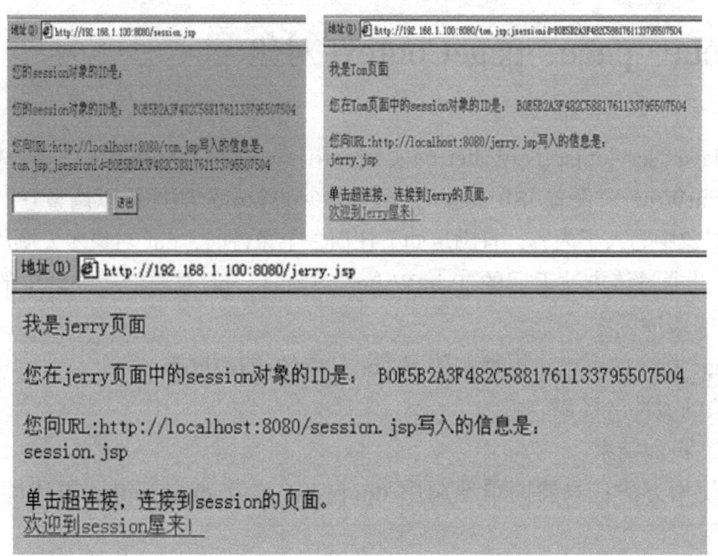

图 10.10 三个页面的显示效果

10.2.4 application 对象

application 对象用于记载所有访问该应用程序的客户端信息。

服务器启动后就产生了 application 对象。当客户端访问服务器上的 JSP 页面时，JSP 引擎为该客户端分配这个 application 对象。当客户在所访问网站的各个页面之间浏览时，其 Application 对象都是同一个。直到服务器关闭，这个 application 对象才被取消。与 session 对象不同的是，所有客户端的 application 对象是相同的一个，即所有的客户端共享这个内置的 application 对象。我们已经知道，JSP 引擎为每个客户启动一个线程，也就是说，这些线程共享这个 application 对象。

application 对象的常用方法如下。

（1）public void setAttribute(String key ,Object obj)

application 对象可以调用该方法，将参数 Object 指定的对象 obj 添加到 application 对象中，并为添加的对象指定了一个索引关键字，如果添加的两个对象的关键字相同，则先前添加的对象会被清除。

（2）public Object getAttibue(String key)

调用该方法可获取 application 对象中含有关键字是 key 的对象。

（3）public Enumeration getAttributeNames()

application 对象调用该方法可产生一个枚举对象。该枚举对象可使用 nextElemets()遍历 application 对象所含有的全部对象。

（4）public void removeAttribue(String key)

从当前 application 对象中删除关键字是 key 的对象。

（5）public String getServletInfo()

获取 Servlet 编译器的当前版本的信息。

由于 application 对象对所有的客户都是相同的，任何客户对该对象中存储的数据的改变都会影响到其他客户，所以，在某些情况下，对该对象的操作需要实现同步处理。

10.2.5 out、page、pageContext 对象

1. out 对象

out 对象是 javax.servlet.jsp.JspWriter 的实例，用于发送内容到响应中。JspWriter 相当于一种带缓存功能的 PrintWriter，设置 JSP 页面的 page 指令的 buffer 属性可以调整它的缓存大小。

只有向 out 对象中写入了内容，且满足如下任何一个条件时，out 对象才去调用 ServletResponse.getWriter 方法，并通过该方法返回的 PrintWriter 对象将 out 对象的缓冲区中的内容真正写入到 Servlet 引擎提供的缓冲区中。

（1）设置 page 指令的 buffer 属性关闭了 out 对象的缓存功能。

（2）out 对象的缓冲区已满。

（3）整个 JSP 页面结束。

out 对象的使用方法：只要简单地调用 out.print()或者 out.println()方法即可将信息输出到页面。

out 对象的其他方法如表 10.2 所示。

表 10.2 out 对象的方法

abstract void	clear() Clear the contents of the buffer
abstract void	clearBuffer() Clears the current contents of the buffer
abstract void	close() Close the stream, flushing it first
abstract void	flush() Flush the stream
int	getBufferSize() This method returns the size of the buffer used by the JspWriter
abstract int	getRemaining() This method returns the number of unused bytes in the buffer
boolean	isAutoFlush() This method indicates whether the JspWriter is autoFlushing

out 对象的代码实例（Example10_4.jsp）如下：

```
<%@ page language="java" import="java.util.*" pageEncoding="utf-8"%>
<%
String path = request.getContextPath();
String basePath = request.getScheme()+"://"+request.getServerName()+":"+request.
  getServerPort()+path+"/";
%>

<!DOCTYPE HTML PUBLIC "-//W3C//DTD HTML 4.Transitional//EN">
<html>
  <head>
   <base href="<%=basePath%>">

   <title>out 隐式对象演示</title>

   <meta http-equiv="pragma" content="no-cache">
   <meta http-equiv="cache-control" content="no-cache">
   <meta http-equiv="expires" content="0">
```

```
    <meta http-equiv="keywords" content="keyword1,keyword2,keyword3">
    <meta http-equiv="description" content="This is my page">
    <!--
    <link rel="stylesheet" type="text/css" href="styles.css">
    -->
  </head>

  <body>
   <%out.print("演示 out 隐式对象方法的使用"); %><br/>
   <%int getBufferSize=out.getBufferSize();
     int getRemaining=out.getRemaining();
     out.print("当前缓冲区的大小: "+getBufferSize+"<br/>");
     out.print("当前可使用的缓冲区大小: "+getRemaining+"<br/>");
     /* out.clear();
     out.close(); */
    %>
  </body>
</html>
```

运行结果如图 10.11 所示。

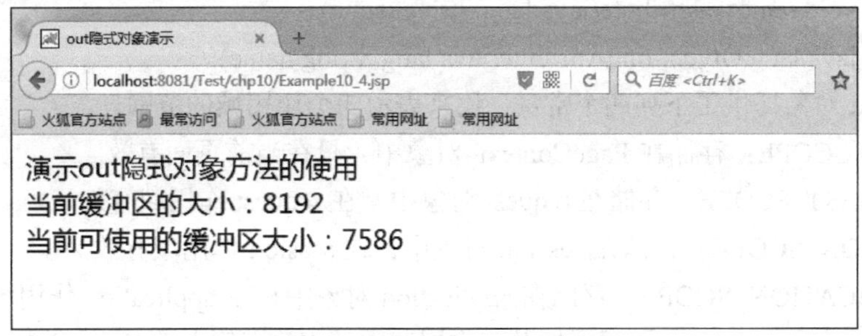

图 10.11　Example10_4.jsp 运行界面

2. page 对象

page 对象表示当前一个 JSP 页面，可以理解为对象本身，即把一个 JSP 当作一个对象来看待。page 对象在开发中几乎不使用。

3. pageContext 对象

pageContext 是 javax.servlet.jsp.PageContext 的实例。pageContext 对象是 JSP 技术中最重要的对象之一。它代表 JSP 页面的运行环境。这个对象不仅封装了对其他八大隐式对象的引用，它自身还是一个域对象（容器），可以用来保存数据。它有如下主要功能。

（1）用它可以存取其他的隐式对象。

（2）用它可以对四个作用域空间进行数据的存取。

（3）可以用它进行页面的转发和包含。

pageContext 对象中用于存取其他隐式对象的方法如表 10.3 所示。

表 10.3　pageContext 对象的方法

abstract Exception	getException() The current value of the exception object (an Exception)
abstract Object	getPage() The current value of the page object (In a Servlet environment, this is an instance of javax.servlet.Servlet)

续表

abstract ServletRequest	getRequest() The current value of the request object (a ServletRequest)
abstract ServletResponse	getResponse() The current value of the response object (a ServletResponse)
abstract ServletConfig	getServletConfig() The ServletConfig instance
abstract ServletContext	getServletContext() The ServletContext instance
abstract HttpSession	getSession() The current value of the session object (an HttpSession)

pageContext 对象中用于对作用域空间进行数据存取的方法如下。

（1）public void setAttribute(java.lang.String name,java.lang.Object value)。

（2）public java.lang.Object getAttribute(java.lang.String name)。

（3）public void removeAttribute(java.lang.String name)。

（4）public java.lang.Object findAttribute(java.lang.String name)。

pageContext 对象提供了下列四个常量，用来表示四个作用域的范围。

（1）PAGE_SCOPE：存储在 PageContext 对象中，只在当前页面有效。

（2）REQUEST_SCOPE：存储在 request 对象中，在 request 作用域有效。

（3）SESSION_SCOPE：存储在 session 对象中，在 session 作用域有效。

（4）APPLICATION_SCOPE：存储在 application 对象中，在 application 作用域有效。

例如，可以用 pageContext 设置属性及其作用范围，相关实例文件 Example10_5 的代码如下。

Example10_5.jsp：

```
<%@ page language="java" import="java.util.*" pageEncoding="UTF-8" contentType="
  text/html; charset=UTF-8"%>

<!DOCTYPE HTML PUBLIC "-//W3C//DTD HTML 4.01 Transitional//EN">
<html>
  <head>
    <title>PageContext</title>

  </head>

  <body>
  <%
    pageContext.setAttribute("name","request_mrchi",pageContext.REQUEST_SCOPE);
    pageContext.setAttribute("name","session_mrchi",pageContext.SESSION_SCOPE);

   %>
   <h1>显示 request 作用域的值</h1>
   <h1><%=pageContext.getAttribute("name",pageContext.REQUEST_SCOPE) %></h1>
   <h1>显示 session 作用域的值</h1>
   <h1><%=pageContext.getAttribute("name",pageContext.SESSION_SCOPE) %></h1>
   <h1>pageContext 的 findAttribute 方法从小到大依次访问</h1>
   <h1><%=pageContext.findAttribute("name") %></h1>
```

```
   </body>
</html>
```

使用浏览器访问 Example10_5.jsp，显示界面如图 10.12 所示。

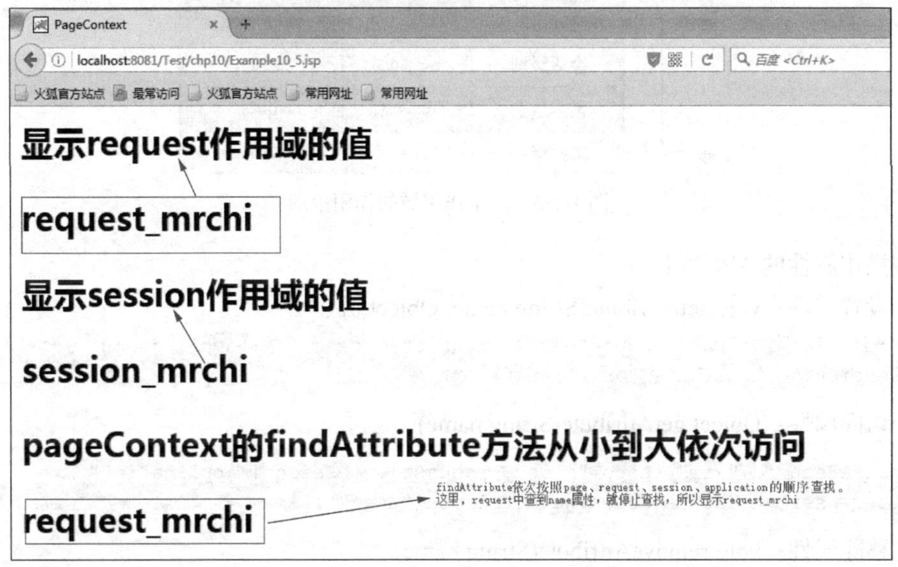

图 10.12　Example10_5.jsp 运行界面

PageContext 类中定义了一个 forward 方法（用来跳转页面）和两个 include 方法（用来引入页面）来分别简化和替代 RequestDispatcher 的 forward() 方法和 include 方法。

方法接收的资源如果以“/”开头。“/”代表当前 Web 应用。

10.3　四大作用域比较

JSP 有四个内置对象 pageContext、request、session、application 分别对应四大作用域，这些作用域的区别如下。

1. 应用程序作用域（application）

application 对象（javax.servlet.ServletContext）

应用程序作用域的属性被所有访问者共享。

2. 会话作用域（session）

session 对象（javax.servlet.http.HttpSession）

会话作用域的属性被同一会话的不同请求所共享。

3. 请求作用域（request）

request 对象（javax.servlet.http.HttpServletRequest）

请求作用域的属性被页面相同请求的服务所共享。

4. 页面作用域（page）

pageContext 对象（javax.servlet.jsp.PageConext）

页面作用域的属性仅在一个页面中共享。

在这四个作用域中，都可以通过 setAttribute(key,value)的方法设置数据，通过 getAttribute() 方法获取数据，数据的作用范围如图 10.13 所示。

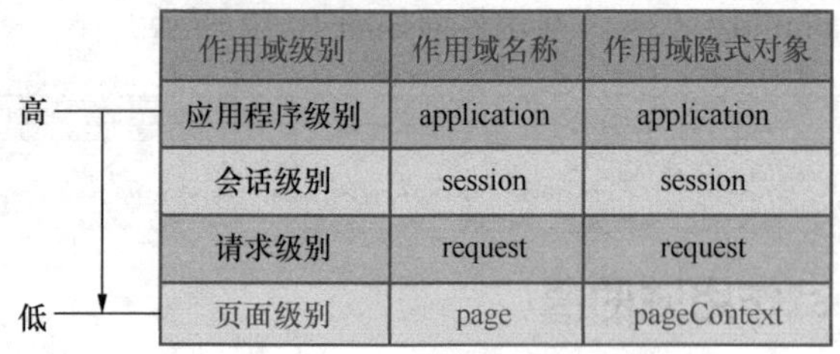

作用域级别	作用域名称	作用域隐式对象
应用程序级别	application	application
会话级别	session	session
请求级别	request	request
页面级别	page	pageContext

图 10.13　四个作用域的作用范围

具体操作属性的 API 如下。

（1）设置属性：void setAttribute(String name, Object o)

```
<jsp:useBean id="var" scope="page | request | session | application" …/>
<% session.setAttribute("user",user); %>
```

（2）访问属性：Object getAttribute(String name)

```
<jsp:useBean id="var" scope="page | request | session | application" …/>
<% User user = (User)session.getAttribute("user"); %>
```

（3）移除属性：void removeAttribute(String name)

```
<% session.removeAttribute("user"); %>
```

下面通过一个例子来讲解四大作用域的不同。

写一个 JSP 页面，分别给四个作用域对象设置计数器属性，每一次产生新的作用域对象的时候都将 count 置为 1。如果连续两次访问都是同一个作用域对象，count 就会累加。最后显示 pageCount、requestCount、sessionCount 和 applicationCount 四个计数器属性的值。

页面代码如下。

scope.jsp：

```
<%@ page language="java" contentType="text/html; charset=gbk" pageEncoding="gbk"%>
<!DOCTYPE html PUBLIC "-//W3C//DTD HTML 4.01 Transitional//EN" "http://www.w3.org/
    TR/html4/loose.dtd">
<html>
<head>
<meta http-equiv="Content-Type" content="text/html; charset=gbk">
<title>Insert title here</title>
</head>
<body>
<%
if(application.getAttribute("applicationCount")==null){
    application.setAttribute("applicationCount", 1);
}else{
    Integer applicationCount = (Integer)application.getAttribute("applicationCount");
    applicationCount++;
    application.setAttribute("applicationCount",applicationCount);
}
if(session.getAttribute("sessionCount")==null){
    session.setAttribute("sessionCount", 1);
}else{
```

```
        Integer sessionCount = (Integer)session.getAttribute("sessionCount");
        sessionCount++;
        session.setAttribute("sessionCount",sessionCount);
    }
    %>
    <%
    if(request.getAttribute("requestCount")==null){
        request.setAttribute("requestCount", 1);
    }else{
        Integer requestCount = (Integer)request.getAttribute("requestCount");
        requestCount++;
        request.setAttribute("requestCount",requestCount);
    }
    %>
    <%
    if(pageContext.getAttribute("pageCount ")==null){
        pageContext.setAttribute("pageCount ", 1);
    }else{
        Integer pageCount = (Integer)pageContext.getAttribute("pageCount");
        pageCount++;
        pageContext.setAttribute("pageCount",pageCount);}
    %>
    applicationCount=<%=application.getAttribute("applicationCount")%><br>
    sessionCount=<%=session.getAttribute("sessionCount") %><br>
    requestCount=<%=request.getAttribute("requestCount") %><br>
    pageCount=<%=pageContext.getAttribute("pageCount") %><br>

    </body>
    </html>
```

在浏览器中输入 http://localhost:8081/Test/chp10/scope.jsp 后，运行结果如图 10.14 所示。

图 10.14　scope.jsp 的运行界面

第一次访问该页面，四个作用域都是新对象，所以 count 都为 1。

两次刷新该页面后所得到的界面如图 10.15 所示。上述结果说明每次刷新 page 和 request 作用域都会产生新的对象，也就是属于多次请求，而 session 累加说明多次请求属于同一个 session 范围，同样也是同一个 application 范围。

我们在另一个浏览器打开该网址，结果如图 10.16 所示。

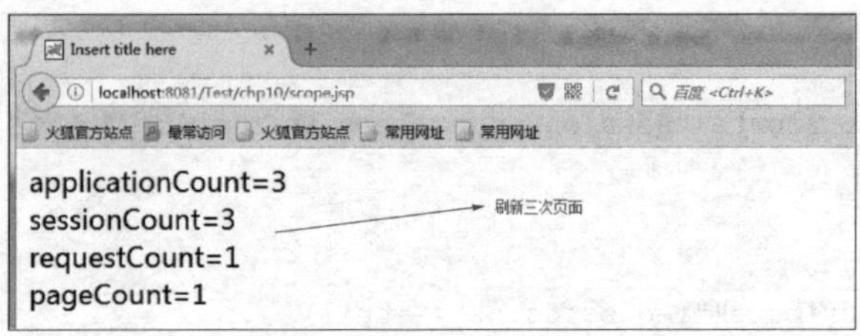

图 10.15　两次刷新后的 scope.jsp 的运行界面

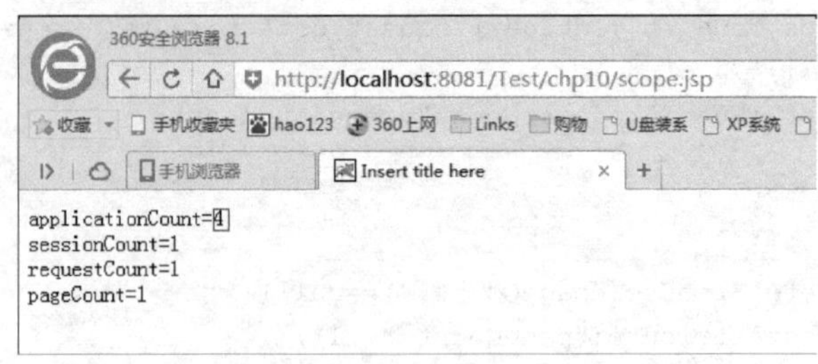

图 10.16　新打开一个浏览器的运行界面

打开一个浏览器相当于模拟新打开了个客户端，我们看到 session 的 count 计数回到 1。这说明不同的浏览器或者不同客户端属于不同的会话范围。applicationCount 继续累加，说明虽然是不同的会话，但是访问的是同一个应用，所以 application 对象是不变的。

本章总结

- JSP 中的隐式对象
  - 隐式对象的产生
  - request 对象及其应用
  - response 对象及其应用
- JSP 中的四大作用域
  - pageContext
  - request
  - session
  - application
- JSP 中的其他隐式对象
  - out 对象
  - page 对象

课后练习

一、选择题

1. (　　) 不是 JSP 中的隐式对象。

A. response　　B. request　　C. out　　D. pageConfig

2. JSP 页面数据设置和共享的隐式对象是（　　）。

A. pageContext　　B. request　　C. config　　D. page

3. 响应状态码表示资源不可用的是（　　）。

A. 403　　B. 404　　C. 303　　D. 200

4. 下列选项中能在 JSP 页面中实现转向的是（　　）。

A. response.forward("/index.jsp")　　B. response.sendRedirect("/index.jsp")

C. request.forward ("/index.jsp")　　D. request. sendRedirect ("/index.jsp")

5. 如果用 JSP 开发一个聊天程序，不用数据库存储聊天纪录，则聊天记录最好存储在（　　）中。

A. Request　　B. Session　　C. Application　　D. Page

二、上机练习

1. 利用隐式对象为某一网站编写一个 JSP 程序，用于统计该网站的访问次数。一种情况是：按照浏览器进行统计，一个浏览器如果访问网站的话，就算一次访问，换句话说即便这个浏览器刷新多次网站，也只算是一次访问；另一种情况：刷新一次页面，就算是一次访问。要求用隐式对象去实现。

2. 简述请求转发和请求重定向的区别。

3. 编写一个 JSP 页面，将用户名和密码存放到会话中（假设用户名为“孤独求败”，密码为“123456”），再重新定向到另一个 JSP 页面，将会话中存放的用户名和密码显示出来。

使用 response 对象的 sendRedirect()方法进行重定向。

第11章 EL表达式

学习内容

- EL 表达式的概念
- EL 表达式的语法
- EL 表达式语言的运算符
- EL 表达式语言的隐式对象
- EL 表达式语言的函数

学习目标

- 掌握 EL 表达式在 JSP 中的应用
- 重点掌握 EL 表达式访问隐含对象的方法
- 掌握 EL 表达式的主要应用
- 了解自定义 EL 表达式访问自定义函数的方法

本章简介

本章主要学习 JSP 页面中 EL 表达式的语法和使用 EL 表达式访问对象的方法。读者学完本章后，应掌握常用的 EL 运算符，能够用 EL 表达式访问隐含对象，能使用 EL 表达式常用函数，学会禁用 EL 表达式和自定义表达式函数。读者应重点学习 EL 表达式的主要应用：访问数据，进行运算和访问 Web 作用域对象中的数据等。

11.1 EL 表达式简介和基本语法

11.1.1 什么是 EL 表达式

EL（Expression Language）表达式是为了便于在页面中获取数据而定义的一种语言，其在 JSP 2.0 之后才成为一种标准。

EL 的语法很简单，它最大的特点就是使用方便。下面是 EL 的语法结构范例：

```
${sessionScope.user.sex}
```

所有 EL 都是以${为起始、以}为结尾的。上述 EL 范例的意思是：从 session 的范围中，取得用户的性别。假若依照之前 JSP Scriptlet 的写法如下：

```
User user = (User) session.getAttribute("user");
String sex = user.getSex( );
```

两者相比较之下，可以发现 EL 的语法比传统 JSP Scriptlet 更为方便、简洁。

11.1.2　EL 表达式的基本语法

1. .与 [ ] 运算符

EL 提供 . 和 [ ] 两种运算符来导航数据。下列两个范例所代表的意思是一样的：

```
${sessionScope.user.sex}
${sessionScope.user["sex"]}
```

. 和 [ ] 也可以混合使用，例如：

```
${sessionScope.shoppingCart[0].price}
```

上述范例的回传结果为 shoppingCart 中第一项物品的价格。

但在以下两种情况中，两者会有差异。

（1）当要存取的属性名称中包含一些特殊字符，如 . 或 - 等并非字母或数字的符号，就一定要使用[ ]，例如，${user.My-Name }是不正确的写法，应当改为${user["My-Name"] }。

（2）在${sessionScope.user[data]}中，data 是一个变量，假若 data 的值为“sex”时，那上述例子等于${sessionScope.user.sex}。

假若 data 的值为“name”时，它就等于${sessionScope.user.name}。因此，如果要动态取值时，就可以用上述的方法来做，但无法做到动态取值。

2. EL 变量

EL 存取变量数据的方法很简单。例如，${username}的意思是取出某一范围中名称为 username 的变量。因为并没有指定哪一个范围的 username，所以它的默认值会先从 page 范围找，假如找不到，再依序到 request、session、application 范围中找。假如途中找到 username，就直接回传，不再继续找下去。假如没有找到，就回传 null，这时 EL 表达式还会做出优化，比如让页面显示空白，而不是打印输出 null。作用域对象及在 EL 中的名称如表 11.1 所示。

表 11.1　　作用域对象及在 EL 中的名称

属性范围（JSTL 名称）	EL 中的名称
page	pageScope
request	requestScope
session	sessionScope
application	applicationScope

我们也可以指定要取出哪一个范围的变量，如表 11.2 所示。

表 11.2　　获得作用域内变量的值

范　例	说　明
${pageScope.username}	取出 page 范围的 username 变量
${requestScope.username}	取出 request 范围的 username 变量
${sessionScope.username}	取出 session 范围的 username 变量
${applicationScope.username}	取出 application 范围的 username 变量

其中，pageScope、requestScope、sessionScope 和 applicationScope 都是 EL 的隐含对象，由它们的名称可以很容易地猜出它们所代表的意思，例如${sessionScope.username}可取出 session 范围的 username 变量。这种写法是不是比如下 JSP 的写法容易、简洁许多。

```
String username = (String) session.getAttribute("username");
```

3. 自动转变类型

EL 除了提供方便存取变量的语法之外，其另一个方便的功能是：自动转变类型。相关范例如下：

```
${param.count + 20}
```

假若窗体传来 count 的值为 10 时，那么上面的结果为 30。之前没接触过 JSP 的读者可能会认为上面的例子是理所当然的，但是在 JSP 1.2 之中不能这样做，原因是从窗体所传来的值，它们的类型一律是 String，所以接收之后，必须再将它转为其他类型，如 int、float 等，然后才能执行一些数学运算。下面是之前的做法：

```
String str_count = request.getParameter("count");
int count = Integer.parseInt(str_count);
count = count + 20;
```

所以，注意不要和 Java 的语法（当字符串和数字用“+”链接时，会把数字转换为字符串）相混淆。

4. EL 的隐含对象

JSP 有 9 个隐含对象，而 EL 也有自己的隐含对象。EL 的隐含对象共有 11 个，如表 11.3 所示。

表 11.3　　EL 中的隐含对象

隐含对象	类　型	说　明
pageContext	javax.servlet.ServletContext	表示此 JSP 的 pageContext
pageScope	java.util.Map	取得 page 范围的属性名称所对应的值
requestScope	java.util.Map	取得 request 范围的属性名称所对应的值
sessionScope	java.util.Map	取得 session 范围的属性名称所对应的值
applicationScope	java.util.Map	取得 application 范围的属性名称所对应的值
Param	java.util.Map	如同 servletRequest.getParameter(String name)。回传 String 类型的值
paramValues	java.util.Map	如同 ServletRequest.getParameterValues(String name)。回传 String 类型的值
Header	java.util.Map	如同 ServletRequest.getHeader(String name)。回传 String 类型的值
headerValues	java.util.Map	如同 ServletRequest.getHeaders(String name)。回传 String 类型的值
cookie	java.util.Map	如同 HttpServletRequest.getCookies()
InitParam	java.util.Map	如同 ServletContext.getInitParameter(String name)。回传 String 类型的值

需要注意的是：如果要用 EL 输出一个常量，字符串就要加双引号，不然，EL 会默认把该常量当作一个变量来处理。这时如果这个变量在 4 个声明范围不存在的话会输出空，如果存在则会

输出该变量的值。

（1）属性（Attribute）与范围（Scope）

与范围有关的 EL 隐含对象包含以下四个：pageScope、requestScope、sessionScope 和 applicationScope。它们基本上就和 JSP 的 pageContext、request、session 和 application 一样。必须注意的是，这四个隐含对象只能用来取得范围属性值，即 JSP 中的 getAttribute(String name)，却不能取得其他相关信息，例如，JSP 中的 request 对象除可以存取属性之外，还可以取得用户的请求参数或表头信息等。但是在 EL 中，它就只能单纯用来取得对应范围的属性值。例如，若要在 session 中储存一个属性，它的名称为 username，在 JSP 中使用 session.getAttribute("username")来取得 username 的值，但是在 EL 中，则是使用${sessionScope.username}来取得其值的。

（2）Cookie

所谓的 Cookie 是一个小小的文本文件，它是以 key、value 的方式将 Session Tracking 的内容记录在这个文本文件内，这个文本文件通常存于浏览器的暂存区内。JSTL（JavaServer Pages Standard Tag Library，JSP 标准标签库）并没有提供设定 Cookie 的动作，因为这个动作通常都是后端开发者必须去做的事情，而不是交给前端的开发者。假若我们在 Cookie 中设定一个名称为 userCountry 的值，那么可以使用${cookie.userCountry}来取得它。

（3）header 和 headerValues

header 储存用户浏览器和服务端用来沟通的数据。当用户要求服务端的网页时，会送出一个记载要求信息的标头文件，例如用户浏览器的版本、用户计算机所设定的区域等其他相关数据。假若要取得用户浏览器的版本，则可使用${header["User-Agent"]}。另外在鲜少机会下，有可能同一标头名称却拥有不同的值，此时必须改为使用 headerValues 来取得这些值。

因为 User-Agent 中包含“-”这个特殊字符，所以必须使用“[]”，而不能写成 $(header.User-Agent)。

（4）initParam

就像其他属性一样，我们可以自行设定 Web 站台的环境参数（Context），若想取得这些参数 initParam 就像其他属性一样，我们可以自行设定 Web 站台的环境参数（Context），若想取得如下参数，那么我们就可以直接使用 ${initParam.userid}来取得名称为 userid，其值为 mike 的参数。

```
<?xml version="1.0" encoding="ISO-8859-1"?>
<web-app xmlns="http://java.sun.com/xml/ns/j2ee"
xmlns:xsi="http://www.w3.org/2001/XMLSchema-instance"
xsi:schemaLocation="http://java.sun.com/xml/ns/j2ee/web-app_2_4.xsd"
version="2.4">:
<context-param>
<param-name>userid</param-name>
<param-value>mike</param-value>
</context-param>:
</web-app>
```

下面是之前的做法：

```
String userid = (String)application.getInitParameter("userid");
```

（5）param 和 paramValues

在取得用户参数时通常使用以下方法：

```
request.getParameter(String name)
request.getParameterValues(String name)
```

在 EL 中可以使用 param 和 paramValues 来取得数据。

```
${param.name}
${paramValues.name}
```

这里 param 的功能和 request.getParameter(String name)相同，而 paramValues 和 request.getParameterValues(String name)相同。如果用户填了一个表格，表格名称为 username，则我们就可以使用${param.username}来取得用户填入的值。

看到这里，大家应该已经知道 EL 表达式只能通过内置对象取值，也就是只读操作。如果想进行写操作，那就需要后台代码去完成，毕竟 EL 表达式仅仅是视图上的输出标签罢了。

（6）pageContext

可以使用 ${pageContext}来取得其他用户要求的页面的详细信息。表 11.4 列出了几个比较常用的部分。

表 11.4　　使用 pageContext 对象获取其他页面信息

Expression	说　明
${pageContext.request.queryString}	取得请求的参数字符串
${pageContext.request.requestURL}	取得请求的 URL，但不包括请求之参数字符串，即 Servlet 的 HTTP 地址
${pageContext.request.contextPath}	webapp 的根路径名称
${pageContext.request.method}	取得 HTTP 的方法（GET、POST）
${pageContext.request.protocol}	取得使用的协议（HTTP 1.1、HTTP 1.0）
${pageContext.request.remoteUser}	取得用户的名称
${pageContext.request.remoteAddr}	取得用户的 IP 地址
${pageContext.session.new}	判断 session 是否为新的，所谓新的 session，表示刚由服务器产生而客户端尚未使用
${pageContext.session.id}	取得 session 的 ID
${pageContext.servletContext.serverInfo}	取得主机端的服务信息

这个对象可有效地改善代码的硬编码问题，如页面中有一 A 标签链接访问一个 Servlet，如果写死了该 Servlet 的 HTTP 地址，那么当该 Servlet 的 Servlet-Maping 改变的时候必须要修改源代码，这样维护性会大打折扣。

5. EL 算术运算

表达式语言支持的算术运算符和逻辑运算符非常多，所有在 Java 语言里支持的算术运算符，表达式语言都可以使用；甚至 Java 语言不支持的一些算术运算符和逻辑运算符，表达式语言也支持。有关 EL 算术运算，可先观看 Example11_1.jsp 的运行效果。

Example11_1.jsp：

```
<%@ page contentType="text/html; charset=gb2312"%>
<html>
<head>
<title>表达式语言 - 算术运算符</title>
</head>
<body>
```

```
<h2>表达式语言 - 算术运算符</h2>
<hr>
<table border="1" bgcolor="aaaadd">
<tr>
<td><b>表达式语言</b></td>
<td><b>计算结果</b></td>
</tr>
<!-- 直接输出常量 -->
<tr>
<td>\${1}</td>
<td>${1}</td>
</tr>
<!-- 计算加法 -->
<tr>
<td>\${1.2 + 2.3}</td>
<td>${1.2 + 2.3}</td>
</tr>
<!-- 计算加法 -->
<tr>
<td>\${1.2E4 + 1.4}</td>
<td>${1.2E4 + 1.4}</td>
</tr>
<!-- 计算减法 -->
<tr>
<td>\${-4 - 2}</td>
<td>${-4 - 2}</td>
</tr>
<!-- 计算乘法 -->
<tr>
<td>\${21 * 2}</td>
<td>${21 * 2}</td>
</tr>
<!-- 计算除法 -->
<tr>
<td>\${3/4}</td>
<td>${3/4}</td>
</tr>
<!-- 计算除法 -->
<tr>
<td>\${3 div 4}</td>
<td>${3 div 4}</td>
</tr>
<!-- 计算除法 -->
<tr>
<td>\${3/0}</td>
<td>${3/0}</td>
</tr>
<!-- 计算求余 -->
<tr>
<td>\${10%4}</td>
<td>${10%4}</td>
</tr>
<!-- 计算求余 -->
<tr>
<td>\${10 mod 4}</td>
<td>${10 mod 4}</td>
```

```
    </tr>
    <!-- 计算三目运算符 -->
    <tr>
    <td>\${(1==2) ? 3 : 4}</td>
    <td>${(1==2) ? 3 : 4}</td>
    </tr>
    </table>
    </body>
    </html>
```

运行结果如图 11.1 所示。

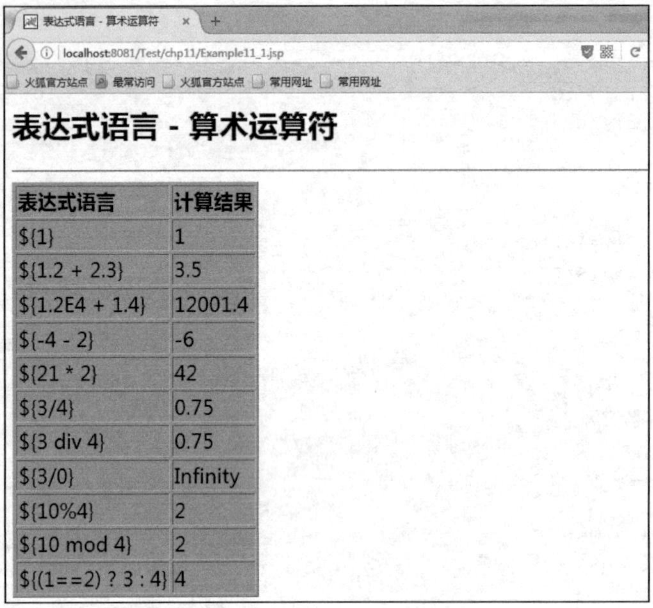

表达式语言 - 算术运算符
localhost:8081/Test/chp11/Example11_1.jsp
火狐官方站点 最常访问 火狐官方站点 常用网址 常用网址
表达式语言 - 算术运算符
表达式语言 计算结果
${1} 1
${1.2 + 2.3} 3.5
${1.2E4 + 1.4} 12001.4
${-4 - 2} -6
${21 * 2} 42
${3/4} 0.75
${3 div 4} 0.75
${3/0} Infinity
${10%4} 2
${10 mod 4} 2
${(1==2) ? 3 : 4} 4

图 11.1 Example11_1.jsp 的运行结果

Example11_1.jsp 示范了表达式语言所支持的加、减、乘、除、求余等算术运算符的功能。读者可能也发现了表达式语言还支持 div、mod 等运算符，而且表达式语言把所有数值都当成浮点数处理，所以 3/0 的实质是 3.0/0.0，得到结果应该是 Infinity。

如果需要在支持表达式语言的页面中正常输出“$”符号，则在“$”符号前加转义字符“\”；否则，系统以为“$”是表达式语言的特殊标记。

6. EL 关系运算符

EL 关系运算符如表 11.5 所示。

表 11-5 EL 关系运算符

关系运算符	说　明	范　例	结　果
== 或 eq	等于	${5==5}或${5eq5}	true
!= 或 ne	不等于	${5!=5}或${5ne5}	false
< 或 lt	小于	${3<5}或${3lt5}	true
> 或 gt	大于	${3>5}或{3gt5}	false
<= 或 le	小于等于	${3<=5}或${3le5}	true
>= 或 ge	大于等于	5}或${3ge5}	false

表达式语言不仅可在数字与数字之间比较，还可在字符与字符之间比较。字符串的比较是根据其对应的 UNICODE 值来比较大小的。

注意

在使用 EL 关系运算符时，不能够写成：

```
${param.password1} = = ${param.password2}
```

或者

```
${ ${param.password1 } = = ${ param.password2 } }
```

而应写成：

```
${ param.password1 = = param.password2 }
```

7. EL 逻辑运算符

EL 逻辑运算符如表 11.6 所示。

表 11.6 EL 逻辑运算符

逻辑运算符	范　例	结　果
&&或 and	交集${A && B}或${A and B}	true/false
‖或 or	并集${A ‖ B}或${A or B}	true/false
!或 not	非${! A }或${not A}	true/false

另外，EL 表达式还支持 Empty 运算符和条件运算符。Empty 运算符主要用来判断值是否为空（NULL，空字符串，空集合）。条件运算符的相关实例为${ A ? B : C}。这些运算符将会在下一章结合 JSTL 标签来使用。

11.1.3 禁用和启用 EL 表达式

在 JSP 2.0 中默认是启用 EL 表达式的，但如果在 JSP 页面中使用了与 JSP EL 标记符相冲突的其他技术，可以通过使用 page 指令的 isELIgnored 属性来忽略 JSP EL 的标识符。

```
<%@page isELIgnored="true|false"%>
```

上述代码的相关说明如下。

（1）true：表示忽略对 EL 表达式进行计算。

（2）false：表示计算 EL 表达式。

（3）isELIgnored 属性的默认值为 false。

还可以通过修改 web.xml 来决定当前的 Web 应用不使用 JSP EL。

```
<jsp-config>
<jsp-property-group>
<url-pattern>*.jsp</url-pattern>
<el-ignored>true</el-ignore>
</jsp-property-group>
</jsp-config>
```

web.xml 中的<el-ignored>标记用来预设所有 JSP 网页是否使用 JSP EL，如果 web.xml 和 page 指令都进行了设定，则 page 指令的优先级更高。

11.2 EL 表达式的主要应用

1. 获取数据

EL 表达式可以用于替换 JSP 页面中的脚本表达式，以便从各种类型的 Web 域中检索 Java 对象、获取数据（某个 Web 域中的对象，访问 JavaBean 的属性、访问 List 和 Map 集合、访问数组）。在 JSP 页面中，可使用 ${标识符} 的形式，通知 JSP 引擎调用 pageContext.findAttribute()方法，以标识符为关键字从各个域对象中获取对象。如果对象中不存在标识符所对应的对象，则返回""（注意不是 null）。Example11_2.jsp 列举了 EL 表达式获取数据的几种情况，由于 JSP 是用来获取 Servlet 传递过来的数据，所以在这个 JSP 里面先模拟向域中存放数据，再获取。

Example11_2.jsp：

```
<%@page import="javaBean.Address"%>
<%@page import="javaBean.Person"%> <!-- javaBean 的具体代码就不写了，很简单 -->
<%@ page language="java" import="java.util.*" pageEncoding="UTF-8"%>

<!DOCTYPE HTML PUBLIC "-//W3C//DTD HTML 4.01 Transitional//EN">
<html>
  <head>
    <title>EL 表达式</title>
  </head>
  <body>
    <%
       request.setAttribute("name", "aaa"); //先向 request 域中存个对象
    %>
    <!-- 相当于pageContext.findAttribute("name")会从page request session application
    四个域中寻找 -->
    ${name }

    <!-- 在 JSP 页面中使用 EL 表达式可以获取 bean 的属性 -->
    <%
       Person p = new Person();
       p.setAge(12);
       request.setAttribute("person", p);
    %>
    ${person.age}


    <!--  在 JSP 页面中使用 EL 表达式可以获取 Bean 中的 Bean -->
    <%
       Person person = new Person();
       Address address = new Address();
       person.setAddress(address);
       request.setAttribute("person", person);
    %>
    ${person.address.name}


    <!-- 在 JSP 页面中使用 EL 表达式可以获取 List 集合指定位置的数据 -->
```

```
    <%
        Person p1 = new Person();
        p1.setName("aa");
        Person p2 = new Person();
        p2.setName("bb");

        List<Person> list = new ArrayList<Person>();
        list.add(p1);
        list.add(p2);

        request.setAttribute("list", list);
    %>
    ${list[0].name}

    <!-- 在 JSP 页面中使用 EL 表达式可以获取 Map 集合的数据 -->
    <%
        Map<String,String> map = new HashMap<String,String>();
        map.put("a", "aaaax");
        map.put("b", "bbbbx");
        map.put("1", "ccccx");

        request.setAttribute("map", map);
    %>
    ${map.a}
    ${map["1"] } <!-- 以数字为关键字时的取法 -->

    <!-- 使用 EL 表达式可以获取 Web 应用的名称 -->
    <a href="${pageContext.request.contextPath }/1.jsp">单击</a>

  </body>
</html>
```

上例显示了从集合、普通对象、作用域中获取属性值数据的方法。

2. 执行运算

语法：${运算表达式}。

EL 表达式支持如下运算符：==(eq)、!=(ne)、<(lt)、>(gt)、<=(le)、>=(ge)、&&(and)、||(or)、!(not)。

empty 运算符：检查对象是否为 null 或“空”。

二元运算式：${user!=null? user.name : ""}。

3. 获取 Web 开发中的常用对象

EL 表达式语言中定义了 11 个隐含对象，使用这些隐含对象可以很方便地获取 Web 开发中的一些常见对象，并读取这些对象的数据。

语法：${隐式对象名称}。

隐含对象的名称以及描述如下。

（1）pageContext：对应于 JSP 页面中的 pageContext 对象（注意，取的是 pageContext 对象）。

（2）pageScope：代表 page 域中用于保存属性的 Map 对象。

（3）requestScope：代表 request 域中用于保存属性的 Map 对象。

（4）sessionScope：代表 session 域中用于保存属性的 Map 对象。

（5）applicationScope：代表 application 域中用于保存属性的 Map 对象。

（6）param：表示一个保存了所有请求参数的 Map 对象。

（7）paramValues：表示一个保存了所有请求参数的 Map 对象，它对于某个请求参数，返回的是一个 String[]。

（8）header：表示保存了所有 HTTP 请求头字段的 Map 对象。

（9）headerValues：返回 String[]数组。

（10）cookie：表示一个保存了所有 Cookie 的 Map 对象。

（11）initParam：表示一个保存了所有 Web 应用初始化参数的 Map 对象。

针对访问 Web 作用域对象举例如下（相应文件为 Example11_3.jsp）。

Example11_3.jsp：

```
<%@ page language="java" import="java.util.*" pageEncoding="UTF-8"%>

<!DOCTYPE HTML PUBLIC "-//W3C//DTD HTML 4.01 Transitional//EN">
<html>
  <head>
    <title>EL 隐式对象</title>
  </head>
  <body>

    <!-- ${name} 表示 pageContext.findAttribute("name")
        过程是这样：首先判断 name 是否为 EL 的隐式对象，如果是，则直接返回该隐式对象的引用；如果
        不是，则调用 findAttribute 方法
    -->
    ${pageContext }  <!-- 拿到 pageContext 的引用:org.apache.jasper.runtime.
        PageContextImpl@155ef996  -->
    <!-- 拿到 pageContext 就可以拿到所有其他域对象了，比如 ${pageContext.request} -->
    <br>

    <!-- 从指定的 page 域中查找数据 -->
    <%
        pageContext.setAttribute("name", "aaa");//Map
    %>
    ${pageScope.name }
    <!-- ${name}会从四个域里面查找 name，而${pageScope.name}只会从 page 域中查找 -->
    <br>

    <!-- 从 request 域中查找数据 -->
    <%
        request.setAttribute("name", "bbb");
    %>
    ${requestScope.name }
    <!-- 如果用${name}会取到 aaa，因为会首先在 pageContext 中查找 -->
    <br>

    <!-- 从 session 域中查找数据，可以用于检查用户是否登录 -->
    <!-- 从 application 域中查找数据，与上面的原理都相同 -->

    <!-- 获得用于保存请求参数的 map，并从 map 中获取数据 -->
    <!-- http://localhost:8080/test/1.jsp?name=eson_15 -->
    ${param.name }  <!-- 拿到 eson_15 -->
    <!-- 此表达式会经常用在数据回显上 -->
```

```
    <form action="${pageContext.request.contextPath }/servlet/ReqisterServlet"
       method="post">
        <input type="text" name="username" value="${param.username }">
        <input type="submit" value="注册">
    </form>
    <br>

    <!-- paramValue 获得请求参数 map{"",String[]} -->
    <!-- http://localhost:8080/test/1.jsp?like=sing&like=dance -->
    ${paramValues.like[0] }
    ${paramValues.like[1] }
    <br>

    <!-- header 获取请求头 -->
    ${header.Accept }
    ${header["Accept-Encoding"]}
    <br>

    <!-- headerValues 和 paramValues 一样的 -->

    <!-- 获取客户机提交的 Cookie -->
    ${cookie.JSESSIONID.value } <!-- 获取 Cookie 对象中名为 JSESSIONID 的 Cookie 值 -->
    <br>

    <!-- 获取 Web 应用初始化参数 -->
    ${initParam.name } <!-- 用于获取 web.xml 中<context-Param>中的参数 -->
    <br>

  </body>
</html>
```

4. EL 表达式调用 Java 方法

EL 表达式允许开发人员自定义函数，以便调用 Java 类的方法，如：${prefix: method(params) }。

在 EL 表达式中调用的只能是 Java 类的静态方法。这个 Java 类的静态方法需要在 TLD 文件中描述，才可以被 EL 表达式调用。EL 自定义函数用于扩展 EL 表达式的功能，可以让 EL 表达式完成普通 Java 程序代码所能完成的功能。

下面提供一个将 HTML 字符串转义的方法，交给 EL 表达式来访问，步骤如下。

（1）在工程 test 的 test 包里新建一个名为 HtmlFilter 的 class，代码如下：

```
package javaBean;

public class HtmlFilter {
        //转义
        public static String filter(String message){

            if (message == null)
                return (null);

            char content[] = new char[message.length()];
            message.getChars(0, message.length(), content, 0);
            StringBuilder result = new StringBuilder(content.length + 50);
            for (int i = 0; i < content.length; i++){
```

```
                switch (content[i]){
                case '<':
                    result.append("<");
                    break;
                case '>':
                    result.append(">");
                    break;
                case '&':
                    result.append("&");
                    break;
                case '"':
                    result.append("\"");
                    break;
                default:
                    result.append(content[i]);
                }
            }
            return (result.toString());

        }
    }
```

（2）然后在 WebRoot 下新建一个 file，名为 test.tld，代码如下：

```
<?xml version="1.0" encoding="UTF-8" ?>
<taglib xmlns="http://java.sun.com/xml/ns/j2ee"
    xmlns:xsi="http://www.w3.org/2001/XMLSchema-instance"
    xsi:schemaLocation="http://java.sun.com/xml/ns/j2ee http://java.sun.com/xml/
      ns/j2ee/web-jsptaglibrary_2_0.xsd"
    version="2.0">
    <description>A tag library exercising SimpleTag handlers.</description>
    <tlib-version>1.0</tlib-version>
    <short-name>SimpleTagLibrary</short-name>
    <uri>http://tomcat.apache.org/jsp2-example-taglib</uri>
    <function>
        <name>filter</name>
        <function-class>javaBean.HtmlFilter</function-class>
        <function-signature>java.lang.String filter(java.lang.String) </function-signature>
    </function>
</taglib>
```

<function>元素用于描述一个 EL 自定义函数，其中，<name>子元素用于指定 EL 自定义函数的名称；<function-class>子元素用于指定完整的 Java 类名；<function-signature>子元素用于指定 Java 类中的静态方法的签名，方法签名必须指明方法的返回值类型及各个参数的类型，各个参数之间用逗号分隔。

（3）新建一个 JSP 文件 Example11_4.jsp，导入<%@ taglib uri="/WEB-INF/test.tld" prefix="fn" %>，在 body 中写上${fn:filter("<a href=">点点</a>") }，即可调用 HtmlFilter 类中的静态方法 filer。

Exmaple11_4.jsp：

```
<%@ page language="java" import="java.util.*" pageEncoding="UTF-8"%>
<%@taglib prefix="fn" uri="/WEB-INF/test.tld" %>
<!DOCTYPE HTML PUBLIC "-//W3C//DTD HTML 4.01 Transitional//EN">
<html>
  <head>
    <title>EL 隐式对象</title>
  </head>
  <body>
   <p>${fn:filter("<a href=''>这个超链接将以转义方式呈现</a>")}

  </body>
</html>
```

在浏览器中输入 Exmaple11_4.jsp，显示界面如图 11.2 所示。

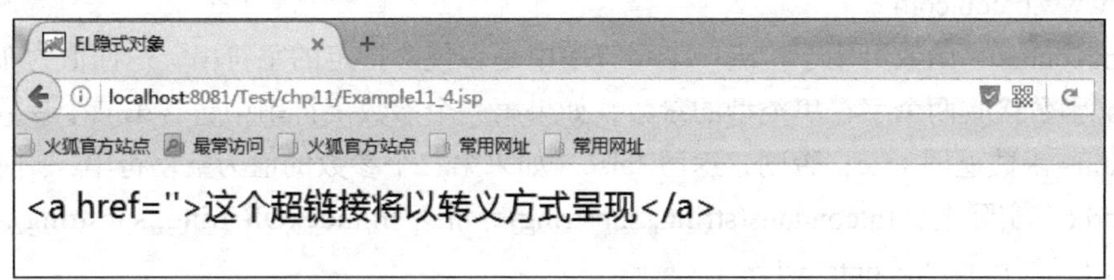

图 11.2　Example11_4.jsp 运行结果

开发 EL Function 的注意事项如下。

（1）编写完标签库描述文件后，需要将它放置到 Web 应用/WEB-INF 目录中或 WEB-INF 目录下除 classes 和 lib 目录外的任意子目录中。

（2）TLD 文件中的<uri>元素用来指定该 TLD 文件的 URL，在 JSP 文件中需要通过这个 URL 来引入该标签库描述文件。

5. Sun 公司的 EL 函数库

由于在 JSP 页面中显示数据时，经常需要对显示的字符串进行处理，所以 Sun 公司针对一些常见处理定义了一套 EL 函数库供开发者使用。这些 EL 函数在 JSTL 开发包中进行描述，因此在 JSP 页面中使用 Sun 公司的 EL 函数库，需要导入 JSTL 开发包，并在页面中导入 EL 函数库，相关实例如下所示：

```
<%@ taglib uri="http://java.sun.com/jsp/jstl/functions" prefix="fn" %>
```

JSTL 中的常用 EL 函数如下。

（1）fn:toLowerCase 函数将一个字符串中包含的所有字符转换为小写形式，并返回转换后的字符串。它接受一个字符串类型的参数。例如：

```
fn:toLowerCase("Www.Baidu.com")   //返回的字符串为"www.baidu.com"
fn:toLowerCase("")                //返回值为空字符串
```

（2）fn.toUpperCase 可将一个字符串包含的所有字符转换为大写，其参数与 fn:toLowerCase 一样。

（3）fn:trim 函数用于删除一个字符串的首尾空格，并返回删除空格后的结果字符串。它接收一个字符串类型的参数。需要注意的是，fn:trim 函数不能删除字符串中间位置的空格。

（4）fn:length 函数返回一个集合或数组大小，并返回一个字符串中包含的字符个数，返回值为 int 类型。该函数接受一个参数，这个参数可以是<c:forEach>标签的 items 属性支持的任意类型，包括任意类型的数组、java.util.Collection、java.util.Iterator、java.util.Enumeration、java.util.Map 等类的实例对象和字符串。如果 fn:length 函数的参数为 null 或者是元素个数为 0 的集合或数组对象，则函数返回 0；如果参数是空字符串，则函数返回 0。

（5）fn:split 函数可以指定字符串作为分隔符，将一个字符串分隔成字符串数组并返回这个字符串数组。该函数接收两个字符串类型的参数，第一个参数表示要分隔的字符串，第二个参数表示作为分隔符的字符串。例如，fn:split("www.baidu.com",".") [1] 的返回值为字符串“baidu”。

（6）fn:join 函数以一个指定的分隔符，将一个数组中的所有元素合并为一个字符串。fn:join 函数接收两个参数，第一个参数是要操作的字符串数组，第二个参数是作为分隔符的字符串。如果 fn:join 函数的第二个参数是空字符串，则 fn:join 函数的返回值直接将元素连接起来。例如，假设 stringArray 是保存在 web 域中的一个属性，它表示一个值为{"www","baidu","com"}的字符串数组，则 fn:join(stringArray,".")返回字符串“www.baidu.com”；fn:join(fn:split("www,baidu,com",","),".")的返回值为字符串"www.baidu.com"。

（7）fn:contains 函数可用于检测一个字符串中是否包含指定的字符串，返回值为布尔类型。fn:contains 函数接收两个字符串类型的参数，如果第一个参数字符串中包含第二个参数字符串，则 fn:contains 函数返回 true；否则，返回 false。如果第二个参数的值为空字符串，则 fn:contains 总是返回 true。实际上，fn:contains(string, substring)等价于 fn:indexOf(string, substring)!=-1。忽略大小写的 EL 函数为：fn:containsIgnoreCase。

（8）fn:startsWith 函数可用于检测一个字符串是否是以指定字符串开始的，若是，返回 true；若不是，则返回 false。fn:startsWith 函数接收两个字符串类型的参数。如果第一个参数字符串以第二个参数字符串开始，则函数返回为 true；否则，函数返回 false。如果第二个字符串为空字符串，则函数总是返回 true。与之对应的 EL 函数为：fn:endsWith 函数。

（9）fn:replace 函数可将一个字符串中包含的指定字符串替换为其他的指定字符串。fn:replace 方法接收三个字符串类型的参数，第一个参数表示要操作的源字符串，第二个参数表示源字符串中要被替换的子字符串，第三个参数表示要被替换成的字符串。例如，fn:replace("www baidu com"," ",".")的返回值为字符串“www.baidu.com”。

（10）fn:substring 函数用于截取一个字符串的子字符串并返回截取到的子字符串。该函数接收三个参数，第一个参数用于指定要操作的源字符串，第二个参数用于指定截取子字符串开始的索引值，第三个参数用于指定截取子字符串结束的索引值，第二和第三个参数都是 int 类型，其值都是从 0 开始的。

（11）fn:substringAfter 函数用于截取并返回一个字符串中指定子字符串第一次出现之后的子字符串。该函数接收两个字符串类型的参数：第一个表示要操作的源字符串，第二个表示指定的子字符串。例如，fn:substringAfter("www.baid.com",".")的返回值为字符串“baidu.com”，与之对应的 EL 函数为：fn:substringBefore 函数。

（12）fn:escapeXml 函数表示转义，将 XML 文件原封不动地输出。该函数有一个参数，接收被转义的字符串。

本章总结

- EL 表达式的语法

  - EL 表达式的概念
  - EL 的基本语法
  - 如何启用和禁用 EL
- EL 的主要应用
  - 获取数据
  - 进行计算
  - 调用 Java 方法
  - 访问隐式对象

课后练习

一、选择题

1. 在 Web 应用程序中有以下程序代码，执行后转发至某个 JSP 网页。

```
List names = new ArrayList();
names.add("caterpillar");
request.setAttribute("names", names);
```

以下选项中可以使用 EL 取得 List 中的值的是（　　）。

A. ${names.0}　　B. ${names[0]}　　C. ${names.[0]}　　D. ${names["0"]}

2. 下列不是 EL 隐式对象的是（　　）。

A. pageContext　　B. request　　C. param　　D. cookie

3. 在 Web 应用程序中有以下程序代码，执行后转发至某个 JSP 网页。

```
Map map = new HashMap();
map.put("local.role", "admin");
request.setAttribute("login", map);
```

以下选项中可以使用 EL 取得 map 中的值的是（　）。

A. ${map.local.role}　　B. ${login.local.role}

C. ${map["local.role"]}　　D. ${login["local.role"]}

4. J2EE 中，JSP EL 表达式：${(10*10) ne 100}的值是（　　）。

A. True　　B. False　　C. 0　　D. 1

5. 关于 EL 表达式描述正确的是（　　）。

A. EL 表达式可以有逻辑运算

B. EL 表达式获取 request 作用域需要通过${request.name}

C. EL 表达式访问作用域从小到大依次是 page、request、application、session

D. EL 表达式默认是启用的

二、上机练习

将第 10 章课后练习中的上机练习的第 1 题，用 EL 表达式改写。

第12章 JSTL标签

学习内容

- 引入标签库的原因
- 核心标签库
- 国际化标签
- SQL 标签

学习目标

- 重点掌握核心标签库
- 学会使用国际化标签
- 了解 JSTL 的其他标签库
- JSTL 结合 EL 表达式实现对 JSP 页面中 Java 脚本的替换

本章简介

本章首先讲解在 JSP 页面中使用 JSTL 标签库的原因，以及如何使用标签进行页面的开发，然后分别讲解 JSTL 的核心标签库、国际化标签库、SQL 标签库。本章的重点是 JSTL 的核心标签库。

12.1 什么是 JSTL

JSP 页面需要写一些 Java 语言脚本来实现诸如循环读取集合数据、逻辑判断分支等操作。这些 Java 脚本和 HTML 标签混合在一起，一方面使代码可读性降低，为日后维护带来困难。另一方面，企业项目开发团队一般分工明确，页面开发和美化多是交给美工负责，美工不熟悉像 Java 这样的后台编程语言，这时，如果页面掺杂大量脚本就增加了美工人员和 Java 工程师的沟通成本，降低了团队的开发效率。

因此引入了一套标签库，能够代替页面脚本，以类似于 HTML 标签的样子出现在页面代码中。标签内封装了一些处理逻辑代码，使得代码能够得到重用。同时由于替换了脚本，使页面更加清楚和简洁，学习成本更低，美工也可以掌握其使用方式，而不需要了解编程语言的相关知识。

总之，JSTL 标签库的使用是为了弥补 HTML 表的不足，规范自定义标签的使用。大家不希望在 JSP 页面中出现 Java 逻辑代码，就产生了标准的标签库。

JSTL 标签库可分为以下 5 类。

- 核心标签库。
- I18N 格式化标签库。
- SQL 标签库。
- XML 标签库。
- 函数标签库。

接下来将逐个讲述这几个标签库的使用。

12.2　核心标签库

JSTL 的核心标签库中共有 13 个标签，从功能上可以分为 4 类：表达式控制标签、流程控制标签、循环标签、URL 操作标签。使用这些标签能够完成 JSP 页面的基本功能，减少编码工作。

（1）表达式控制标签：out 标签、set 标签、remove 标签、catch 标签。

（2）流程控制标签：if 标签、choose 标签、when 标签、otherwise 标签。

（3）循环标签：forEach 标签、forTokens 标签。

（4）URL 操作标签：import 标签、url 标签、redirect 标签。

在 JSP 页面引入核心标签库的代码为：

```
<%@ taglib prefix="c" uri="http://java.sun.com/jsp/jstl/core" %>
```

下面将按照功能分类，分别讲解每个标签的功能和使用方式。

12.2.1　表达式控制标签

表达式控制标签中包括<c:out>、<c:set>、<c:remove>、<c:catch> 4 个标签，现在分别介绍它们的功能和语法。

1. <c:out>标签

功能：用来显示数据对象（字符串、表达式）的内容或结果。

在使用 Java 脚本输出时常使用的方式为：

```
<% out.println("字符串")%>
<%=表达式%>
```

在 Web 开发中，为了避免暴露逻辑代码会尽量减少页面中的 Java 脚本，使用<c:out>标签就可以实现以上功能。

```
<c:out value="字符串">
<c:out value="EL 表达式">
```

JSTL 的使用是和 EL 表达式是分不开的。EL 表达式虽然可以直接将结果返回给页面，但有时得到的结果为空。<c:out>有特定的结果处理功能，EL 的单独使用会降低程序的易读性，因此建议把 EL 的结果输入放入<c:out>标签中。

<c:out>标签的使用有两种语法格式。

```
语法 1<c:out value="要显示的数据对象" [escapeXml="true|false"] [default="默认值"]>
语法 2<c:out value="要显示的数据对象" [escapeXml="true|false"]>默认值</c:out>
```

这两种方式没有本质的区别，只是格式上的差别。标签的属性介绍如下。

- value：指定要输出的变量或表达式。
- escapeXml：设定是否转换特殊字符（如<、> 等一些转义字符），在默认值为 true 的情况下直接输出<，如果改为 false，则会进行转义，输出“<”等。
- default：为默认输出结果。如果使用表达式，则得到的结果为 null（注意 null 与空的区别），将会输出默认结果。

代码 12.1 演示了<c:out>的使用，以及在不同属性值状态下的结果。

代码 12.1　<c:out>标签使用示例：coredemo01.jsp

```
1 <%@ page pageEncoding="gbk" %>
2 <%@ taglib prefix="c" uri="http://java.sun.com/jsp/jstl/core" %>
3 <html>
4 <head>
5 <title>out 标签的使用</title>
6 </head>
7 <body>
8 <li>（1）<c:out value="Oracle 教育平台"></c:out></li>
9 <li>（2）<c:out value="&lt 未使用字符转义&gt" /></li>
10 <li>（3）<c:out value="&lt 使用字符转义&gt" escapeXml="false"></c:out></li>
11 <li>（4）<c:out value="${null}">使用了默认值</c:out></li>
12 <li>（5）<c:out value="${null}"></c:out></li>
13 </body>
14 </html>
```

相关说明如下。

（1）第 8 行为<c:out>的 value 属性赋值为字符串。

（2）第 9 行和第 10 行对比，在改变 escapeXml 属性后页面输出的转义字符。

（3）第 11 行 value 得到 null，如果方法体内有值，将输出方法体中的字符串，否则不输出。

（4）第 12 行没有输出结果。

程序的运行结果如图 12.1 所示。

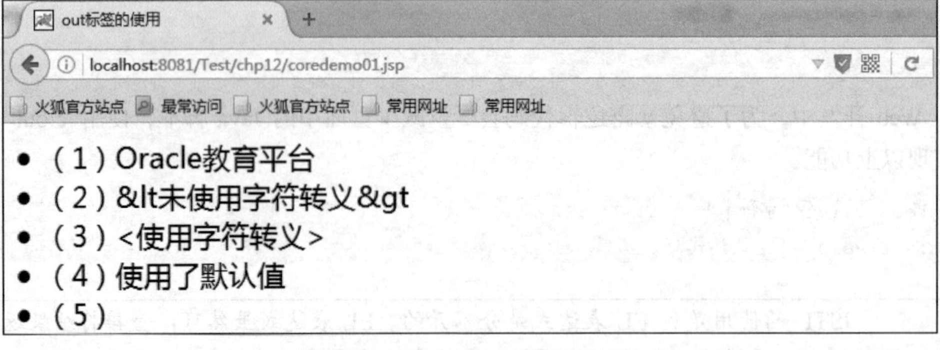

图 12.1　coredemo01.jsp 的运行结果

针对运行结果，相关说明如下。

（1）直接输出了一个字符串。

（2）字符串中有转义字符，但在默认情况下没有转换。

（3）使用了转义字符< 和> 分别转换成<和>符号。

（4）设定了默认值，从 EL 表达式${null}得到空值，所以直接输出设定的默认值。

（5）未设定默认值，输出结果为空。

2. <c:set>标签

功能：用于将变量存取于 JSP 范围中或 JavaBean 属性中。

<c:set>标签有 4 种语法格式。

语法 1：存值，把一个值放在指定（page、session 等）的 map 中。

```
<c:set value="值 1"var="name1" [scope="page|request|session|application"]>
```

含义：把一个变量名为 name1，值为值 1 的变量存储在指定的 scope 范围内。

语法 2：<c:set var="name2" [scope="page|request|session|application"]>值 2</c:set>。

含义：把一个变量名为 name2，值为值 2 的变量存储在指定的 scope 范围内。

语法 3：<c:set value="值 3" target="JavaBean 对象" property="属性名"/>。

含义：把值 3 赋值给指定的 JavaBean 的属性名，相当于 setter()方法。

语法 4：<c:set target="JavaBean 对象" property="属性名">值 4</c:set>。

含义：把值 4 赋值给指定的 JavaBean 的属性名。

功能上，语法 1 和语法 2、语法 3 和语法 4 的效果是一样的，只是 value 值放置的位置不同。至于使用哪个，可根据个人的喜爱选用。语法 1 和语法 2 是向 scope 范围内存储一个值，语法 3 和语法 4 是给指定的 JavaBean 赋值。

代码 12.2 给出了给指定 scope 范围赋值的示例。使用<c:set>标签把值放入 session、application 对象中。同时使用 EL 表达式得到存入的值。

代码 12.2 使用<c:set>存取值：coredemo02.jsp

```
1 <%@ page language="java" pageEncoding="gbk"%>
2 <%@ taglib prefix="c" uri="http://java.sun.com/jsp/jstl/core" %>
3 <html>
4 <head>
5 <title>set 标签的使用</title>
6 </head>
7 <body>
8 <li>把一个值放入 session 中。<c:set value="coo" var="name1" scope="session"></c:set>
9 <li>从 session 中得到值:${sessionScope.name1 }
10 <li>把另一个值放入 application 中。<c:set var="name2" scope="application">mrchi</c:set>
11 <li> 使用 out 标签和 EL 表达式嵌套得到值:
12 <c:out value="${applicationScope.name2}">未得到 name 的值</c:out></li>
13 <li>未指定 Scope 的范围，会从不同的范围内查找到相应的值：${name1 }、${name2 }
14 </body>
15 </html>
```

相关说明如下。

（1）第 8 行通过<c:set>标签将 name1 的值放入 session 范围中。

（2）第 9 行使用 EL 表达式得到 name1 的值。

（3）第 10 行把 name2 放入 application 范围中。

（4）第 11 行使用 EL 表达式从 application 范围中取值，用<c:out>标签输出使得页面规范化。

（5）第 13 行不指定范围，使用 EL 自动查找到值。

上述程序运行的结果如图 12.2 所示。

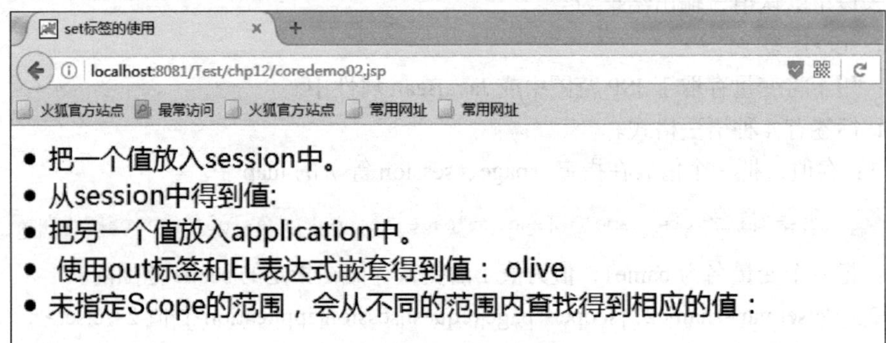

图 12.2　coredemo02.jsp 的运行结果

为了对比，代码 12.3 使用 Java 脚本实现了以上功能。

代码 12.3　Java 脚本实现值的存取：getvalue.jsp

```
<%@page language="java" pageEncoding="gbk"%>
<html>
<head>
<title>set 标签的使用</title>
</head>
<body>
<li>把一个值放入 session 中。<%session.setAttribute("name1","coo"); %></li>
<li>从 session 中得到值:<% out.println(session.getAttribute("name1")); %></li>
<li>把另一个值放入 application 中。<% application.setAttribute("name2","mrchi"); %></li>
<li> 从 application 中得到值: <% out.println(application.getAttribute("name2")); %></li>
</body>
</html>
```

getvalue.jsp 的运行结果如图 12.3 所示：

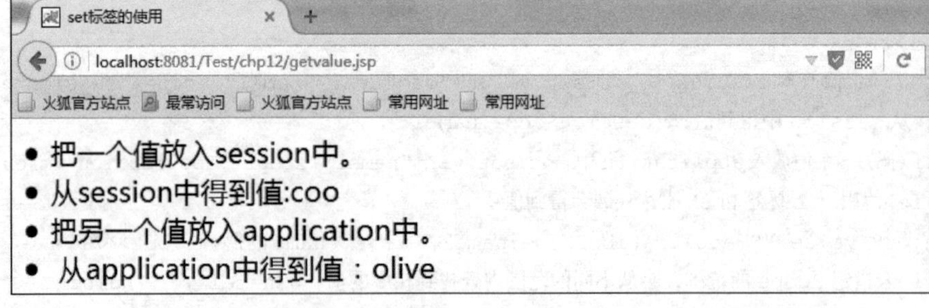

图 12.3　getvalue.jsp 的运行结果

本章示例为了方便都是从一个页面中存取。在开发中，值的存取是为了不同的 JSP 页面之间共享数据。从两个程序对比来看，JSTL 实现了使用标签完成取值赋值的功能，减少代码的编写量，同时避免了逻辑代码暴露的危险。

代码 12.4 和代码 12.5 演示了使用<c:set 标签>操纵 JavaBean 的方法。

（1）创建一个 JavaBean 对象。

代码 12.4　JavaBean（vo 数据传输对象）：Person.java

```
package com.mrchi;
public class Person {
    private String name;                    //定义私有变量姓名字符串
    private int age;                        //定义私用变量年龄整型
    private char sex;                       //定义私用变量性别字符性
    private String home;                    //定义私用变量家乡字符串
    public String getName(){                //name 的 getter 方法
       return name;
    }
    public void setName(String name){       //name 的 setter 方法
       this.name = name;
    }
    public int getAge(){                    //age 的 getter 方法
       return age;
    }
    public void setAge(int age){            //age 的 setter 方法
       this.age = age;
    }
    public char getSex(){                   //sex 的 getter 方法
       return sex;
    }
    public void setSex(char sex){           //sex 的 setter 方法
       this.sex = sex;
    }
    public String getHome(){                //home 的 getter 方法
       return home;
    }
    public void setHome(String home){       //home 的 setter 方法
       this.home = home;
    }
}
```

Person.java 中，一个只有 getter 和 setter 方法的 JavaBean 或者说一个 pojo 类，作为一个 vo（数据传输对象）。上述代码定义了四个变量，分别为 age、name、sex 和 home。

（2）创建 JSP 页面，实现对值的操作。

代码 12.5　操作 JavaBean：coredemo03.jsp

```
<%@ page language="java" pageEncoding="gbk"%>
<jsp:useBean id="person" class="com.mrchi.Person" />
<%@ taglib prefix="c" uri="http://java.sun.com/jsp/jstl/core" %>
<html>
<head>
<title>set 标签的使用</title>
</head>
<body>
<c:set target="${person}" property="name">maverick</c:set>
<c:set target="${person}" property="age">25</c:set>
<c:set target="${person}" property="sex">男</c:set>
<c:set target="${person}" property="home">china</c:set>
```

```
13 <li>使用的目标对象为：${person }
14 <li>从 Bean 中获得的 name 值为：<c:out value="${person.name}"></c:out>
15 <li>从 Bean 中获得的 age 值为：<c:out value="${person.age}"></c:out>
16 <li>从 Bean 中获得的 sex 值为：<c:out value="${person.sex}"></c:out>
17 <li>从 Bean 中获得的 home 值为：<c:out value="${person.home}"></c:out>
18 </body>
19 </html>
```

相关说明如下。

（1）第 1 行设置了页面格式和字符编码集。

（2）第 2 行使用 JSP 的指令元素指定要使用的 JavaBean。

（3）第 3 行引入了 JSTL 核心标签库。

（4）第 9～12 行设置 JavaBean 的属性值，等同于 setter 方法。

（5）使用 EL 表达式得到 JavaBean 的属性值，并用 out 标签输出。

（6）<jsp:useBean id="person" class="com.mrchi.Person" />负责实例化 Bean，id 指定实例化后的对象名，可以通过${person}得到 person 在内存中的值（或者使用 person.toString()方法）。

（7）<c:set target="${person}" property="name">maverick</c:set>中，target 指向实例化后的对象，property 指向要插入值的参数名。注意：使用 target 时一定要指向实例化后的 JavaBean 对象，也就是要跟<jsp:useBean>配套使用，也可以将 Java 脚本实例化，但这就失去了使用标签的本质意义。

使用 Java 脚本实例化的代码如下。

```
<%@page import="com.mrchi.Person"%
<% Person person=new Person()   ; %>
```

上述程序的运行结果如图 12.4 所示。

图 12.4 coredemo03.jsp 的运行结果

3. <c:remove>标签

<c:remove>标签主要用来从指定的 JSP 范围内移除指定的变量。

语法：<c:remove var="变量名" [scope="page|request|session|application"]/>。

其中，var 属性是必需的，scope 可以省略。

代码 12.6 使用 set 标签在 session 中插入两个值，然后用 remove 标签移除。

代码 12.6 <c:remove>标签示例：coredemo04.jsp

```
<%@ page language="java" pageEncoding="gbk"%>
<%@ taglib prefix="c" uri="http://java.sun.com/jsp/jstl/core" %>
<html>
<head>
```

```
5 <title>remove 标签的使用</title>
6 </head>
7 <body>
8 <li><c:set var="name" scope="session">mrchi</c:set>
9 <li><c:set var="age" scope="session">25</c:set>
10 <li><c:set var="sex" scope="session">男</c:set>
11 <li><c:out value="${sessionScope.name}"></c:out>
12 <li><c:out value="${sessionScope.age}"></c:out>
13 <li><c:out value="${sessionScope.sex}"></c:out>
14 <li><c:remove var="age"/>
15 <li><c:out value="${sessionScope.name}"></c:out>
16 <li><c:out value="${sessionScope.age}"></c:out>
17 <li><c:out value="${sessionScope.sex}"></c:out>
18 </body>
19 </html>
```

相关说明如下。

（1）第 8～10 行使用 set 标签向 session 中插入三个值：name 值为 mrchi、age 值为 25、sex 值为男。

（2）第 11～13 行使用 out 和 EL 表达式输出 name、age、sex 的值。

（3）第 14 行使用 remove 标签移除 age 的值，然后与第 11～13 行中的三个输出作比较。

4. <c:catch>标签

该标签用来处理 JSP 页面中产生的异常，并对异常信息进行存储，语法如下：

```
<c:catch var="name1">
```

容易产生异常的代码：

```
</c:catch>
```

该标签的参数 var 表示由用户定义存取异常信息的变量的名称。省略后也可以实现异常的捕获，但不能输出异常信息。

代码 12.7 使用<c:catch></c:catch>标签，设计一个异常，并输出异常信息。

代码 12.7 <c:catch>标签使用示例：coredemo05.jsp

```
1 <%@ page language="java" pageEncoding="gbk"%>
2 <%@ taglib prefix="c" uri="http://java.sun.com/jsp/jstl/core" %>
3 <html>
4 <head>
5 <title>JSTL: -- catch 标签实例</title>
6 </head>
7 <body>
8 <h4>catch 标签实例</h4>
9 <hr>
10 <c:catch var="error">
11 <c:set target="Dank" property="hao"></c:set>
12 </c:catch>
13 <c:out value="${error}"/>
14 </body>
15 </html>
```

相关说明如下。

（1）第 10～12 行把容易产生异常的代码放在<c:catch></c:catch>中，自定义一个变量 error 用于存储异常信息。

（2）第 11 行实现了一段异常代码，向一个不存在的 JavaBean 中插入一个值。

（3）第 13 行用 EL 表达式得到 error 的值，并使用<c:out>标签输出。

上述程序的运行结果如图 12.5 所示。

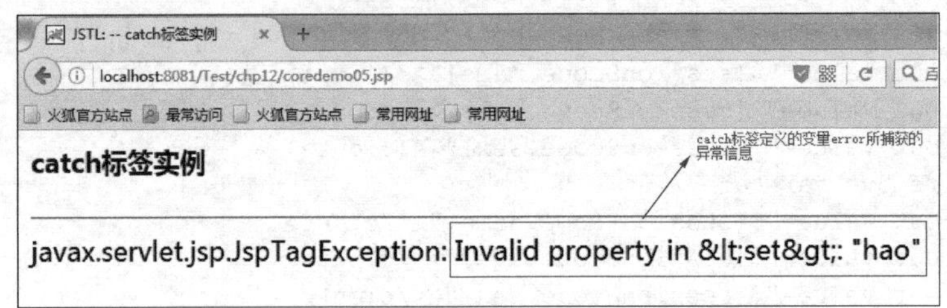

图 12.5　coredemo05.jsp 的运行结果

图 12.5 中异常信息的提示为：在<set>标签中用了不正确的参数“hao”。

本示例没有使用捕获 Java 脚本的样式，如果使用标签再使用 Java 脚本的意义不大，由此可以看出<c:catch>主要用于页面标签产生的异常。

12.2.2　流程控制标签

流程控制标签主要用于对页面简单逻辑进行控制。流程控制标签包含 4 个标签：<c:if>、<c:choose>、<c:when>和<c:otherwise>。下面将介绍这些标签的功能和使用方式。

1. <c:if>标签

<c:if>同程序中的 if 作用相同，用来实现条件控制。

语法 1：<c:if test="条件 1" var="name" [scope="page|request|session|application"]>。

语法 2：<c:if test="条件 2" var="name"[scope="page|request|session|application"]>。

相关参数说明如下。

（1）test 属性用于存放判断的条件，一般使用 EL 表达式来编写。

（2）var 指定名称用来存放判断的结果类型为 true 或 false。

（3）scope 用来存放 var 属性存放的范围。

不同用户的权限不尽相同。这时，首先对用户名进行判断（包括进行数据库验证，该功能可以由 JavaBean 实现，使用 EL 表达式得到一个布尔型的结果），把判断的结果存放在不同的 JSP 范围内（比如常用的 session 内），这样在每个页面都可以得到该用户的权限信息，根据不同权限的用户显示不同的结果。

代码 12.8 执行时，用户输入用户名提交到自身页面，页面判断用户是否为 admin，如果是，则将出现欢迎界面，如果不是，则显示不同结果。

代码 12.8　<c:if>标签使用示例：coredemo06.jsp

```
<%@ page language="java" pageEncoding="gbk"%>
<%@ taglib prefix="c" uri="http://java.sun.com/jsp/jstl/core" %>
<html>
<head>
<title>JSTL: -- if 标签示例</title>
</head>
<body>
<h4>if 标签示例</h4>
```

```
9 <hr>
10 <form action="coredom06.jsp" method="post">
11 <input type="text" name="uname" value="${param.uname}">
12 <input type="submit" value="登录">
13 </form>
14 <c:if test="${param.uname=='admin' }" var="adminchock">
15 <c:out value="管理员欢迎您! ">
16 </c:out>
17 </c:if>
18 ${adminchock}
19</body>
20</html>
```

相关说明如下。

（1）第 10～13 行创建了一个表单，表单中的元素为一个 text 文本输入框，一个提交按钮，并把信息提交给本页。

（2）第 14 行使用 if 标签进行判断，如果输入的为 admin，则将显示出定义的字符串，并把检验后的结果赋给 adminchock，存储在默认的 page 范围中。

（3）第 18 行使用 EL 表达式得到 adminchock 的值，如果输入的用户名为 admin，则将显示 true。

上述程序的运行效果如图 12.6 所示。

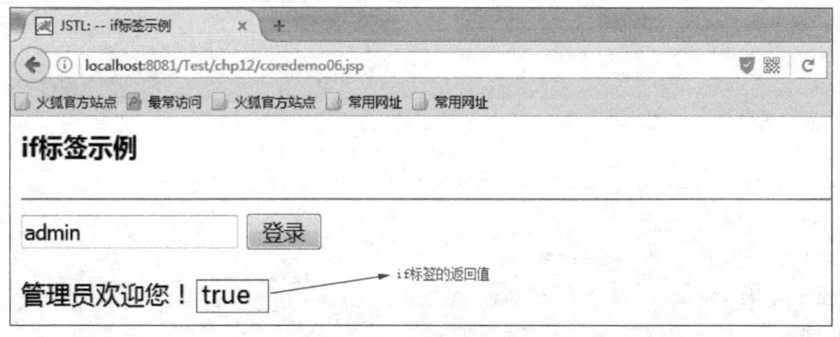

图 12.6　coredemo06.jsp 的运行结果

可以把 adminchock 的属性范围设置为 session，在其他的页面中得到 adminchock 的值，再使用<c:if text="${adminchock}"><c:if>判断，可实现不同的权限。

2. <c:choose>、<c:when>和<c:otherwise>标签

这 3 个标签通常情况下是一起使用的，<c:choose>标签作为<c:when>和<c:otherwise>标签的父标签来使用。

语法 1：

```
<c:choose>
<c:when>
…//业务逻辑 1
<c:otherwise>
…//业务逻辑 2
<c:otherwise>
…//业务逻辑 3
</c:choose>
```

语法 2：

```
<c:when text="条件">
表达式
</c:when>
```

语法 3：

```
<c:otherwise>
```

参数说明：

（1）语法 1 为 3 个标签的嵌套使用方式，<c:choose>标签只能和<c:when>标签共同使用。

（2）语法 2 为<c:when>标签的使用方式。该标签根据条件进行判断，一般情况下和<c:choose>共同使用。

（3）<c:otherwise>不含参数，只能跟<c:when>共同使用，并且在嵌套中只允许出现一次。

代码 12.9 设定了一个 score 变量的值为 85，使用嵌套标签进行判断，根据判断返回结果。

代码 12.9　循环控制标签：coredemo07.jsp

```
1 <%@ page language="java" pageEncoding="gbk"%>
2 <%@ taglib prefix="c" uri="http://java.sun.com/jsp/jstl/core" %>
3 <html>
4 <head>
5 <title>JSTL: -- choose 及其嵌套标签示例</title>
6 </head>
7 <body>
8 <h4>choose 及其嵌套标签示例</h4>
9 <hr>
10 <c:set var="score">85</c:set>
11 <c:choose>
12 c:when test="${score>=90}">
13 你的成绩为优秀!
14 </c:when>
15 <c:when test="${score>=70&&score<90}">
16 您的成绩为良好!
17 </c:when>
18 <c:when test="${score>60&&score<70}">
19 您的成绩为及格!
20 </c:when>
21 <c:otherwise>
22 对不起，您没有通过考试!
23 </c:otherwise>
24 </c:choose>
25 </body>
26 </html>
```

相关说明如下。

（1）第 10 行通过 set 标签设定 score 的值为 85。

（2）第 12～22 行使用<c:when>进行条件判断。如果大于等于 90，输出"您的成绩为优秀!"；如果大于等于 70 小于 90，输出"您的成绩为良好!"；如果大于等于 60 小于 70，输出"您的成绩为及格!"；若是其他分数则输出"对不起，您没有通过考试!"。

上述程序的运行结果如图 12.7 所示。

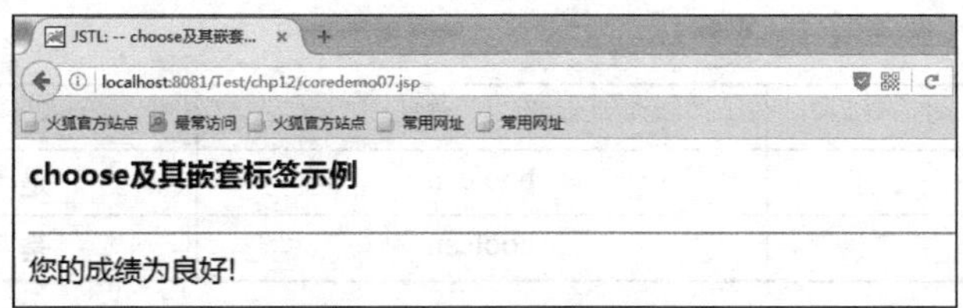

图 12.7　coredemo07.jsp 的运行结果

12.2.3　循环标签

循环标签主要实现迭代操作，主要包含两个标签：<c:forEach>和<c:forTokens>标签。接下来将详细介绍这两个标签的用法。

1. <c:forEach>标签

该标签根据循环条件遍历集合（Collection）中的元素。

语法：<c:forEach var="name" items="Collection" varStatus="StatusName" begin="begin" end="end" step="step">。

本体内容：</c:forEach>。

参数的相关说明如下。

（1）var 设定变量名，用于存储从集合中取出的元素。

（2）items 指定要遍历的集合。

（3）varStatus 设定变量名，该变量用于存放集合中元素的信息。

（4）begin、end 用于指定遍历的起始位置和终止位置（可选）。

（5）step 指定循环的步长。

属性的相关说明如表 12.1 所示。

表 12.1　循环标签的属性

名　称	EL	类　型	是否必需	默认值
var	N	String	是	无
items	Y	Arrays Collection Iterator Enumeration Map String []args	是	无
begin	Y	int	否	0
end	Y	int	否	集合中最后一个元素
step	Y	int	否	1
varStatus	N	String	否	无

其中，varStatus 有 4 个状态属性，如表 12.2 所示。

表 12.2　varStatus 的 4 个状态

属性名	类　型	说　明
index	int	当前循环的索引值
count	int	循环的次数

续表

属 性 名	类 型	说 明
frist	boolean	是否为第一个位置
last	boolean	是否为第二个位置

代码 12.10 实现了遍历的两种方式：设定起始位置、不设定起始位置。同时实现了获得原属性的状态信息。

代码 12.10 <c:forEach>标签使用示例：coredemo08.jsp

```
1 <%@ page contentType="text/html;charset=GBK" %>
2 <%@page import="java.util.List"%>
3 <%@page import="java.util.ArrayList"%>
4 <%@ taglib prefix="c" uri="http://java.sun.com/jsp/jstl/core" %>
5 <html>
6 <head>
7 <title>JSTL: -- forEach 标签实例</title>
8 </head>
9 <body>
10 <h4><c:out value="forEach 实例"/></h4>
11 <hr>
12 <%
13 List a=new ArrayList()    ;
14 a.add("贝贝")    ;
15 a.add("晶晶")    ;
16 a.add("欢欢")    ;
17 a.add("莹莹")    ;
18 a.add("妮妮")    ;
19 request.setAttribute("a",a)    ;
20 %>
21 <B><c:out value="不指定 begin 和 end 的迭代: " /></B><br>
22 <c:forEach var="fuwa" items="${a}">
23  <c:out value="${fuwa}"/><br>
24 </c:forEach>
25 <B><c:out value="指定 begin 和 end 的迭代: " /></B><br>
26 <c:forEach var="fuwa" items="${a}" begin="1" end="3" step="2">
27  <c:out value="${fuwa}" /><br>
28 </c:forEach>
29 <B><c:out value="输出整个迭代的信息: " /></B><br>
30 <c:forEach var="fuwa" items="${a}" begin="3" end="4" step="1" varStatus="s">
31  <c:out value="${fuwa}" />的四种属性: <br>
32   所在位置，即索引: <c:out value="${s.index}" /><br>
33   总共已迭代的次数: <c:out value="${s.count}" /><br>
34   是否为第一个位置: <c:out value="${s.first}" /><br>
35   是否为最后一个位置: <c:out value="${s.last}" /><br>
36 </c:forEach>
37 </body>
38 </html>
```

相关说明如下。

（1）第 13～18 行通过 Java 脚本创建了一个集合对象 a，并添加元素。

（2）第 19 行使用 setAttribute()方法把集合存入 request 范围内。

（3）第 22～24 行未指定 begin 和 end 属性，直接从集合开始遍历到集合结束为止。

（4）第 26～28 行指定从集合的第二个（index 值为 1）元素开始，到第四个（index 值为 3）元素截止（index 的值从 0 开始），并指定 step 为 2 即每隔两个遍历一次。

（5）第 30～35 指定 varStatus 的属性名为 s，并取出存储的状态信息。

上述程序的运行结果如图 12.8 所示。

图 12.8　coredemo08.jsp 的运行结果

对于图 12.8 所示的运行结果，相关说明如下。

（1）从图 12.8 中可以看到不使用 begin 和 end 的迭代，从集合的第一个元素开始，遍历到最后一个元素。

（2）指定 begin 的值为 1、end 的值为 3、step 的值为 2，从第二个开始首先得到“晶晶”，每两个遍历一次，则下一个显示的结果为“莹莹”，end 为 3 则遍历结束。

（3）从指定的 begin 和 end 的值来看遍历第四个和第五个，得到“莹莹”和“妮妮”。

本例使用的 list 是在 JSP 页面中使用 Java 脚本创建的，是因为 JSTL 缺少创建集合的功能，在开发中一般不会如此，可通过访问数据库得到数据集合，或通过设定 JavaBean 的值得到数据集合。

2. <c:forTokens>

该标签用于浏览字符串，并根据指定的字符将字符串截取。

语法：<c:forTokens items="strigOfTokens" delims="delimiters" [var="name" begin="begin" end="end" step="len" varStatus="statusName"] >。

相关参数说明如下。

（1）items 指定被迭代的字符串。

（2）delims 指定使用的分隔符。

（3）var 用来存放遍历到的成员。

（4）begin 指定遍历的开始位置（int 型，从取值 0 开始）。

（5）end 指定遍历结束的位置（int 型，默认集合中最后一个元素）。

（6）step 遍历的步长（大于 0 的整型）。

（7）varStatus 存放遍历到的成员的状态信息。

代码 12.11 创建了遍历一个有符号的字符串，把指定的符号移除，并指定 begin 和 end 值，并获得遍历到的元素的状态信息。

代码 12.11 <c:forTokens>标签的示例：coredemo09.jsp

```
1 <%@ page contentType="text/html;charset=GBK" %>
2 <%@ taglib prefix="c" uri="http://java.sun.com/jsp/jstl/core" %>
3 <html>
4 <head>
5 <title>JSTL: -- forTokens 标签实例</title>
6 </head>
7 <body>
8 <h4><c:out value="forToken 实例"/></h4>
9 <hr>
10 <c:forTokens items="北、京、欢、迎、您" delims="" var="c1">
11 <c:out value="${c1}"></c:out>
12 </c:forTokens><br>
13 <c:forTokens items="123-4567-8854" delims="-" var="t">
14 <c:out value="${t}"></c:out>
15 </c:forTokens><br>
16 <c:forTokens items="1*2*3*4*5*6*7" delims="*" begin="1" end="3" var="n" varStatus="s">
17  <c:out value="${n}" />的四种属性：<br>
18   所在位置，即索引：<c:out value="${s.index}" /><br>
19   总共已迭代的次数：<c:out value="${s.count}" /><br>
20   是否为第一个位置：<c:out value="${s.first}" /><br>
21   是否为最后一个位置：<c:out value="${s.last}" /><br>
22 </c:forTokens>
23 </body>
24 </html>
```

相关说明如下。

（1）本示例共实现了 3 个<c:forToken>循环，10～12 行第一个循环实现了遍历给定字符串"北、京、欢、迎、您"，并除去循环中遇到的"、"号。

（2）13～15 行第 2 个循环遍历一串带有分隔符的电话号码，不读取分隔符号，将显示一个字符串。

（3）16～22 行第 3 个循环遍历一个带"*"号的字符串，根据指定的起始位置把元素取出，并显示每个元素的状态信息。

提示

分隔符的作用是根据标识，截取字符串。如果未设定分隔符或在字符串中没有找到分隔符，则将把整个元素作为一个元素截取。在实际应用中，常用于在除去某些符号。

上述程序的运行结果如图 12.9 所示。

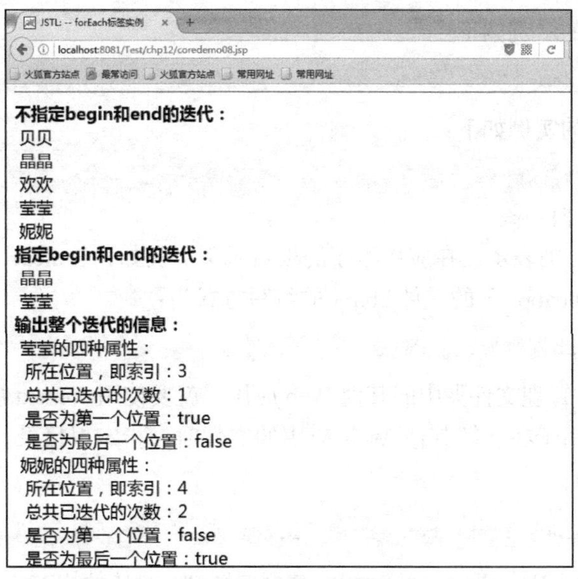

图 12.9　coredemo09.jsp 的运行结果

<c:forToken>的属性 varStatus 的使用方法同<c:forEach>的使用方法相同，在此不再赘述。

12.2.4　URL 操作标签

JSTL 包含 3 个与 URL 操作有关的标签，分别为<c:import>、<c:redirect>和<c:url>标签。它们的作用为：显示其他文件的内容、网页导向、产生 URL。下面将详细介绍这 3 个标签的使用方法。

1. <c:import>标签

该标签可以把其他静态或动态文件包含到本 JSP 页面。同<jsp:include>的区别为：只能包含同一个 Web 应用中的文件。而<c:import>可以包含其他 Web 应用中的文件，甚至是网络上的资源。

语法 1：<c:import url="url" [context="context"][value="value"]。

[scope="page|request|session|application"] [charEncoding="encoding"]>。

语法 2：<c:import url="url" varReader="name" [context="context"][charEncoding="encoding"]>。

主要属性如表 12.3 所示。

表 12.3　<c:import>标签的属性

名　称	说　明	EL	类型	默认值
url	被导入资源的 URL 路径	Y	String	无
context	相同服务器下其他的 Web 工程，必须以“"”开头	Y	String	无
var	以 String 类型存储被包含文件内容	N	String	无
Scope	var 变量的 JSP 范围	N	String	page
charEncoding	被导入文件的编码格式	Y	String	无
varReader	以 Reader 类型存储被包含文件内容	N	String	无

相关说明如下。

（1）url 为资源的路径，当应用的资源不存在时，系统会抛出异常，因此该语句应该放在<c:catch></c:catch>语句块中捕获。应用资源有两种方式：绝对路径和相对路径。

① 使用绝对路径的示例如下：

```
<c:import url="http://www.baidu.com">
```

② 使用相对路径的实例如下：

```
<c:import url="aa.txt">
```

aa.txt 放在同一文件目录。

如果以“/”开头，则表示放在应用程序的根目录下。例如，Tomcat 应用程序的根目录文件夹为 webapps。导入 webapps 下的文件 bb.txt 的编写方式为：

```
<c:import url="/bb.txt">
```

如果访问 webapps 管理文件夹中的其他 Web 应用，就要使用 context 属性。

（2）context 属性用于在访问其他 Web 应用的文件时，指定根目录。例如，访问 root 下的 index.jsp 的实现代码为：

```
<c:import url="/index.jsp" context="/root">   //webapps/root/index.jsp
```

（3）var、scope、charEncoding、varReader 是可选属性。具体使用方式见代码 coredemo10.jsp。

代码 12.12 分别从绝对路径导入文件和从相对路径导入文件，同时使用 var 对象指定变量来存储文件，并输出存入的文件内容。

代码 12.12　<c:import>标签示例：coredemo10.jsp

```
<%@ page contentType="text/html;charset=GBK" %>
<%@ taglib prefix="c" uri="http://java.sun.com/jsp/jstl/core" %>
<html>
<head>
<title>JSTL: -- import 标签实例</title>
</head>
<body>
<h4><c:out value="import 实例"/></h4>
<hr>
<h4><c:out value="绝对路径引用的实例" /></h4>
<c:catch var="error1">
<c:import url="http://www.baidu.com"/>
</c:catch>
<c:out value="${error1}"></c:out>
<hr>
<h4>
<c:out value="相对路径引用的实例，引用本应用中的文件" /></h4>
<c:catch>
<c:import url="a1.txt" charEncoding="gbk"/>
</c:catch>
<hr>
<h4><c:out value="使用字符串输出、相对路径引用的实例，并保存在 session 范围内" /></h4>
<c:catch var="error3">
<c:import var="myurl" url="a1.txt" scope="session" charEncoding="gbk"></c:import>
<c:out value="${myurl}"></c:out>
<c:out value="${myurl}" />
</c:catch>
<c:out value="${error3}"></c:out>
</body>
</html>
```

相关说明如下。

（1）第 12 行使用绝对路径导入百度首页，导入时使用<c:catch></c:catch>（11 行和 12 行）捕获异常。

（2）使用相对路径导入同一文件夹下的 a1.txt 文件，接收的字符编码格式使用 charEncoding 设置为 gbk。

（3）同样导入 a1.txt，不同的是使用 var 定义的变量接收导入的文件，并存储在 session 中，如果在其他页面同样也要导入该文件，则只需使用<c:out>输出 a1.txt 的值即可。

上述程序的结果如图 12.10 所示。

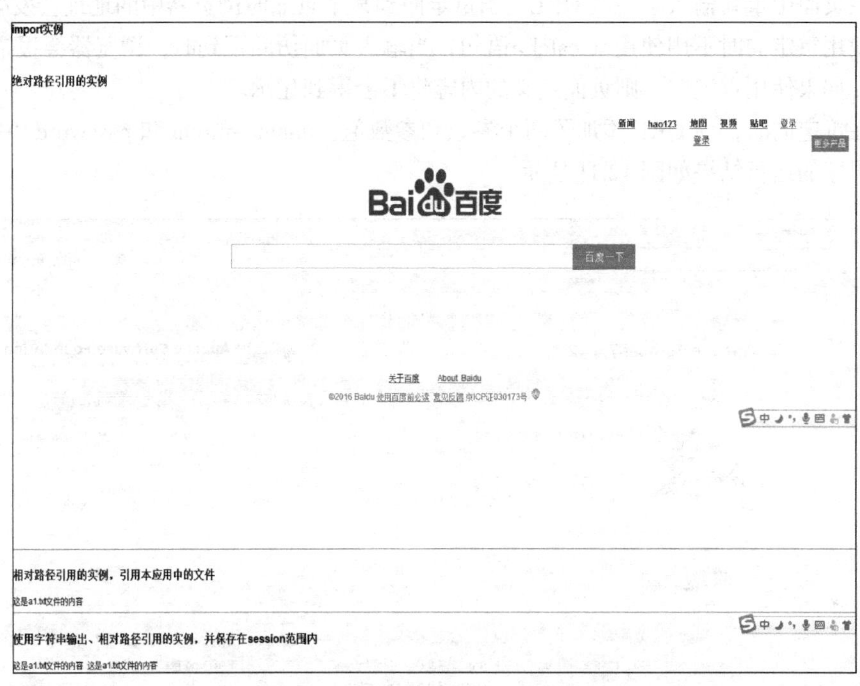

图 12.10　coredemo10.jsp 的运行结果

使用相对路径输出时，同样是引入 a1.txt 文件，显示的结果却不相同。这可以说明若直接使用<c:import>导入，不设定 var 参数，则直接在页面中显示文本信息。

2. <c:redirect>标签

该标签用来实现请求的重定向，同时可以在 URL 中加入指定的参数。例如，对用户输入的用户名和密码进行验证时，如果验证不成功，则重定向到登录页面，或者实现 Web 应用不同模块之间的衔接。

语法 1：<c:redirect url="url" [context="context"]>。

语法 2：<c:redirect url="url"[context="context"]><c:param name="name1" value="value1"></c:redirect>。

相关说明如下。

（1）url 指定重定向页面的地址，可以是一个 string 类型的绝对地址或相对地址。

（2）Context 用于导入其他 Web 应用中的页面。

代码 12.13 实现了当请求页面时重定向到 Tomcat 首页的功能。

代码 12.13 <c:redirect>标签示例：coredemo11.jsp

```
<%@ page contentType="text/html;charset=GBK" %>
<%@ taglib prefix="c" uri="http://java.sun.com/jsp/jstl/core" %>
<c:redirect url="http://127.0.0.1:8081">
<c:param name="uname">mrchi</c:param>
<c:param name="password">01234</c:param>
</c:redirect>
```

上述代码的相关说明如下。

（1）使用重定向与载入页面不同：载入页面是在本页面中插入其他页面，而重定向是请求转发，等于在页面中重新输入了一次 URL。当重定向到某个页面时浏览器中的地址会发生变化。

（2）使用重定向时不用使用<c:catch>语句，当输入页面访问不到时，浏览器会报错，跟程序运行无关。如果使用重定向，则页面定义的内容将不会得到显示。

（3）在重定向时，为 URL 添加了两个参数和参数值：uname=mrchi 和 password=01234。

上述程序的运行结果如图 12.11 所示。

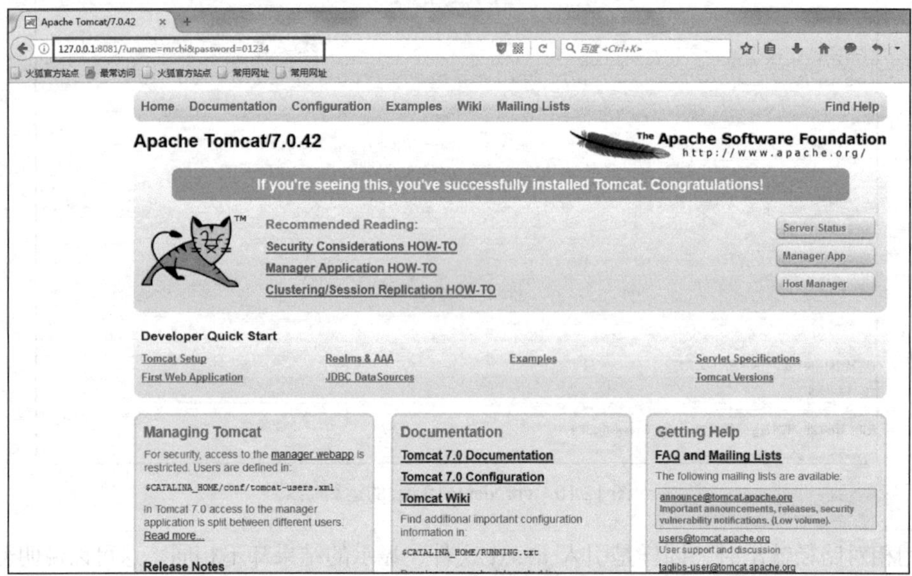

图 12.11 coredemo11.jsp 的运行结果

提示 注意图 12.11 中的 URL 地址已经发生了转变，同时可以看到传入的参数以及参数值。

3. <c:url>标签

该标签用于动态生成一个 String 类型的 URL，可以与<c:redirect>标签共同使用，也可以使用 HTML 的<a>标签实现超链接。

语法 1：指定一个 URL 不做修改，可以选择把该 URL 存储在 JSP 不同的范围中。

```
<c:url value="value" [var="name"][scope="page|request|session|application"]
[context="context"]/>
```

语法 2：给 URL 加上指定参数及参数值，可以选择以 name 存储该 URL。

```
<c:url value="value" [var="name"][scope="page|request|session|application"]
[context="context"]>
```

```
<c:param name="参数名" value="值">
</c:url>
```

代码 12.14 使用<c:url>标签生成 URL，实现了网页的超链接。

代码 12.14　<c:url>标签示例：coredemo12.jsp

```
<%@ page contentType="text/html;charset=GBK" %>
<%@ taglib prefix="c" uri="http://java.sun.com/jsp/jstl/core" %>
<c:out value="url 标签使用"></c:out>
<h4>使用 url 标签生成一个动态的 URL，并把值存入 session 中</h4>
<hr>
<c:url value="http://127.0.0.1:8081" var="url" scope="session">
</c:url>
<a href="${url}">Tomcat 首页</a>
```

上述程序的运行结果如图 12.12 所示。

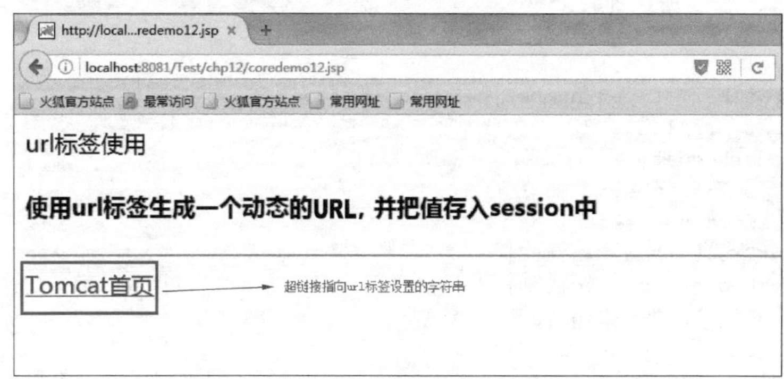

图 12.12　coredemo12.jsp 的运行结果

单击图 12.12 中的超链接可以直接访问 Tomcat 首页。

12.3　国际化标签库

JSTL 标签提供了对国际化（I18N）的支持。它可以根据发出请求的客户端地域的不同来显示不同的语言，同时还提供了格式化数据和日期的方法。实现这些功能需要 I18N 格式标签库（I18N-capable formation tags liberary）。引入该标签库的方法为：

```
<%@ taglib prefix="fmt" uri="http://java.sun.com/jsp/jstl/fmt" %>
```

I18N 格式标签库提供了 11 个标签，这些标签从功能上可以划分为如下 3 类。

（1）数字日期格式化标签：formatNumber 标签、formatData 标签、parseNumber 标签、parseDate 标签、timeZone 标签、setTimeZone 标签。

（2）读取消息资源标签：bundle 标签、message 标签、setBundle 标签。

（3）国际化标签：setlocale 标签、requestEncoding 标签。

接下来将详细介绍这些标签的功能和使用方式。

12.3.1　数字日期格式化标签

数字日期格式化标签共有 6 个，用来将数字或日期转换成设定的格式。

1. <fmt:formatNumber/>标签

该标签依据特定的区域将数字改变为不同的格式来显示。

语法 1：

```
<fmt:formatNumber value="被格式化的数据"[type="number|currency|percent"]
[pattern="pattern"]
[currencyCode="code"]
[currencySymbol="symbol"]
[groupingUsed="true|false"]
[maxIntergerDigits="maxDigits"]
[minIntergerDigits="minDigits"]
[maxFractionDigits="maxDigits"]
[minFractionDigits="minDigits"]
[var="name"]
[scope=page|request|session|application]
/>
```

语法 2：

```
<fmt:formatNumber [type="number|currency|percent"]
[pattern="pattern"]
[currencyCode="code"]
[currencySymbol="symbol"]
[groupingUsed="true|false"]
[maxIntergerDigits="maxDigits"]
[minIntergerDigits="minDigits"]
[maxFractionDigits="maxDigits"]
[minFractionDigits="minDigits"]
[var="name"]
[scope=page|request|session|application]
/>
被格式化的数据
<fmt:formatNumber>
```

相关属性的说明如表 12.4 所示。

表 12.4　　<fmt:formatNumber>标签的属性

名　称	说　明	EL	类　型	必　须	默 认 值
value	要格式化的数据	是	String	是	无
type	指定类型（单位、货币、百分比等，具体如表 12.5 所示）	是	String	否	number
pattern	格式化的数据样式	是	String	否	无
currencyCode	货币单位代码	是	String	否	无
cuttencySymbol	货币符号（$、¥）	是	String	否	无
groupingUsed	是否对整数部分进行分组	是	boolean	是	true
maxIntergerDigits	整数部分最多显示多少位	是	int	否	无
minIntergerDigits	整数部分最少显示多少位	是	int	否	无
maxFractionDigits	小数部分最多显示多少位	是	int	否	无
minFractionDigits	小数部分最少显示多少位	是	int	否	无
var	存储格式化后的数据	否	String	否	无
scope	var 的 JSP 范围	否	String	否	page

Type 属性的类型如表 12.5 所示。

表 12.5　　Type 的属性类型

类　　型	说　　明	示　　例
number	数字格式	0.8
currency	当地货币	￥0.80
percent	百分比格式	80%

代码 12.15 实现了对数字的格式化和对货币的格式化。

代码 12.15　<fmt:formatNumber>标签示例：fmtdemo01.jsp

```
<%@ page language="java" pageEncoding="gbk"%>
<%@ taglib prefix="c" uri="http://java.sun.com/jsp/jstl/core" %>
<%@ taglib prefix="fmt" uri="http://java.sun.com/jsp/jstl/fmt" %>
<html>
<head>
<title>I18N 标签库</title>
</head>
<body>
<h4 align="center"><c:out value="<frm:number>标签的使用"></c:out></h4>
<hr>
<table border=1 cellpadding="0" cellspacing="0" align="center">
<tr align="center">
<td width="100">类型 </td>
<td width="100">使用数据</td>
<td width="100">结果</td>
<td width="300">说明</td>
</tr>
<tr>
<td>数字格式化</td><td>108.75</td>
<td><fmt:formatNumber type="number" pattern="###.#">108.75</fmt:formatNumber></td>
<td>使用 pattern 可以定义显示的样式。本例设定为###.#小数部分将使用四舍五入法</td>
</tr>
<tr>
<td>数字格式化</td><td>9557</td>
<td><fmt:formatNumber type="number" pattern="#.####E0">9557</fmt:formatNumber></td>
<td>使用科学计数法</td>
</tr>
<tr>
<td>数字格式化</td><td>9557</td>
<td><fmt:formatNumber type="number" >9557</fmt:formatNumber></td>
</td>
<td>使用默认分组</td>
</tr>
<tr>
<td>数字格式化</td><td>9557</td>
<td><fmt:formatNumber type="number" groupingUsed="false" >9557</fmt:formatNumber></td>
<td>不使用分组。</td>
</tr>
<tr>
<td>数字格式化</td><td>9557</td>
<td><fmt:formatNumber type="number" maxIntegerDigits="3">9557</fmt:formatNumber></td>
<td>使用位数限定，根据指定的位数显示，其他数字忽略。例如 9 不被显示</td>
</tr>
```

```
<tr>
<td>百分比格式化</td><td>0.98</td>
<td><fmt:formatNumber type="percent">0.98</fmt:formatNumber></td>
<td>用百分比形式显示一个数据</td>
</tr>
<tr>
<td>货币格式化</td><td>188.88</td>
<td><fmt:formatNumber type="currency" >188.8</fmt:formatNumber></td>
<td>将一个数据转化为货币形式输出</td>
</tr>
<tr>
<td>存储数据</td><td>188.88</td>
<td><fmt:formatNumber type="currency" var="money">188.8</fmt:formatNumber>
<c:out value="${money}"></c:out>
</td>
<td>存储的 money 的值为${money} </td>
</tr>
</table>
</body>
</html>
```

上述代码的相关说明如下。

（1）从应用角度可以把属性分为三类：数字格式化、货币格式化、百分比格式化。使用 type 指定类型。

（2）应用于数字格式化的属性有 pattern、maxIntegerDigits、minIntegerDigits、maxFractionDigits 和 minFactionDigits。其中，pattern 属性在设定格式化样式时会比较准确（如四舍五入、科学计数法的应用）。而使用 maIntegerDirgits 等属性时，只把设定位数以外的数字舍去。

（3）货币格式化可以使用数字格式化的所有属性。如果有必要，建议使用 pattern 属性。currencyCode 和 currencySymbol 属性只用于货币格式化。

（4）百分比格式化会用到的属性有 type 属性和 pattern 属性，设定 type 属性的类型为 percent 即可。

（5）使用 var 属性时，会将格式化后的值存在 JSP 的某个范围内（一个 String 类型的字符串包括符号等）。

（6）通用属性包括 type 属性、pattern 属性、var 属性和 scope 属性。

上述程序的运行结果如图 12.13 所示。

<frm:number>标签的使用

类型	使用数据	结果	说明
数字格式化	108.75	108.8	使用pattern可以定义显示的样式。本例设定为###.#小数部分将使用四舍五入法
数字格式化	9557	9.557E3	使用科学计数法
数字格式化	9557	9,557	使用默认分组
数字格式化	9557	9557	不使用分组
数字格式化	9557	557	使用位数限定，根据指定的位数显示，其他数字忽略。例如 9不被显示
百分比格式化	0.98	98%	用百分比形式显示一个数据
货币格式化	188.88	¥188.80	将一个数据转化为货币形式输出
存储数据	188.88	¥188.80	存储的money的值为¥188.80

图 12.13　fmtdemo01.jsp 的运行结果

如果给定的数据类型有错误或将产生异常。例如，给定的数据为 aa 进行类型转化，将使应用程序无法显示。因此，在实际应用中显示的格式化应该放入<c:catch/>语句中。

2. <frm:parseNumber>标签

该标签用于将格式化后的数字、货币、百分比都转化为数字类型。

语法 1：

```
<fmt:parseNumber value="number" [type="number|currency|percent"]
[pattern="pattern"]
[parseLocale="locale"]
[intergerOnly="true|false"]
[scope="page|request|session|application"]/>
```

语法 2：

```
<fmt:parseNumber [type="number|currency|percent"]
[pattern="pattern"]
[parseLocale="locale"]
[intergerOnly="true|false"]
[scope="page|request|session|application"]>
Number
</fmt:parseNumber>
```

属性的说明如表 12.6 所示。

表 12.6 <fmt:parseNumber>标签的属性

名　称	说　明	EL	类　型	是否必需	默　认　值
value	被解析的字符串	是	String	是	无
type	指定单位（数字、货币、百分比）	是	String	是	number
pattern	格式样式	是	String	否	无
parseLocale	用来替代默认区域的设定	是	String，Java.util.Locale	是	默认本地样式
var	存储已经格式化的数据	否	String	否	无
scope	var 变量的作用域	否	String	是	page

<fmt:parseNumber>可以看作是<fmt:formatNumber>的逆运算。相应的参数和类型的配置和使用<fmt:formatNumber>格式化时相同。

代码 12.16 从字符串中提取数据，并用合适的数据类型进行存储（浮点性、整型等），还可以对转换后的数据进行加法运算。

代码 12.16 <fmt:parseNumber>标签示例：fmtdemo02.jsp

```
<%@ page language="java" pageEncoding="gbk"%>
<%@ taglib prefix="c" uri="http://java.sun.com/jsp/jstl/core" %>
<%@ taglib prefix="fmt" uri="http://java.sun.com/jsp/jstl/fmt" %>
<html>
<head>
<title>I18N 标签库</title>
</head>
<body>
<h4 ><c:out value="<frm:parseNumber>标签的使用"></c:out></h4>
<hr>
```

```
</body>
<fmt:formatNumber type="currency" var="money">188.8</fmt:formatNumber>
<li>格式化前的数据为：<c:out value="${money}"></c:out>
<fmt:parseNumber var="money" type="currency">${money}</fmt:parseNumber>
<li>格式化后的数据为:<c:out value="${money}"></c:out>
<li>可以对格式化后的数据进行运算：
<c:out value="${money+200}"></c:out>
<li>对百分比进行格式化 98%为：
<fmt:parseNumber type="percent">98%</fmt:parseNumber>
</html>
```

针对上述代码，相关说明如下。

（1）首先使用<fmt:formatNumber>将 188.8 转换为字符串￥188.8，并在 page 范围内存储一个 String 类型的变量，变量名为 money。

（2）使用<fmt:parseNumber>将￥188.8 转换为浮点型的数据 188.8，并赋值为变量 money，则变量 money 转变为一个浮点型的值 188.8，对 188.8 进行加运算。

（3）直接对一个百分比数 98%进行转化。

上述程序的运行结果如图 12.14 所示。

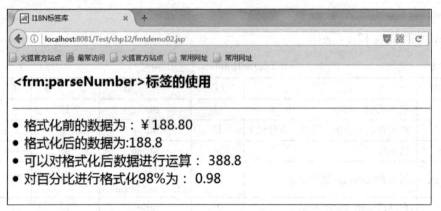

I18N标签库

localhost:8081/Test/chp12/fmtdemo02.jsp

火狐官方站点　最常访问　火狐官方站点　常用网址　常用网址

<frm:parseNumber>标签的使用

- 格式化前的数据为：￥188.80
- 格式化后的数据为:188.8
- 可以对格式化后数据进行运算：388.8
- 对百分比进行格式化98%为：0.98

图 12.14　fmtdemo02.jsp 的运行结果

<fmt:parseNumber>属性参数的配置和使用同<fmt:formatNumber>标签使用的方式一样。同时，在进行类型转换时，如果给出的类型不正确，将会出现异常。例如，在进行百分比转化时，如果没有给出 type 类型，且提供的数据中没有%，就会产生异常。因此，在实际应用中，可用<c:catch/>捕获异常。

3. <fmt:formatDate>标签

该标签主要用来格式化日期和时间，语法如下：

```
<fmt: formatDate value="date" [type="time|date|both"]
[pattern="pattern"]
[dateStyle="default|short|medium|long|full"]
[timeStyle="default|short|medium|long|full"]
[timeZone="timeZone"]
[var="name"]
[scope="page|request|session|application"]
/>
```

相关属性的说明如表 12.7 所示。

表 12.7　　<fmt:formatDate>标签的属性

属 性 名	说　明	EL	类　型	是否必需	默 认 值
value	将要格式化的日期对象	是	Java.util.Date	是	无
type	显示的部分（日期、时间或者两者）	是	String	否	date
partten	格式化的样式	是	String	否	无
dateStyle	设定日期的显示方式	是	String	否	default
timeStyle	设定时间的显示方式	是	String	否	default
timeZone	设定使用的时区	是	String	否	当地所用时区
var	存储已格式化的日期或时间	否	String	否	无
scope	指定 var 存储的 JSP 范围	否	String	否	无

其中 type 属性的参数说明如表 12.8 所示。

表 12.8　　type 属性的参数

参 数 名	说　明
time	只显示时间
date	只显示时期
both	显示日期和时间

代码 12.17 实现了对日期的格式化，使用了 type、dateStyle、timeStyle 等属性。

代码 12.17　<fmt:formatDate>标签示例：fmtdemo03.jsp

```
<%@ page language="java" pageEncoding="gbk"%>
<%@ taglib prefix="c" uri="http://java.sun.com/jsp/jstl/core" %>
<%@ taglib prefix="fmt" uri="http://java.sun.com/jsp/jstl/fmt" %>
<jsp:useBean id="date" class="java.util.Date"></jsp:useBean>
<html>
<head>
<title>I18N 标签库</title>
</head>
<body>
<fmt:formatDate value="${date}"></fmt:formatDate><br>
<fmt:formatDate value="${date}" type="both"></fmt:formatDate><br>
<fmt:formatDate value="${date}" type="both" dateStyle="default"
timeStyle="default"></fmt:formatDate><br>
<fmt:formatDate value="${date}" type="both" dateStyle="short"
timeStyle="short"></fmt:formatDate><br>
<fmt:formatDate value="${date}" type="both" dateStyle="long"
timeStyle="long"></fmt:formatDate><br>
<fmt:formatDate value="${date}" type="both" dateStyle="full"
timeStyle="full"></fmt:formatDate><br>
<fmt:formatDate value="${date}" type="both" dateStyle="full"
timeStyle="full"></fmt:formatDate><br>
</body>
</html>
```

针对上述代码，相关说明如下。

（1）首先通过配置 JavaBean，在页面上实例化 java.util.Date 对象。实现代码如下：

```
<jsp:useBean id="date" class="java.util.Date"></jsp:useBean>
```

（2）对日期对象进行格式化时，${date}是一个日期对象。如果给 value 设置的值为 String，则程序会报错。

（3）设置 type 为 both 时，将显示日期和时间，同时示例中依次改变 dateStyle 和 timeStyle 的值作为比较。

上述程序的运行结果如图 12.15 所示。

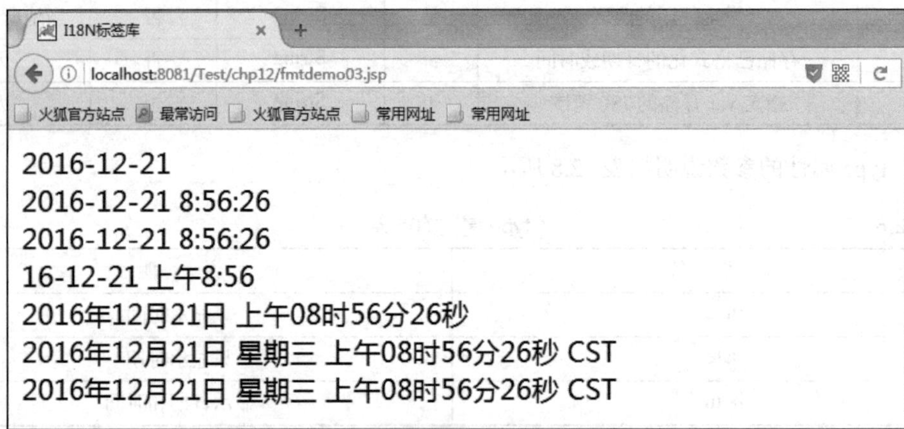

图 12.15 fmtdemo03.jsp 的运行结果

使用 IE 的语言标签可以设置语言种类，如图 12.16 所示。

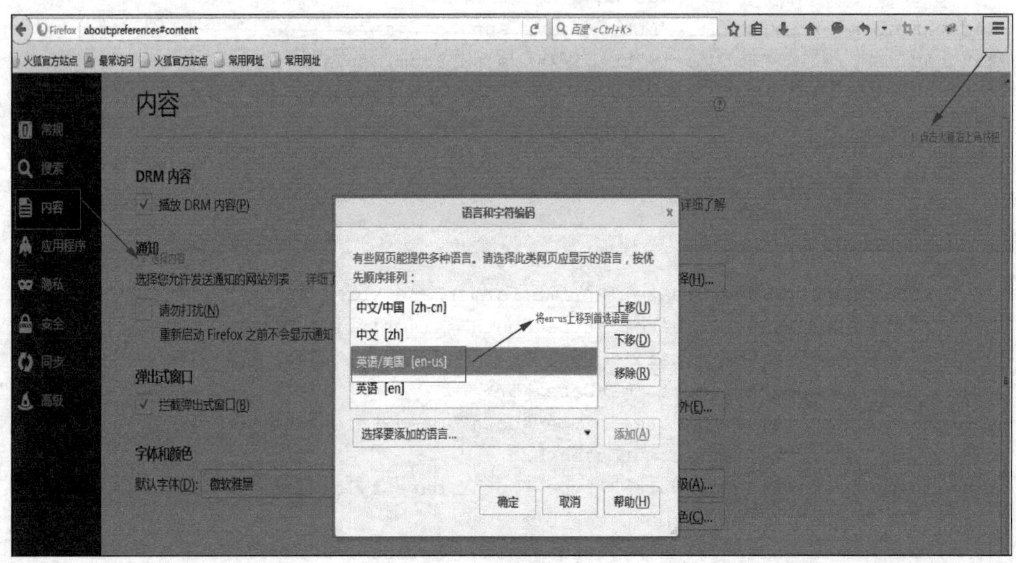

图 12.16 改变默认语言

语言设为英语/美国，则程序运行的结果如图 12.17 所示。

4. <fmt:parseDate>标签

<fmt:parseDate>标签主要将字符串类型的时间或日期转化为时间或日期对象。

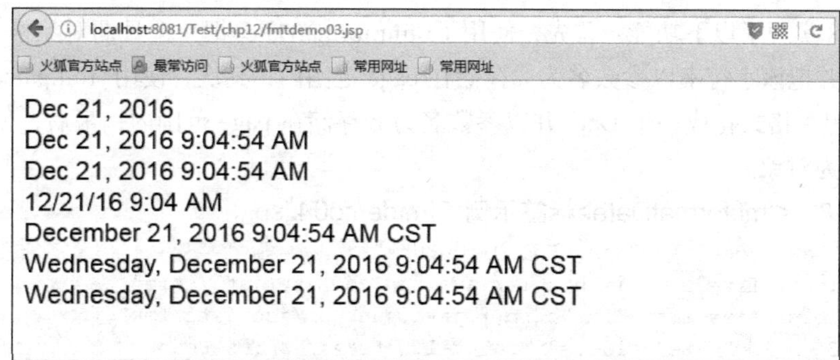

图 12.17　语言为英文状态下的显示

语法 1：

```
<fmt:parseDate value="date" [type="time|date|both"]
[pattern="pattern"]
[parseLocale="locale"]
[dateStyle="default|short|medium|long|full"]
[timeStyle="default|short|medium|long|full"]
[timeZone="timezone"]
[var="name"]
[scope="page|request|session|application"]
/>
```

语法 2：

```
<fmt:parseDate [type="time|date|both"]
[pattern="pattern"]
[parseLocale="locale"]
[dateStyle="default|short|medium|long|full"]
[timeStyle="default|short|medium|long|full"]
[timeZone="timezone"]
[var="name"]
[scope="page|request|session|application"]
/>
Date
</fmt:parseDate>
```

相关属性的说明如表 12.9 所示。

表 12.9　<fmt:parseData>标签的属性

属 性 名	说 明	EL	类 型	是否必需	默 认 值
value	将要格式化的日期时间	是	String	是	无
type	字符串的类型（日期、时间或全部）	EL	String	是	date
pattern	字符串使用的时间样式	是	String	是	无
parseLocale	取代默认地区设定	是	String	是	默认地区
dateStyle	字符串使用的日期显示方式	是	String	否	default
timeStyle	字符串使用的时间显示格式	是	String	否	default
timeZone	使用的时区	是	String	否	当地区时
var	使用 var 定义的名字保存对象	否	String	否	无
scope	var 的 JSP 范围	否	String	否	page

代码 12.18 实现了以下功能：首先，使用了<fmt:formatDate>把一个日期对象格式化成一个日期的字符串，并把该字符串以参数名为 a 存储在 page 范围内；其次，使用<fmt:parseDate>方法把 a 的值（字符串）格式化成一个 Date 并以参数名为 b 存储在 page 范围内；最后，使用 Java 脚本证明生成的 b 为对象。

代码 12.18　<fmt:formatDate>标签示例：fmtdemo04.jsp

```
<%@ page language="java" pageEncoding="gbk"%>
<%@ taglib prefix="c" uri="http://java.sun.com/jsp/jstl/core" %>
<%@ taglib prefix="fmt" uri="http://java.sun.com/jsp/jstl/fmt" %>
<jsp:useBean id="date" class="java.util.Date"></jsp:useBean>
<html>
<head>
<title>I18N 标签库</title>
</head>
<body>
<H4><c:out value="<frm:parseDate>标签的使用"></c:out></H4>
<hr>
<fmt:formatDate value="${date}" var="a" type="both"
dateStyle="full" timeStyle="full"></fmt:formatDate>
<fmt:parseDate var="b" type="both" dateStyle="full" timeStyle="full">
${a}
</fmt:parseDate>
<%
out.println(pageContext.getAttribute("b").toString());
out.println("<br>");
out.println(pageContext.getAttribute("b").hashCode());
%>
</body>
</html>
```

针对上述代码，相关说明如下。

（1）使用<fmt:formatDate>把日期对象格式化成字符串。

（2）使用<fmt:parseDate>把字符串对象转化为日期对象。注意，同（1）中的参数对比，可以发现两者是一个互逆的过程。

（3）使用 Java 脚本进行测试 Date 对象的 toString()方法可以输出时间字符串。hashCode()可以得到一个对象的 hashCode。该方法只能应用于对象，因此可以证明得到的是一个日期对象。

上述程序的运行结果如图 12.18 所示。

图 12.18　fmtdemo04.jsp 的运行结果

<fmt:formatDate>和<fmt:parseDate>是相反的运算过程，可以对照学习。本例中 Java 脚本的作用是为了证明生成的的确是一个对象。

5. <fmt:setTimeZone>标签

该标签用于设定默认时区或者将时区存储在指定的 JSP 范围内，语法如下。

```
<fmt:setTimeZone value="value" [var="name"][scope="page|request|session|
    application"]/>
```

该标签的相关属性如表 12.10 所示。

表 12.10　<fmt:setTimeZone>标签的属性

参数名	说明	EL	类型	是否必需	默认值
value	使用的时区	是	String Java.util.TimeZone	是	无
var	使用 var 定义的参数名保存值	否	String	否	无
scope	存储 var 的 JSP 范围	否	String	否	page

value 用来设定使用的时区，如中国使用的时区为 CST，其他的还有 EST、PST 等。可以把时区存储在指定的 JSP 范围内，如存储在 session 中，用户访问的所有页面都可以显示设定时区下对应的时间，相关示例如下。

```
<fmt:setTimeZone value="EST" scope="session"/>
```

有关 TimeZone 的说明见 JDK 帮助文档的 java.util.TimeZone 类。

6. <fmt:timeZone>标签

该标签主要用于设置标签体内使用的时区，语法如下：

```
<fmt:timeZone value="timeZone">
...
</fmt:timeZone>
```

使用<fmt:timeZone></fmt:timeZone>只会应用到标签体内使用的时区，对标签外部将不产生影响。

12.3.2　读取消息资源

读取消息资源用到的标签主要有 4 个，分别为<fmt:message>标签、<fmt:param>标签、<fmt:bundle>标签和<fmt:setBundle>标签，主要用于从资源文件中读取信息。

1. <fmt:bundle>标签

该标签主要用于将资源文件绑定到它的标签体中显示，语法如下：

```
<fmt:bundle basename="name" [prefix="prefix"]>
..标签主题
</fmt:bundle>
```

该标签的属性的相关说明如表 12.11 所示。

表 12.11 <fmt:bundle>标签的属性

参 数 名	说 明	EL	类 型	是否必需	默 认 值
basename	指定使用的资源文件的名称	是	String	是	无
prefix	前置关键字	是	String	否	无

2. <fmt:setBundle>标签

该标签主要用于绑定资源文件或者把资源文件保存在指定的 JSP 范围内，语法如下：

```
<fmt:setBundle basename="name" [var="name"]
[scope="page|request|session|application"]
/>
```

相关标签的说明如表 12.12 所示。

表 12.12 <fmt:setBundle>标签的属性

参 数 名	说 明	EL	类 型	是否必需	默 认 值
basename	指定使用的资源文件的名称	是	String	是	无
var	指定资源文件保存的名称	否	String	否	无
scope	设定将资源文件保存的 JSP 范围	否	String	否	page

3. <fmt:message>标签

该标签主要负责读取本地资源文件，从指定的资源文件中读取键值，并且可以将键值保存在指定的 JSP 范围内。

语法 1：

```
<fmt:message key="keyName"[bundle="bundle"]
[scope="page|request|session|application"]
/>
```

语法 2：

```
<fmt:message key="keyName"[bundle="bundle"]
[scope="page|request|session|application"]
>
<fmt:param/>
</fmt:message>
```

语法 3：

```
<fmt:message key="keyName"[bundle="bundle"]
[scope="page|request|session|application"]
>
key<fmt:param/>
…
</fmt:message>
```

该标签的属性如表 12.13 所示。

表 12.13 <fmt:message>标签的属性

参数名	说明	EEL	类型	是否必需	默认值
key	指定键值的名称（索引）	是	String	是	无
bundle	指定消息文本的来源	是	LocalizationContext	否	无
var	指定存储键值的变量名	否	String	否	无
scope	指定 var 的作用域	否	String	否	page

建议此处的 bundle 使用 EL 表达式，因为属性 bundle 的类型为 LocalizationContext，而不是一个 String 类型的 URL。

代码 12.19 实现从指定的资源文件中读取对应 key 的值。

首先编写一个资源文件 message.properties，内容如下：

```
name=mrchi
password=01234
```

然后使用标签从资源文件中读取相应的值。

代码 12.19 <fmt:message>标签示例：fmtdemo05.jsp

```
<%@ page language="java" pageEncoding="gbk"%>
<%@ taglib prefix="c" uri="http://java.sun.com/jsp/jstl/core" %>
<%@ taglib prefix="fmt" uri="http://java.sun.com/jsp/jstl/fmt" %>
<jsp:useBean id="date" class="java.util.Date"></jsp:useBean>
<html>
<head>
<title>I18N 标签库</title>
</head>
<body>
<H4><c:out value="资源文件读取示例"></c:out></H4>
<hr>
<fmt:bundle basename="message">
<c:out value="从 message 资源文件中得到的 key 为 name 的值为: "></c:out>
<fmt:message key="name" ></fmt:message>
</fmt:bundle>
<hr>
<fmt:setBundle basename="message" var="m"/>
<fmt:message key="password" bundle="${m}"></fmt:message>
${m}
</body>
</html>
```

针对以上代码的相关说明如下。

（1）使用<fmt:bundle>标签从 message.properties 文件中读取值。

（2）使用<fmt:message>标签读取资源文件中 key 为 name 的值。<fmt:message>标签放在<fmt:bundle>标签内使用。

（3）使用<fmt:setBundle>标签在 page 范围绑定一个配置文件，以 m 为参数名存储。

（4）使用<fmt:message>标签得到 key 为 password 的值，此处指定资源文件的方式为使用<fmt:message>标签的 bundle 属性来设定。

（5）输出参数 m 的值，加深对 bundle 的理解。

上述程序的运行结果如图 12.19 所示。

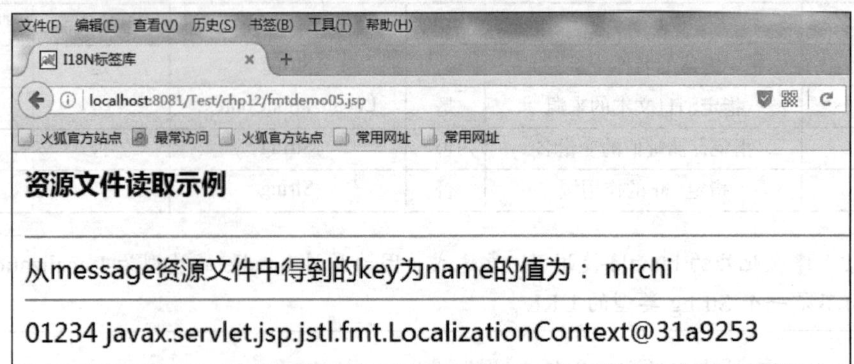

图 12.19 fmtdemo05.jsp 的运行效果

<fmt:bundle>标签中有一个 prefix 属性，该标签用来指明前缀。例如配置文件内容如下：

```
org.person.name=mrchi
org.personpassword=01234
```

如果不使用 prefix 标签，则在取值时要指明前缀。例如：

```
<fmt:bundle basename="message">
<fmt:message key="org.person.name"></fmt:message>
<fmt:message key="org.person.password"></fmt:message>
</fmt:bundle>
```

使用 prefix 属性可以简化取值时的代码，具体如下：

```
<fmt:bundle basename="message" prefix="org.person">
<fmt:message key="name"></fmt:message>
<fmt:message key="password"></fmt:message>
</fmt:bundle>
```

4. <fmt:param>标签

该标签用于当在<fmt:message>资源文件中获得键值时，动态地为资源文件中的变量赋值。

语法 1：

```
<fmt:param value="value"/>
```

语法 2：

```
<fmt:param >
…标签主体
</fmt:param>
```

（1）创建资源文件。在 message.properties 文件中增加一个 key 和 value。

```
news={0} welcome to out website!<br>today is :{1,date}
```

上述代码表达的含义是：键 news 对应的是一个字符串；字符串中还有动态变量{0}，该动态变量为第一个动态变量；{1,date}表示第二个动态变量并且该变量是一个日期类型的对象。

（2）在代码 12.20 中，通过标签从资源文件中取出键值，并给动态变量赋值显示在页面。

代码 12.20 <fmt:param>标签示例：fmtdemo06.jsp

```
<%@ page language="java" pageEncoding="gbk"%>
```

```
<%@ taglib prefix="c" uri="http://java.sun.com/jsp/jstl/core" %>
<%@ taglib prefix="fmt" uri="http://java.sun.com/jsp/jstl/fmt" %>
<jsp:useBean id="date" class="java.util.Date"></jsp:useBean>
<html>
<head>
<title>I18N 标签库</title>
</head>
<body>
<H4><c:out value="<fmt:param>标签的使用"></c:out></H4>
<hr>
<fmt:bundle basename="message">
<fmt:message key="news">
<fmt:param value="mrchi" />
<fmt:param value="${date}"/>
</fmt:message>
</fmt:bundle>
</body>
</html>
```

针对上述代码的相关说明如下。

（1）使用<fmt:bundle>标签把资源文件绑定在标签体内。

（2）在<fmt:bundle>标签内使用<fmt:message>得到键值。

（3）使用<fmt:param>为资源文件中的动态变量赋值。

上述程序的运行结果如图 12.20 所示。

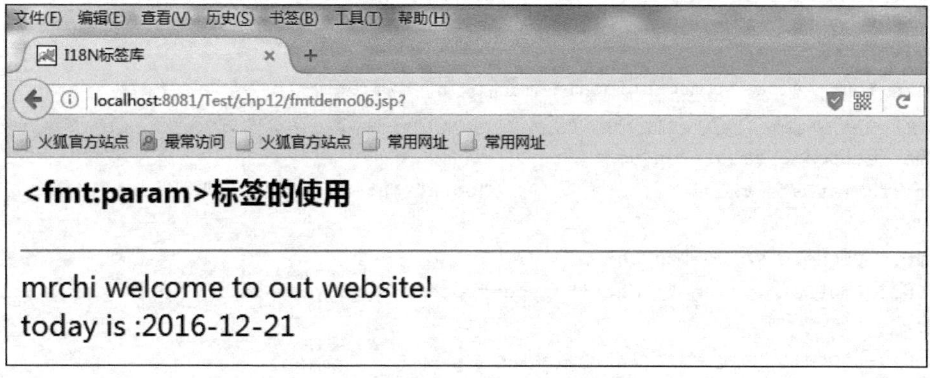

图 12.20 fmtdemo06.jsp 的运行结果

资源文件经过修改后，应用程序需要重载才能生效。

12.3.3 国际化

国际化这个分类中包含两个标签：用于设定语言地区的<fmt:setLocale/>标签和用于设定请求的字符编码的<fmt:requestEncoding>标签。

1. <fmt:setLocale/>标签

<fmt:setLocale>标签用来设定语言区域。语法如下：

```
<fmt:setLocale value="locale"[variant="variant"]
[scope="page|request|session|application"]/>
```

参数说明见表 12.14。

表 12.14　<fmt:setLocale>标签属性说明

参 数 名	说　明	EL	类　型	是否必需	默认值
value	指定区域代码	是	String java.util.Locale	是	无
variant	操作系统的类型	是	String	是	无
scope	设定时区的作用范围	否	String	是	page

value 属性用来指定使用的语言代码，可以从浏览器的工具→Internet 选项→语言→添加中查看浏览器支持的语言种类及语言代码，如中文等。

代码 12.21 设定了不同的区域代码，并根据不同的区域代码，显示不同格式的日期。

代码 12.21　<fmt:setLocale>标签示例：fmtdemo07.jsp

```
<%@ page language="java" pageEncoding="gbk"%>
<%@ taglib prefix="c" uri="http://java.sun.com/jsp/jstl/core" %>
<%@ taglib prefix="fmt" uri="http://java.sun.com/jsp/jstl/fmt" %>
<jsp:useBean id="date" class="java.util.Date"></jsp:useBean>
<html>
<head>
<title>I18N 标签库</title>
</head>
<body>
<H4><c:out value="<fmt:setlocale>标签的使用"></c:out></H4>
<hr>
<fmt:setLocale value="en_us" />
<fmt:formatDate value="${date}" type="both" dateStyle="full" timeStyle="full"/>
<hr>
<fmt:setLocale value="zh_cn" />
<fmt:formatDate value="${date}" type="both" dateStyle="full" timeStyle="full"/>
<hr>
<fmt:setLocale value="zh_TW"/>
<fmt:formatDate value="${date}" type="both" dateStyle="full" timeStyle="full"/>
</body>
</html>
```

针对以上代码的相关说明如下。

（1）浏览器默认与操作系统所使用的语言相同，因此默认值为 zh_cn。使用<fmt:setLocale/>标签设置使用的语言为 en_us（英语）。使用<fmt:formateDate/>格式化输出的时间字符串，该标签会根据不同的语言输出不同的日期格式。

（2）使用的语言修改为 zh_cn（中文），再次用格式化输出。

上述程序的运行结果如图 12.21 所示。

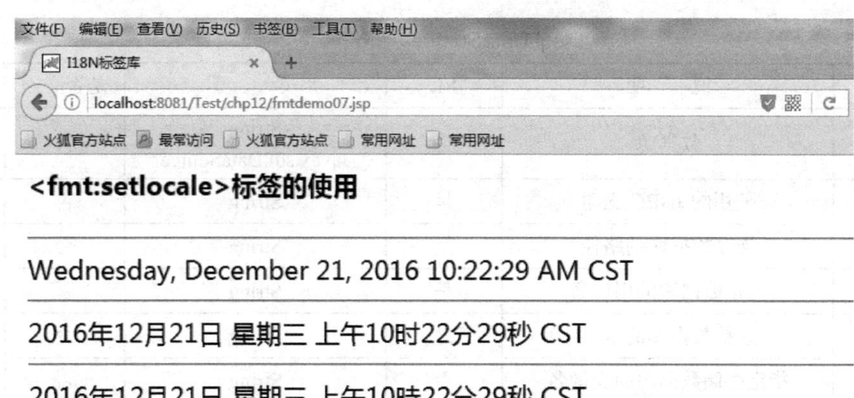

图 12.21　fmtdemo07.jsp 的运行结果

2. <fmt:requestEncoding>标签

该标签用于设定请求的编码格式，功能与 servletRequest.setCharacterEncoding()方法相同，语法如下：

```
<fmt:requestEncoding [value="charEncoding"]/>
```

value 属性用来指定使用的编码集，如 gbk、gb2312 等。当没有给出 value 的值时将会自动搜索，寻找合适的编码方式，因此能够很好地解决中文乱码问题。

12.4　SQL 标签库

JSTL 提供了与数据库相关操作的标签，可以直接从页面上实现数据库操作的功能，在开发小型网站时，可以很方便地实现数据的读取和操作。本章将详细介绍这些标签的功能和使用方法。

SQL 标签库从功能上可以划分为两类：设置数据源标签、SQL 指令标签。

引入 SQL 标签库的指令代码为：

```
<%@ taglib prefix="sql" uri="http://java.sun.com/jsp/jstl/sql" %>
```

12.4.1　设置数据源

使用<sql:setDataSource/>标签可以实现对数据源的配置。

语法 1：直接使用已经存在的数据源。

```
<sql:setDataSource dataSource="dataSource" [var="name"]
[scope="page|request|session|application"]/>
```

语法 2：使用 JDBC 方式建立数据库连接。

```
<sql:setDataSource driver="driverClass" url="jdbcURL"
user="username"
password="pwd"
[var="name"]
[scope="page|request|session|application"]/>
```

<sql:setDataSource/>标签的属性如表 12.15 所示。

表 12.15 <sql:DataSource>标签的属性

参数名	说　明	EL	类　型	是否必需	默认值
dataSource	数据源	是	String Javax.sql.DataSource	否	无
driver	使用的 JDBC 驱动	是	String	否	无
url	连接数据库的路径	是	String	否	无
user	连接数据库的用户名	是	String	否	无
password	连接数据库的密码	是	String	否	无
var	指定存储数据源的变量名	否	String	否	无
scope	指定数据源存储的 JSP 范围	否	String	否	page

属性“是否必需”是相对的，比如说如果使用数据源，则 driver、url 等就不再被使用。如果使用 JDBC，则要用到 driver、url、user、password 属性。

例如，连接 SQL Server 需要进行如下配置：

```
Driver="com.microsoft.jdbc.sqlserver.SQLServerDriver"
url=" jdbc:microsoft:sqlserver://localhost:1433; DatabaseName=pubs"
user="sa"
password=""
```

使用<sql:setDataSource/>配置的代码如下：

```
<sql:setDataSource driver="com.microsoft.jdbc.sqlserver.SQLServerDriver"
url="jdbc.microsoft:sqlserver://localhost:1433;DatabaseName=pubs"
user="sa"
password="">
```

如果连接其他数据库，只需修改相对应的项即可。

可以把数据连接的配置存入 session 中，如果再用到数据库连接只需配置使用 DataSource 属性即可。

12.4.2　SQL 指令标签

JSTL 提供了<sql:query>、<sql:update>、<sql:param>、<sql:dateParam>和<sql:transaction> 5 个标签，通过使用 SQL 语言操作数据库，实现增加、删除、修改等操作。下面将介绍查询和更新这两个标签的功能和使用方法。页面中进行数据库操作在实际工作中很少出现，这部分内容了解即可。

1. <sql:query>标签

<sql:query>标签用来查询数据。

语法 1：

```
<sql:query sql="sqlQuery" var="name" [scope="page|request|session|application"]
[dataSource="dateSource"]
[maxRow="maxRow"]
[startRow="starRow"]/>
```

语法 2：

```
<sql:query var="name" [scope="page|request|session|application"]
[dataSource="dateSource"]
[maxRow="maxRow"]
[startRow="starRow"]
>
sqlQuery
</sql:query>
```

该标签的属性说明如表 12.16 所示。

表 12.16　　<sql:query>标签的属性

参数名	说明	EL	类型	是否必需	默认值
sql	查询数据的 SQL 语句	是	String	是	无
dataSource	数据源对象	是	String Javax.sql.DataSoutce	否	无
maxRow	设定最多可以暂存数据的行数	是	String	否	无
startRow	设定从那一行数据开始	是	String	否	无
var	指定存储查询结果的变量名	否	String	是	无
scope	指定结果的作用域	否	String	否	page

使用<sql:query>必须指定数据源，dataSource 是可选的。如果未给定该属性标签，则会在 page 范围内查找是否设置过数据源。如果没有找到，将抛出异常。

一般情况下，使用<sql:setDateSource>标签设置一个数据源存储在 session 范围中，当需要数据库连接时使用 dataSource 属性并实现数据库的操作。

<sql:query>的 var 属性是必需的，用来存放结果集。如果没有指定 scope 范围，则默认为 page，即可在当前页面随时输出查询结果。结果集有一系列的属性如表 12-17 所示。

maxRows 和 startRow 属性用来操作结果集，使用 SQL 语句首先要将数据放入内存中，检查是否设置了 startRow 属性：如果设置了，就从 starRow 指定的那一行开始取 maxRows 个值，如果没有设定，则从第一行开始取。结果集参数的相关说明如表 12.17 所示。

表 12.17　　结果集参数

属性名	类型	说明
rowCount	int	结果集中的记录总数
Rows	Java.util.Map	以字段作为索引查询的结果
rowsByIndex	Object[]	以数字作为索引的查询结果
columnNames	String[]	用于得到字段名称数组
limitedByMaxRows	boolean	判断是否设置了 maxRows 属性来限制查询记录的数量

limitedByMaxRows 用来判断程序是否受到 maxRows 属性的限制。并不是说只要设定了 maxRows 属性，所得到的结果集中的 limitedByMaxRows 属性就都为 true，比如，当取出的结果集小于 maxRows 时，则 maxRows 没有对结果集起到作用，此时也为 false。例如，可以使用 startRow 属性限制结果集的数据量。

结果集的作用是定义了数据在页面中的显示方式。下面给出了结果集每个属性的作用。

- rowCount 属性：该属性统计结果集中有效记录的量，可以用于大批量数据分页显示。

- Rows 属性：得到每个字段对应的值。返回的结果为字段名={字段值…}。
- rowsByIndex 属性：从有效行的第一个元素开始遍历，到最后一个有效行的最后一个元素。
- columnNames 属性：用于得到数据库中的字段名。
- limitedByMaxRows 属性：用于判断是否受到了 maxRows 的限制。

代码 12.22 给出了配置数据库连接和使用<sql:query>查询数据以及结果集属性的方法。

代码 12.22　数据库示查询示例：sqldemo01.jsp

```
<%@ taglib prefix="c" uri="http://java.sun.com/jsp/jstl/core" %>
<%@ taglib prefix="sql" uri="http://java.sun.com/jsp/jstl/sql" %>
<%@ page contentType="text/html;charset=GBK"%>
<html>
<head>
<title>JSTL: SQL 标签</title>
</head>
<body >
<h3>SQL 标签库</h3>
<hr>
<sql:setDataSource var="ds" driver="com.mysql.jdbc.Driver" url="jdbc:mysql://
    localhost:3306/test"
user="root" password="root"/>
<sql:query datasource="${ds}" var="result" sql="select * from book" maxRows="2"
    startRow="1"/>
结果集的实质是：${result}<br>
得到的行数为：${result.rowCount}<br>
是否受到了 maxRows 的限制：${result.limitedByMaxRows}
<hr>
<table border="1" align="center">
<tr><c:forEach var="columnName" items="${result.columnNames}">
<td>
<c:out value="${columnName}"/>
</td>
</c:forEach> </tr>
<c:forEach var="row" items="${result.rowsByIndex}">
<tr>
<c:forEach var="column" items="${row}">
<td><c:out value="${column}"/></td>
</c:forEach>
</tr>
</c:forEach>
</table>
</body>
</html>
```

针对上述代码的相关说明如下。

（1）配置数据源。使用<sql:dataSource>标签配置数据源，因为只供本页使用，所以存储在默认的 page 范围中。

（2）使用<sql:query>标签进行数据库查询，定义了 maxRows 和 startRow 属性，并把结果集存储于作用在 page 范围的 result 变量。使用${result}输出可以发现结果集就是一个 ResultImpl 类。

提示

在进行数据源配置时，程序不会检查数据库连接是否配置正确，直接根据设定的数据库及连接访问。如果没有找到，则抛出操作的异常。因此，可以使用<c:catch></c:catch>来进行异常捕获处理。

（3）使用结果集的 rowCount 属性得到记录的总量。代码如下：

```
${result.rowCount}
```

（4）使用结果集的 limitedMaxRows 属性判断是否受到 maxRows 设置的影响。代码如下：

```
${result.limitedMaxRows}
```

（5）从结果集中得到数据库中定义的所有字段。${result.columnnames}得到的结果是一个字符串数组，因此需要使用<c:forEach>循环输出。代码如下：

```
<c:forEach var="columnName" items="${result.columnNames}">
<c:out value="${columnName}"/>
</c:forEach>
```

（6）从结果集中得到所有的值。首先要遍历每一行，然后遍历每一行中的元素，因此需要循环嵌套。代码如下：

```
<c:forEach var="columnName" items="${result.columnNames}">
<c:out value="${columnName}"/>
</c:forEach>
<c:forEach var="row" items="${result.rowsByIndex}">
<c:forEach var="column" items="${row}">
<c:out value="${column}"/></td>
</c:forEach>
</c:forEach>
```

本示例适用于任何数据库表，只要把数据库的 URL、使用的 JDBC 进行相应的配置，并对操作的数据表名进行相应修改即可看到结果。

上述程序的运行结果如图 12.22 所示。

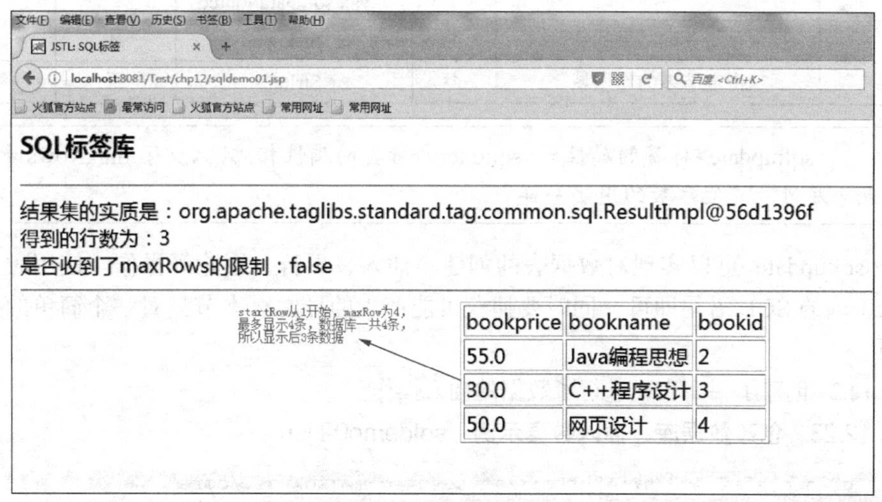

图 12.22　查询操作结果图

数据库 book 表的数据截图如图 12.23 所示。

2. <sql:update>标签

<sql:update>用来操作数据库（如使用 create、update、delete 和 insert 等 SQL 语句），并返回影响记录的条数。

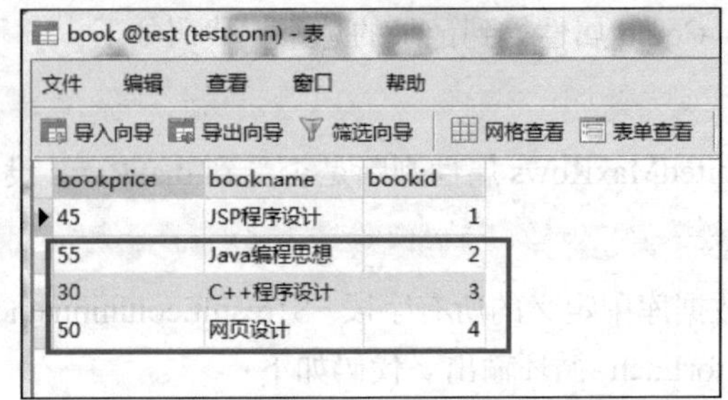

图 12.23　数据库 book 表的数据截图

语法 1：SQL 语句放在标签属性中。

```
<sql:update sql="SQL 语句" [var="name"] [scope="page|request|session|application"]
[dateSource="dateSource"]/>
```

语法 2：SQL 语句放在标签体内。

```
<sql:update [var="name"] [scope="page|request|session|application"]
[dateSource="dateSource"]
/>
SQL 语句
</sql:update>
```

该标签的相关属性说明如表 12.18 所示。

表 12.18　<sql:update>标签的属性

参 数 名	说　明	EL	类　型	是否必需	默 认 值
sql	查询数据的 SQL 语句	是	String	是	无
dataSource	数据源对象	是	String Javax.sql.DataSoutce	否	无
var	指定存储查询结果的变量名	否	String	是	无
scope	指定结果的作用域	否	String	否	page

提示

<sql:update>标签的属性同<sql:query>标签的属性相比，只少了 maxRows 和 startRow 两个属性。其他参数的用法一样。

使用<sql:update>可以实现对数据表的创建、插入、更行、删除等操作。使用时只需在标签中放入正确的 SQL 语句即可，同时要捕获可能产生的异常。本节只对一个简单的插入操作进行说明。

代码 12.23 创建了一个表，进行了数据的插入操作。

代码 12.23　创建数据库、插入数据示例：sqldemo02.jsp

```
<%@ taglib prefix="c" uri="http://java.sun.com/jsp/jstl/core" %>
<%@ taglib prefix="sql" uri="http://java.sun.com/jsp/jstl/sql" %>
<%@ page contentType="text/html;charset=GBK"%>
<html>
<head>
<title>JSTL: SQL 标签</title>
</head>
<body >
```

```
<h3>SQL 标签库</h3>
<hr>
<sql:setDataSource var="ds" driver="com.mysql.jdbc.Driver" url="jdbc:mysql://
    localhost:3306/test"
user="root" password="root"/>
实现数据库表的创建<br>
<sql:update var="result1" dataSource="${ds}">
create table c_user (
id int primary key ,
name varchar(80),
sex varchar(80)
)
</sql:update>
<c:catch var="error">
<sql:transaction dataSource="${ds }">
<sql:update var="result2" sql="insert c_user values(5,'Linda','女')"/>
<sql:update var="result2" sql="insert c_user values(1,'Rom','男') "/>
</sql:transaction>
影响的记录数为：<c:out value="${result2}"></c:out>
</c:catch>
<c:out value="${error}"></c:out><br>
<hr>
</body>
</html>
```

针对上述代码的相关说明如下。

（1）配置数据源。

（2）使用<sql:update>标签创建一个新表。

（3）向表中插入两行数据。

本示例也没有针对固定的表进行操作，在使用时直接运行即可。如果使用的是其他数据库，需要更改数据源配置和修改部分 SQL 语句。

上述程序的运行结果如图 12.24 所示。

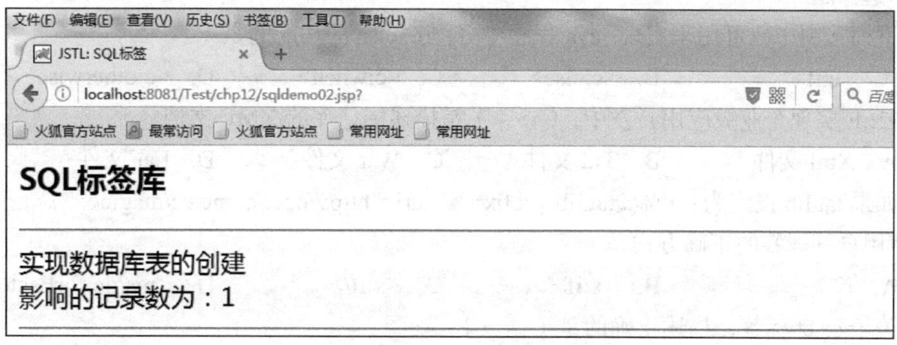

图 12.24 sqldemo02.jsp 的运行效果

从图 12.24 中可以发现，使用<sql:update>的 var 属性记录结果是不准确的，尤其是在一个标签中使用多条 SQL 语句只能记录下第一条。在数据库中创建的 c_user 表如图 12.25 所示。

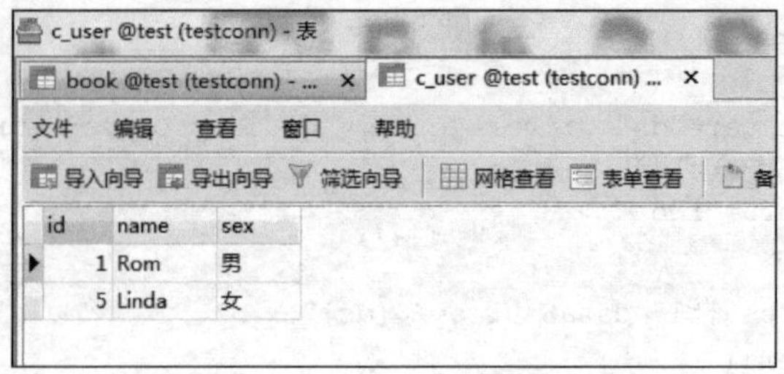

图 12.25　SQL 表的内容

本章总结

- 核心标签库
    - 表达式控制标签
    - 流程控制标签 if…else
    - 循环标签 foreach
    - url 操作标签
- 国际化标签
    - 数字和日期格式化
    - 读取消息资源
    - 国际化
- SQL 标签库
    - 设置数据源
    - 进行插入和查询等操作

课后练习

一、选择题

1. 下列选项中，可用来实现 Java 程序中 if、if...else 的功能的是（　　）。

   A. <c:if>　　B. <c:else>　　C. <c:when>　　D. <c:otherwise>

2. J2EE 实现企业级应用开发中，（　　）是描述标记库的 XML 文档。

   A. Xml 文件　　B. Tld 文件　　C. War 文件　　D. Ear 文件

3. 如果 taglib 设定为：<%@taglib prefix="x" uri="http://openhome.cc/magic/x"%>，则下列选项中，使用自订标签的正确方式是（　　）。

   A. if　　B. <x:if>　　C. <x:if/>　　D. <magic:forEach>

4. 关于 c:set 标签，描述正确的是（　　）。

   A. 目的是为了给 javabean 的属性赋值

   B. var 定义的值表示放在 scope 作用域内的属性名称

   C. 默认设置对象的作用域是 request

D. value 属性支持 EL 表达式

5. 关于 forEach 标签描述正确的是（　　）。

A. 遍历集合的属性为 items

B. var 属性定义了一个新的变量来接收集合中的对象，默认在 request 作用域

C. varStatus 的 index 属性表示当前数据在集合中的下标，从 1 开始

D. 循环体内可以用 EL 表达式直接获取

二、上机练习

实现用户登录功能，需求如下。

（1）创建用户登录页面 login.jsp。

① 编写一个表单，用户输入用户名和密码。

② 显示登录失败时的失败信息。

③ 显示用户没登录就访问时的信息。

（2）创建用户登录处理页面。

① 获取请求参数，与用户名 sun 和密码 123456 比较。

② 登录成功保存用户信息并跳转到显示页面。

③ 登录失败保存登录失败信息并跳转到用户登录页面

（3）创建显示页面 show.jsp。

① 权限验证，如果登录成功，则显示用户信息。

② 如果登录失败，则跳转到用户登录页面 login.jsp。

要求：使用 JSTL 标签结合 EL 表达式开发，页面尽量减少 Java 脚本的使用。

第13章 JSP 自定义标签

学习内容

- 认识什么是自定义标签
- 开发基于 JSP 2.0 的自定义标签
- 了解自定义标签的工作原理
- JSP 的新增特性：编写和使用标记文件

学习目标

- 学会自定义标签的编写和使用方法
- 学会编写和使用标记文件

本章简介

本章主要讲解JSP页面中的自定义标签、基于JSP 2.0编写和使用自定义标签的基本开发过程、标记文件，以及其在页面中的应用方式。

13.1 JSP 自定义标签概述

1. 什么是自定义标签

自定义标签和 JSTL 中的标签从技术上看没有任何区别，可以将这些标签统称为 JSP 标签。JSP 标签在 JSP 页面中通过 XML 语法格式被调用。当 JSP 引擎将 JSP 页面翻译成 Servlet 时，就将这些调用转换成执行相应的 Java 代码。也就是说，JSP 标签实际上就是调用了某些 Java 代码。自定义标签在功能上和逻辑上与 Java Bean 类似，都封装了 Java 代码。只是在 JSP 页面中以另外一种形式（XML 语法格式）表现出来。

2. 为什么需要使用自定义标签

（1）分离 JSP 页面中的业务逻辑和表示逻辑，业务逻辑交给标签处理，页面上只写一个标签引入，而网页开发人员只编写 HTML 代码。

（2）业务逻辑开发人员创建自定义标签，封装业务逻辑，而且这部分代码可重复使用和维护。

（3）减少了 JSP 页面中的 Java 脚本，减少了维护成本，且提供了可重用的功能组件。

（4）自定义标签可以操作 JSP，但 Java Bean 不能。对于复杂的操作，相对于 Java Bean，自定义标签可使代码得到简化。

13.2　JSP 2.0 开发自定义标签

13.2.1　不带标签体的标签

在 JSP 1.1 规范中开发自定义标签库比较复杂，而 JSP 2.0 规范简化了标签库的开发。在 JSP 2.0 中开发标签库只要如下几个步骤。

- 开发自定义标签处理类。
- 建立一个*.tld 文件，每个*.tld 文件对应一个标签库，每个标签库对应多个标签。
- 在 JSP 文件中使用自定义标签。

1. 开发自定义标签首先要编写标记处理程序类

实际上，也就是定义标签的行为，以方便后续调用。标签处理类是一个 Java 类。这个类继承了 TagSupport 或者扩展了 SimpleTag 接口。通过这个类，可以实现自定义 JSP 标签的具体功能。JSP 2.0 继承 SimpleTagSupport 类，并重写里面的 doTag 方法。具体标签的类层次结构如图 13.1 所示。

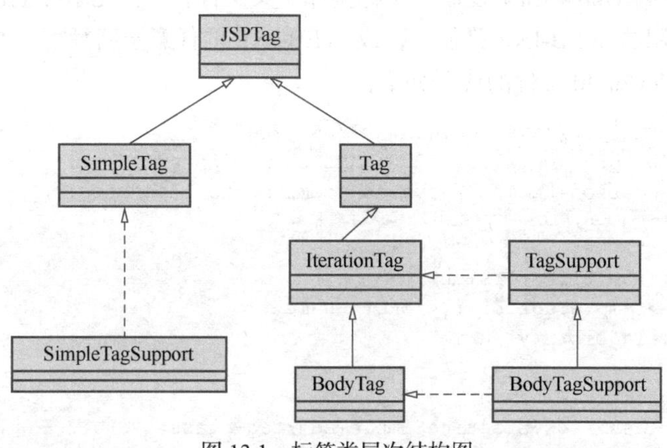

图 13.1　标签类层次结构图

相关说明如下。

（1）Tag 接口：开发一个标签所要完成的基本接口。

（2）IterationTag：继承自 Tag，新增了一个方法和一个用作返回值的常量，主要用于对标签体的重复处理。

（3）BodyTag：开发带有标签体的标签，继承自 IterationTag，增加了两个方法和一个用作返回值的常量，可以在处理器内部对标签执行后的内容进行处理。

（4）SimpleTag：称作简单标签，在 JSP 2.0 规范中的实现类为 SimpleTagSupport 继承该类并重写 doTag()方法。比如，开发一个欢迎用户的标签 GreetingTag.java 时，就可以继承扩展 SimpleTagSupport 类。当遇到标签结束元素时，SimpleTag 接口的 doTag()方法被调用。

自定义标签除了实现 simpleTagSupport 的 doTag() 方法之外还需要满足以下要求：如果标签类包含属性，每个属性都有对应的 getter() 和 setter () 方法。

GreetingTag.java 代码：

```
package tags;
import javax.servlet.jsp.tagext.SimpleTagSupport;
import javax.servlet.jsp.JspContext;
import javax.servlet.jsp.JspException;
import java.io.IOException;
public class GreetingSimpleTag extends SimpleTagSupport{
    private String user;

    public void setUser(String user){ this.user = user; }
    public String getUser() { return user; }
    public void doTag() throws JspException, IOException{
        getJspContext().getOut().println("Hello, "  + user);
    }
}
```

这里的 getJspContext()可获取页面上下文对象，便于向页面输出内容。

2. 建立标签库定义文件 （TLD）

TLD 是 Tag Library Definition 的缩写，其文件的扩展名是.tld。每个 TLD 文件均对应一个标签库，一个标签库中可包含多个标签。TLD 文件也称为标签库定义文件。

标签库定义文件的根元素是 taglib。它可以包含多个 Tag 子元素，每个 Tag 子元素都定义一个标签。通常我们可以到 Web 容器下复制一个标签库定义文件，并在此基础上进行修改即可。将该文件复制到 Web 应用的 WEB-INF/路径下，或 WEB-INF 的任意子路径下，并对该文件进行简单修改，修改后的 jspdev20.tld 文件的代码如下：

```
<taglib xmlns="http://java.sun.com/xml/ns/j2ee"
    xmlns:xsi="http://www.w3.org/2001/XMLSchema-instance"
    xsi:schemaLocation="http://java.sun.com/xml/ns/j2ee http://java.sun.com/xml/ns/
      j2ee/web-jsptaglibrary_2_0.xsd"
    version="2.0">
<tlib-version>1.0</tlib-version>
    <short-name>SimpleTagLibrary</short-name>
    <uri>/SimpleTagLibrary</uri>
    <tag>
        <name>greeting</name>
         <tag-class>tags.GreetingSimpleTag</tag-class>
         <body-content>empty</body-content>
           <attribute>
           <name>user</name>
           <required>true</required>
           <rtexprvalue>true</rtexprvalue>
         </attribute>
     </tag>

</taglib>
```

上述标签库定义文件也是一个标准的 XML 文件。该 XML 文件的根元素是 taglib 元素，因此以后每次编写标签库定义文件都直接添加该元素即可。

taglib 下有三个子元素。

- tlib-version：指定该标签库实现的版本。这是一个作为标识的内部版本号，对程序没有太大的作用。
- short-name：该标签库的默认名称。该名称通常也没有太大的用处。

- uri：这个属性非常重要，它指定该标签库的 URI，相当于指定该标签库的唯一标识。

在 JSP 页面中使用标签库时就是根据 uri 属性来定位标签库的。

除此之外，taglib 元素下可以包含多个 Tag 元素，每个 Tag 元素定义一个标签，Tag 元素下至少应包含如下三个子元素。

- name：指定标签库的名称。这个属性很重要，因为 JSP 页面就是根据该名称来使用此标签的。
- tag-class：指定标签的处理类。毋庸置疑，这个属性非常重要，指定了标签由哪个 Java 类来处理。
- body-content：指定标签体内容。该元素的值可以是如下几个。
    - empty：指定该标签只能作用于空标签。
    - scriptless：指定该标签的标签体可以是静态 HTML 元素、表达式语言，但不允许出现 JSP 脚本。
    - JSP：指定该标签的标签体可以使用 JSP 脚本。
- attribute：对于有属性的标签，需要为 Tag 元素增加 attribute 子元素。每个 attribute 子元素定义一个属性。attribue 子元素通常还需要指定如下几个子元素。
    - name：设置属性名，子元素的值是字符串内容。
    - required：设置该属性是否为不需要属性，子元素的值是 true 或 false。
    - fragment：设置该属性是否支持 JSP 脚本、表达式等动态内容，子元素的值是 true 或 false。

实际上，由于 JSP 2.0 规范不再推荐使用 JSP 脚本，所以 JSP 2.0 自定义标签的标签体中不能包含 JSP 脚本。实际上 body-content 元素的值不可以是 JSP。

定义了上面的标签库定义文件后，将标签库文件放在 Web 应用的 WEB-INF/路径下或任意子路径下，Java Web 规范会自动加载该文件，则该文件定义的标签库也将生效。

3. 使用标签库中定义的标签

在 JSP 页面中指定标签需要满足两点。

- 标签库 URI：确定使用哪个标签库。
- 标签名：确定使用哪个标签。

使用标签库分成以下两个步骤。

- 导入标签库：使用 taglib 编译指令导入标签库，也就是将标签库和指定前缀关联起来。
- 使用标签：在 JSP 页面中使用自定义标签。

taglib 的语法格式如下：

```
<%@ taglib uri="tagliburi" prefix="tagPrefix" %>
```

其中，uri 属性确定标签库的 URI，prefix 属性指定标签库前缀，即所有使用该前缀的标签将由此标签库处理。

使用标签的语法格式如下：

```
<tagPrefix:tagName tagAttribute="tagValue" … >
   <tagBody/>
</tagPrefix:tagName>
```

如果该标签没有标签体，则可以使用如下语法格式：

```
<tagPrefix:tagName tagAttribute="tagValue" … />
```

使用 greetingtag 标签的 greeting20.jsp 页面的代码如下：

```
<%@ taglib uri="/WEB-INF/jspdev20.tld" prefix="tt" %>
<html><head><title>Greeting Simple Tag Test</title></head>
<body>
   <center>
   <tt:greeting user="George Zhu"/>
   </center>
</body>
</html>
```

使用浏览器访问 greeting20.jsp，结果如图 13.2 所示。

Hello, George Zhu

图 13.2　不带标签体的自定义标签界面

13.2.2　带标签体的标签

带标签体的标签，可以在标签内嵌入其他内容（包括静态的 HTML 内容和动态的 JSP 内容），通常用于完成一些逻辑运算，如判断和循环等。下面以一个迭代器标签为示例，介绍带标签体的标签的开发过程。

先定义一个标签处理类。该标签处理类 IteratorTag.java 的代码如下：

```
package tags;

import java.io.IOException;
import java.util.Collection;

import javax.servlet.jsp.JspException;
import javax.servlet.jsp.tagext.SimpleTagSupport;

public class IteratorTag extends SimpleTagSupport
{
   //标签属性，用于指定需要被迭代的集合
   private String collection;
   //标签属性，指定迭代集合元素，为集合元素指定名称
   private String item;
   //collection 属性的 setter 和 getter 方法
   public void setCollection(String collection)
   {
      this.collection = collection;
   }
   public String getCollection()
   {
      return this.collection;
   }
   //item 属性的 setter 和 getter 方法
   public void setItem(String item)
   {
```

```
        this.item = item;
    }
    public String getItem()
    {
        return this.item;
    }
    //标签的处理方法，简单标签处理类只需要重写 doTag()方法
    public void doTag() throws JspException, IOException
    {
        //从 page scope 中获取属性名为 collection 的集合
        Collection itemList = (Collection)getJspContext().getAttribute(collection);
        //遍历集合
        for (Object s : itemList)
        {
            //将集合的元素设置到 page 范围
            getJspContext().setAttribute(item, s );
            //输出标签体
            getJspBody().invoke(null);
        }
    }
}
```

InteratorTag.java 中的标签处理类与前文的处理类并没有太大的不同。该处理类包含两个属性，并为这两个属性提供了 setter()和 getter()方法。标签处理类的 doTag()方法首先从 page 范围内获取了指定名称的 Collection 对象，然后遍历 Collection 对象的元素，每次遍历都调用了 getJspBody()方法。该方法返回标签所包含的标签体：JspFragment 对象。执行该对象的 invoke()方法，即可输出标签体内容。该标签的作用是：遍历指定集合，每遍历一个集合元素，就输出标签体一次。

因为该标签的标签体不为空，所以配置该标签时指定 body-content 为 scriptless。

该标签的配置代码片段如下：

```
<!-- 定义标签名 -->
    <name>iterator</name>
    <!-- 定义标签处理类 -->
    <tag-class>tag.IteratorTag</tag-class>
    <!-- 定义标签体支持 JSP 脚本 -->
    <body-content>scriptless</body-content>
    <!-- 配置标签属性:collection -->
    <attribute>
        <name>collection</name>
        <required>true</required>
        <fragment>true</fragment>
    </attribute>
    <!-- 配置标签属性:item -->
    <attribute>
        <name>item</name>
        <required>true</required>
        <fragment>true</fragment>
    </attribute>
</tag>
```

上述配置片段中，粗体字代码指定该标签的标签体可以是静态 HTML 内容，也可以是表达式语言。

为了测试在 JSP 页面（iterator20.jsp）中使用该标签的效果，首先把一个 List 对象设置成 page 范围的属性，然后使用该标签来迭代输出 List 集合的全部元素。

JSP 页面 iterator20.jsp 的代码如下：

```
<%@page import="java.util.*"  %>
<%@ taglib uri="/WEB-INF/jspdev20.tld" prefix="tt" %>
<html>
   <head>
      <title>带标签体的标签-迭代器标签</title>
   </head>
   <body>
      <h2>带标签体的标签-迭代器标签</h2>
      <hr>
      <%
      //创建一个 List 对象
      List<String> a = new ArrayList<String>();
      a.add("hello");
      a.add("world");
      a.add("java");
      //将 List 对象放入 page 范围内
       pageContext.setAttribute("a" , a);
       %>
       <table border="1" bgcolor="aaaadd" width="300">
       <!-- 使用迭代器标签，对 a 集合进行迭代 -->
       <tt:iterator collection="a" item="item">
          <tr>
             <td>${pageScope.item}</td>
          <tr>
       </tt:iterator>
       </table>
    </body>
</html>
```

上述代码中的粗体字代码即可实现通过 iterator 标签来遍历指定集合的功能。浏览该页面即可看到图 13.3 所示的界面。

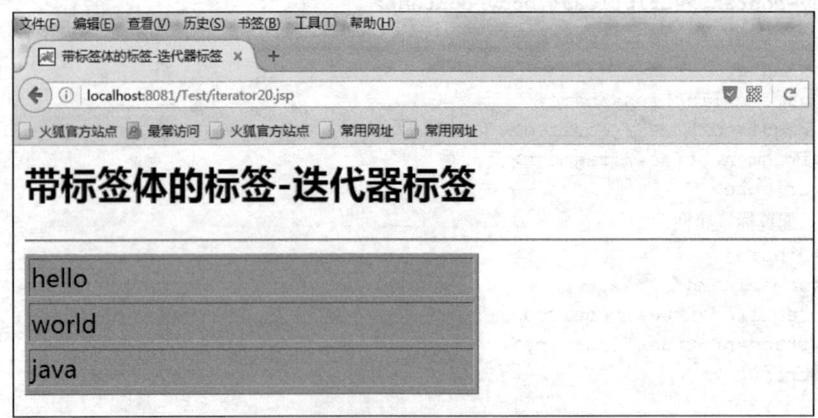

图 13.3　带标签体的自定义标签的效果

图 13.3 中显示了使用 iterator 标签遍历集合元素的效果。从 iteratorTag.jsp 页面的代码来看，使用 iterator 标签遍历集合元素比使用 JSP 脚本遍历集合元素要方便得多。这就是自定义标签的魅力。

实际上，JSTL 标签库提供了一套功能强大的标签，例如普通的输出标签、用于分支判断的标签等。JSTL（JSP 标准标签库）都有非常完善的实现。

13.3　JSP 2.0 标记文件

1. 什么是标记文件及为什么要用标记文件

标记文件是 JSP 技术最重要的新增功能之一。它允许 Web 开发人员利用 JSP 语法创建自定义的标记库。

JSP 容器自动将 JSP 标记文件转换为 Java 代码，其过程与从 JSP 页透明地生成 Java Servlet 的过程相同。

使用标记文件的原因如下。

- 本质上是为了便于 JSP 代码段的提取。
- 标记文件为基础页面制作人员提供重用的功能，使这些人员能将精力集中于表达，而不需要了解 Java。
- JSP 2.0 的标记文件类似于 JSP 页，因为都使用 JSP 语法，然后 JSP 容器获取 JSP 标记文件，并分析这些标记文件。
- 生成 Java 标记处理程序，并自动编译它们。标记文件是从 JSP 页进行调用的，JSP 页使用与 <prefix:tagFileName> 模式相匹配的自定义标记。
- 因为 JSP 库是利用 Java 标记处理程序所实施的，不必创建任何标记库描述器（TLD）。

2. 标记文件的语法

标记文件实际上就是 JSP 文件，文件名以.tag 结尾。标签名和.tag 文件名一致，.tag 文件为 JSP 文件，可以有属性，可把 JSP 页面当 JavaBean 文件一样使用。

标记文件和 JSP 的语法几乎相同。第一个区别是新的<%@tag%>指示语句，它等同于<%@page%>。

标记文件并不在一个单独的.tld 文件中声明其属性和变量，而是使用<%@attribute%>和<%@variable%>指示语句。

当从 JSP 页调用标记文件时，自定义标记可以具有主体（在<prefix:tagFileName>与</prefix:tagFileName>之间）。该主体可以由标记文件利用<jsp:doBody>操作来执行。

为了使标记文件能够被 JSP 容器所识别，标记文件必须使用.tag 扩展名进行命名，并且必须放置在 Web 应用程序的/WEB-INF/tags 目录中或者/META-INF/tags 的子目录中。如果采用这种部署方法，则不必创建任何标记库描述器（TLD），因为 JSP 库是利用 Java 标记处理程序所实施的。

下面来详细讨论标记文件中的指令。

（1）taglib

使用 taglib 指令可以引入 Web 服务目录下的标记库。

（2）include

在.tag 文件出现该指令的位置，静态插入一个文件。

（3）tag

通过 tag 指令可以指定某些属性的值，以便从总体上影响.tag 文件的处理和表示。

.tag 文件中的 tag 指令，相当于 JSP 文件中的 page 指令，.tag 文件通过使用 tag 指令来指定某些指令的值，可以同时有多个.tag 指令。

① body-content：tag 标记的使用格式，其取值不同所代表的格式也不同。值为 empty 时，没有标记体；值为 scriptless 时，标记体内不能有 Java 程序片段；值为 tagdependent 时，将标记体的内容按纯文本处理。默认值为 scriptless。

② attribute：标签参数信息。

③ import：为.tag 文件引入 Java 核心包中的类。这样就可以在.tag 文件的程序片段部分、变量及声明部分、表达式部分使用 Java 核心包中的类。

④ pageEncoding：为.tag 文件指定字符编码，默认值为 ISO-8859-1。

⑤ isELIgnored：是否支持 EL 表达式。

tag 指令的语法如下。

```
<%@ tag 属性1=""  属性2="" … 属性n=""%>
<%@ tag 属性1=""%>
<%@ tag 属性2=""%>
```

（4）attribute

attribute 指令可以让使用它的 JSP 页面向该.tag 文件传递需要的数据，语法如下：

```
<%@ attribute  name="对象名" required="true/false" type="对象类型"%>
```

name 是必选属性，如果 required 为 true，就必须为 name 的属性指定一个对象引用；对象的类型必须带有包名，如果没有，type 就默认为 java.lang.String。

可选属性 Rtexpvalue，用于指定使用标签时能不能使用表达式来动态指定数据。如果其值为 true，表示该属性设置的时候可以给定一个 EL 表达式或者 Java 脚本。

（5）variable

该指令的语法如下：

```
<%@ variable name-given="" name-from-attribute="" alias="" variable-class=""
   declare="" scope="" desription="">
```

这个指令可用来设定标签文件的变量。在上述语法中，name-given 表示直接指定变量的名称；name-from-attribute 表示以自定义标签的某个属性值为变量名称；alias 表示声明一个局部范围属性，用来接收变量的值；variable-class 表示变量的类名称，默认值为 java.lang.String；declare 表示此变量是否声明（默认值为 true）；scope 表示此变量的范围，范围是 AT_BEGIN、AT_END 和 NESTED，默认值为 NESTED，AT_BEGIN、NESTED（只可以在标记体内使用对象）、AT_END（在 tag 标记体结束后才可以使用对象）；description 用来说明此变量的相关信息。

3. 如何自定义和使用标记文件

（1）实例一

首先，定义一个.tag 文件，实现给定一个天数 days 并在页面上显示 days 天数之后的日期的功能，同时将文件放到 WEB-INF 的 tags 目录下。

shipDate.tag：

```
<%@ taglib uri="http://java.sun.com/jsp/jstl/fmt" prefix="fmt" %>
```

```
<%@ attribute name="days" required="true" rtexprvalue="true" %>
<jsp:useBean id="now" class="java.util.Date" />
<jsp:useBean id="shipDate" class="java.util.Date" />
<jsp:setProperty name="shipDate" property="time" >
  <jsp:attribute name="value">
    ${now.time + 86400000 * days}
  </jsp:attribute>
</jsp:setProperty>
<jsp:doBody />
<fmt:formatDate value="${shipDate}" type="date" dateStyle="full"/>.<br><br>
```

其次，定义一个 JSP 页面引入该标签。

shipDate.jsp：

```
<%@taglib tagdir="/WEB-INF/tags" prefix="tt"%>
<%@taglib prefix="fmt" uri="http://java.sun.com/jsp/jstl/fmt"%>
Thank you for buying books, <tt:shipDate days="5"/>
```

运行上述程序的结果如图 13.4 所示。

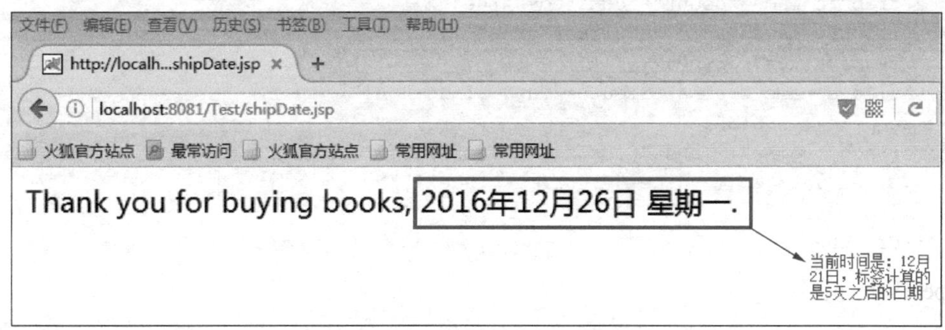

图 13.4　shipDate.jsp 的运行结果

（2）实例二

开发一个实现循环输出指定次数标签体的标记文件，在.tag 文件中，通过使用<jsp:body/>来接收并处理 JSP 页面传递过来的信息。

Repeat.tag：

```
<%@taglib prefix="c" uri="http://java.sun.com/jsp/jstl/core"%>
<%@attribute name="count" required="true"%>
<c:forEach begin="1" end="${count}">
  <jsp:doBody/>
</c:forEach>
```

Repeat.jsp：

```
<%@ taglib tagdir="/WEB-INF/tags" prefix="tt" %>
<html><head><title>Repeat Tag Test</title></head>
<body>
    <tt:repeat count="5">
       <p><center>repeating test</center>
    </tt:repeat>
</body>
</html>
```

上述程序运行后，结果如图 13.5 所示。

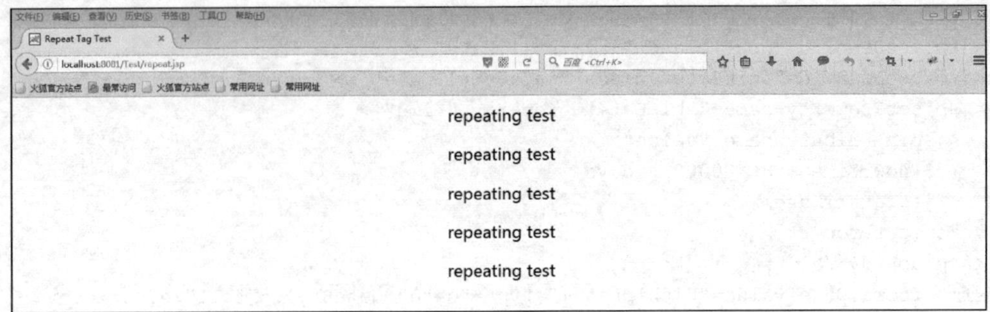

图 13.5　标记文件实现 repeat 标签

（3）实例三

类似于 c:forEach 标签的 var 属性定义的变量，此变量可以出现在循环体内。

repeatVar.tag：

```
<%@taglib prefix="c"
    uri="http://java.sun.com/jsp/jstl/core"%>
<%@attribute name="count" required="true"%>
<%@attribute name="var" required="true"
    rtexprvalue="false"%>
<%@variable name-from-attribute="var" alias="obj"
    scope="AT_BEGIN"%>
<c:forEach begin="1" end="${count}"  varStatus="current">
    <c:set var="obj" value="${current.index}"/>
    <jsp:doBody/>
</c:forEach>
```

repeatVar.jsp：

```
<%@ taglib tagdir="/WEB-INF/tags" prefix="tt" %>
<html><head><title>RepeatVar Tag Test</title></head>
<body>
   <tt:repeatVar count="5" var="i">
        current index is ${i}<br/>
   </tt:repeatVar>
${i}
</body>
</html>
```

上述程序在浏览器中的显示效果如图 13.6 所示。

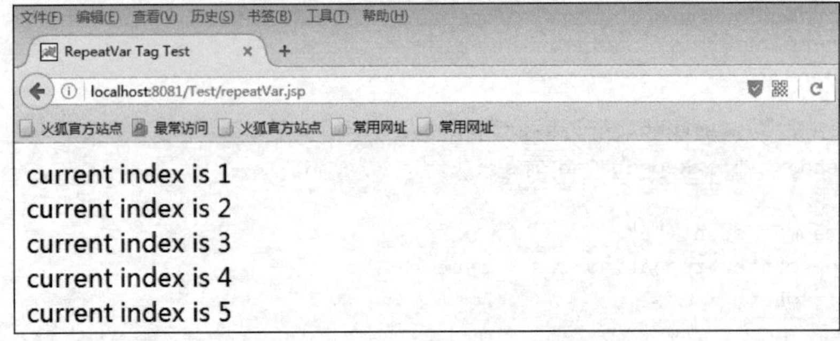

图 13.6　repeat var.jsp 的运行结果

本章总结

- JSP 2.0 自定义标签
  - 不带标签体的标签开发
  - 带标签体的开发和使用
- JSP 2.0 的新特性
  - 编写标记文件
  - 使用标记文件自定义标签

课后练习

一、选择题

1. 关于 tag 元素的 body-content 属性，以下说明正确的是（　　）。

   A. 可设定的值有 JSP、scriptless、empty 与 tagdependent

   B. 可设定的值有 scriptless、empty 与 tagdependent，因为 JSP 2.0 之后不能用 JSP，标签体内不能有 JSP 脚本了

   C. 默认值是 scriptless

   D. 设定为 tagdependent 时，本体内容将不作任何处理而是直接传入 Tag File 中

2. 在继承 SimpleTagSupport 后，doTag()的内容如下。

```
public void doTag()throws JspException {
    try {
        if(test){
            getJspBody()._______;
        }
    } catch (java.io.IOException ex){
        throw new JspException("执行错误", ex);
    }
}
```

上述代码中横线处的内容为（　　）。

   A. invoke()　　　　　　　　B. invoke(new JSPWriter())

   C. invoke(null)　　　　　　D. invoke(new PrintWriter())

3. 在使用 Tag File 自定义标签时，若 JSP 中有以下内容：

```
<%@taglib  prefix="html" tagdir="/WEB-INF/tagFile" %>
```

则以下描述正确的是（　　）。

   A. 可以通过<htmlErrors/>的方式使用自定义标签

   B. 可以通过<html:Errors/>的方式使用自定义标签

   C. 可以通过<Errors/>的方式使用自定义标签

   D. taglib 的定义有误，无法使用自定义标签

4. 标记文件中设定标签文件的变量 variable 的 scope 属性表示变量的作用范围，当 scope 属性取（　　）值时，标签结束才能使用变量。

A. AT_BEGIN　　B. NESTED　　C. AT_END

5. 自定义标记文件中属于 tag 指令的属性有（　　）。

A. pageEncoding　　B. var　　C. import　　D. body_content

二、上机练习

使用 JSP 2.0 简单标记处理程序，输出“Hello world”。

第 14 章 Ajax 基础及应用开发

学习内容

- 什么是 Ajax
- Ajax 的原理
- Ajax 实例开发过程
- XMLHttpRequest 对象详解
- jQuery 请求 Ajax 的典型开发
- jQuery 开发 Ajax 的实战

学习目标

- 理解 Ajax 原理和技术特点
- 能编写基本的 Ajax 程序
- 理解异步交互特点和 Ajax 应用场合
- Ajax 开发体验，并能够掌握 XMLHttpRequest 对象的使用
- jQuery 结合 Ajax 开发技术的熟练掌握

本章简介

本章主要讲解 Web 2.0 的核心技术——Ajax 的相关知识。通过学习本章，读者应理解 Ajax 技术是多种技术的结合，理解 Ajax 的异步交互技术的特点和使用场景，能够运用 XMLHttpRequest 对象完成 Ajax 程序的编写，掌握 jQuery 结合 Ajax 开发的三个典型方法，最后结合实战应用加强对 Ajax 的理解。

14.1 什么是 Ajax

Ajax 是 Asynchronous JavaScript and XML（以及 DHTML 等）的缩写。Ajax 由 HTML、JavaScript 技术、DHTML 和 DOM 组成。它最大的特点是在不刷新页面的前提下进行数据的维护，也就是数据响应到浏览器的时候不需要刷新页面。

下面是 Ajax 应用程序所用到的基本技术。

- HTML 用于建立 Web 表单并确定应用程序其他部分使用的字段。

- JavaScript 代码是运行 Ajax 应用程序的核心代码，帮助改进与服务器应用程序的通信。
- DHTML 或 Dynamic HTML，用于动态更新表单。我们将使用 Div、Span 和其他动态 HTML 元素来标记 HTML。
- 文档对象模型 DOM（Document Object Model）通过 JavaScript 代码处理 HTML 结构和（某些情况下）服务器返回的 XML。

14.2　Ajax 的特点和原理

14.2.1　Ajax 的特点和使用场景

使用百度地图时，若想在地图上查看某个地方的信息，只需移动鼠标到那个地方就会显示其相关信息，这时页面并没有刷新。这里面就有 Ajax 的应用，如图 14.1 所示。

图 14.1　Ajax 的应用

例如，在大部分网站注册时，若用户输入的用户名已被注册，则鼠标离开用户名输入框时，页面就会提示该用户名已经存在，这时页面同样没有刷新，这也是 Ajax 的应用，如图 14.2 所示。

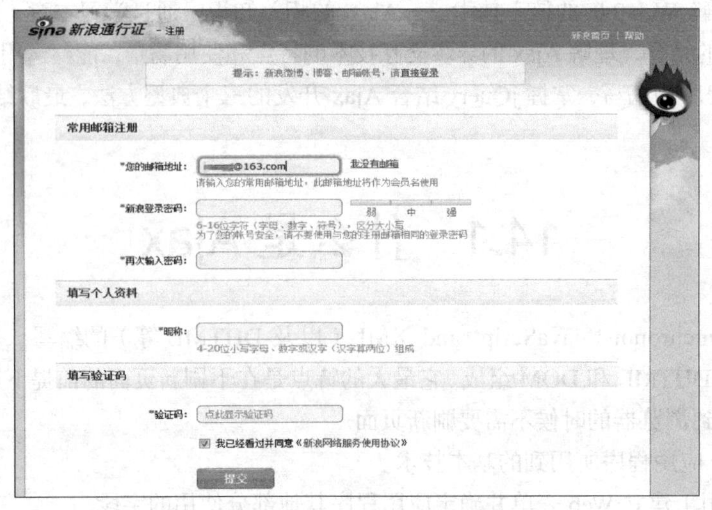

图 14.2　注册新浪通行证时 Ajax 提示效果

14.2.2　Ajax 的运行原理和交互流程

上一小节我们讲到 Ajax 不需要刷新页面就能完成交互，这里面靠的是一个对我们来说有点陌生的 JavaScript 对象——XMLHttpRequest。

Ajax 基本上就是把 JavaScript 技术和 XMLHttpRequest 对象放在 Web 表单和服务器之间。当用户填写表单时，数据发送给一些 JavaScript 代码而不是直接发送给服务器。相反，JavaScript 代码捕获表单数据并向服务器发送请求。同时用户屏幕上的表单也不会闪烁、消失或延迟。换句话说，JavaScript 代码在幕后发送请求，用户甚至不知道请求的发出。而且，请求是异步发送的，也就是说 JavaScript 代码（和用户）不用等待服务器的响应。因此用户可以继续输入数据、滚动屏幕和使用应用程序。

然后，服务器将数据返回 JavaScript 代码（仍然在 Web 表单中），后者决定如何处理这些数据。它可以迅速更新表单数据，让人感觉应用程序是立即完成的。这时表单没有提交或刷新，而用户得到了新数据。JavaScript 代码甚至可以对收到的数据执行某种计算，再发送另一个请求，完全不需要用户干预！这就是 XMLHttpRequest 的强大之处。它可以根据需要自行与服务器进行交互，用户甚至可以完全不知道幕后发生的一切。

Ajax 的交互流程如图 14.3 所示。

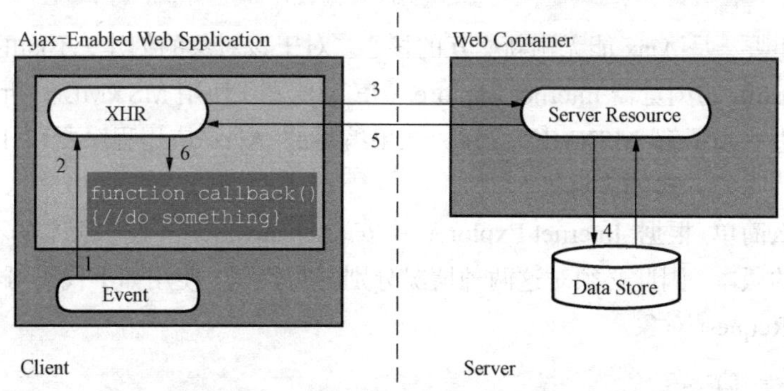

图 14.3　Ajax 的交互流程图

一个 Ajax 从请求到响应的步骤如下。

（1）用户在 Web 页面的交互动作触发了 DOM 事件。DOM 事件处理者收到事件发生的消息，并进行处理。

（2）事件处理者创建 XMLHttpRequest 对象，设置目标 URL、HTTP 方法（Get、Post）以及注册服务器响应的回调函数。

（3）向服务器发出异步的 HTTP 请求。异步请求发出后，浏览器不必等待服务器的响应，用户可以继续与页面进行交互。

（4）服务器收到请求后，指派相应的 Servlet 处理对应逻辑。

（5）将结果数据序列化成 XML 或文本作为响应内容，返回给浏览器。

（6）调用在 XMLHttpRequest 对象上注册的回调函数。回调函数解析响应内容 XML 或文本，依据其中的数据使用 JavaScript 操纵 DOM 对象更新页面内容。

14.3 Ajax 开发体验

14.3.1 Ajax 的基本开发流程

我们写一个 Ajax 程序，以演于 Ajax 交互的基本步骤。

1. 创建一个 XMLHttpRequest 对象

```
var xhr;
function createXHR(){
    if(window.ActiveXObject){
       xhr = new ActiveXObject("Microsoft.XMLHTTP");
    }else if(window.XMLHttpRequest){
       xhr = new XMLHttpRequest();
    }else{
       alert("can't create xhr object!");
    }
return xhr;
}
```

这一步非常重要，是 Ajax 能无刷新交互的核心。对于该对象的创建，不同的浏览器有不同的方式，比如 Microsoft 的浏览器 Internet Explorer（IE 浏览器）使用 MSXML 解析器处理 XML（可以通过参考资料进一步了解 MSXML）。因此，如果编写的 Ajax 应用程序要和 IE 浏览器打交道，那么必须用一种特殊的方式创建对象。

但并不是这么简单。根据 Internet Explorer 中安装的 JavaScript 技术版本的不同，MSXML 实际上有两种不同的版本，因此必须对这两种情况分别编写代码。使用如下代码可在 IE 浏览器上创建一个 XMLHttpRequest 对象。

```
var xmlHttp = false;
try {
  xmlHttp = new ActiveXObject("Msxml2.XMLHTTP");
} catch (e) {
  try {
   xmlHttp = new ActiveXObject("Microsoft.XMLHTTP");
  } catch (e2) {
   xmlHttp = false;
  }
}
```

如果是别的浏览器可以直接用：xhr = new XMLHttpRequest()。

于是就有了步骤 1 中那段兼容不同浏览器的代码。

2. 发送请求，并指定返回结果后执行的函数

```
xhr.onreadystatechange=getStatusCallback;//回调函数
xhr.open("get", "/Ajax/servlet/CustomerServiceServlet?sName=" + sName);
xhr.send(null);
```

同时需要定义 getStatusCallback 函数。

说明

上述代码指定了连接方法（get）和要连接的 URL。open 方法的最后一个参数如果设为 true，那么将请求一个异步连接（这就是 Ajax 的由来）。如果使用 false，那么代码发出请求后将等待服务器返回的响应。如果设为 true，当服务器在后台处理请求的时候，用户仍然可以使用表单（甚至调用其他 JavaScript 方法）。

XMLHttpRequest 对象实例的 onreadystatechange 属性可以告诉服务器在运行完成后做什么。因为代码没有等待服务器，必须让服务器知道怎么做以便能作出响应。在这个示例中，如果服务器处理完了请求，一个特殊的名为 updatePage()的方法将被触发。

最后，使用值 null 调用 send()。因为已经在请求 URL 时添加了要发送给服务器的数据（city 和 state），所以请求时不需要发送任何数据。这样就发出了请求，服务器按照您的要求工作。

3. 编写后台响应程序

Servlet 的代码如下：

```
response.setContentType("text/html");
PrintWriter out = response.getWriter();
//使用 out 的 print()方法向前台输出结果
out.println("ok");
out.flush();
out.close();
```

4. 取出响应结果，进行页面操作

这一步也就是步骤 2 里面的 getStatusCallback 函数体的内容。

```
  xhr.onreadystatechange=function(){
      //该状态位表示响应到达
      if(xhr.readyState==4){
          //判断响应状态码是 200，表示成功返回
          if(xhr.status==200){
             alert(xhr.responseText);
          }
      }
  };
```

下面我们实现一个用 Ajax 在用户注册时判断该用户是否已经存在的实例。

首先新建一个注册页面。

Register.jsp：

```
<body>
<form action="">
username:<input type="text" name="username" onblur="exist(this) " /> 
   <span id="info"></span><br>
password:<input type="password" name="password"/><br>
</form>
</body>
```

给 username 文本框注册了失去焦点的事件，当鼠标离开用户名框时，发出 Ajax 请求去后台判断用户名是否已经注册。函数 exist 的 JS 代码就是一个 Ajax 开发的过程。

exist 函数代码：

```
function exist(a){
    var username=a.value;
    //window.location.href="/registServlet?";
    //Ajax
```

```
        //1.创建一个 Ajax 请求对象
        var xhr;
        if(window.ActiveXObject){
          xhr=new ActiveXObject("Microsoft.XMLHTTP");
        }
        else{
          xhr=new XMLHttpRequest();
        }
        //2.发出请求
        xhr.open("get", "registServlet?username="+username);
        //3.xhr 接收应答
        xhr.onreadystatechange=function(){
          if(xhr.readyState==1){alert('正在加载---')}
          if(xhr.readyState==2){alert('已经加载----')}
          if(xhr.readyState==3){alert('正在交互----')}
          if(xhr.readyState==4){
            if(xhr.status==200)
            //alert(xhr.responseText);
            document.getElementById('info').innerHTML=xhr.responseText;
            else{
              alert('后台报错');
            }
          }
       };
       //4.发送动作
       xhr.send(null);
}
```

后台 RegisterServlet 模拟代码：

```
String username = request.getParameter("username");
System.out.println(username);
PrintWriter out = response.getWriter();
if("admin".equals(username)){
     out.println("{\"info\":\"用户名已经注册\"}");
}    else out.println("{\"info\":\"用户名 ok\"}");
     out.close();
```

注册界面如图 14.4 所示。

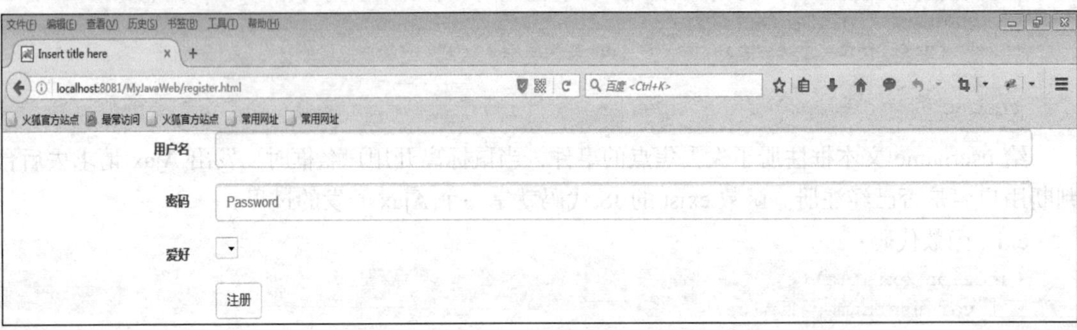

图 14.4　注册界面

输入 admin，离开框后的效果如图 14.5 所示。

图 14.5　注册界面的 Ajax 效果

14.3.2　XMLHttpRequest 对象详解

XMLHttpRequest 对象是 Ajax 技术的核心。在 Internet Explorer 5 中，XMLHttpRequest 对象以 ActiveX 对象引入，被称之为 XMLHTTP，它是一种支持异步请求的技术。后来 Mozilla、Netscape、Safari、Firefox 和其他浏览器也提供了 XMLHttpRequest 类，虽然这些浏览器都提供了 XMLHttpRequest 类，但它们创建 XMLHttpRequest 类的方法并不相同。XMLHttpRequest 使我们可以使用 JavaScript 向服务器提出请求并处理响应，而不阻塞用户的其他操作。

不刷新页面就和服务器进行交互是 Ajax 最大的特点。这个重要的特点主要归功于 XMLHttpRequest 对象。使用 XMLHttpRequest 对象使得网页应用程序像 Windows 应用程序一样，能够及时响应用户与服务器之间的交互，不必进行页面刷新或者跳转，并且能够进行一系列的数据处理。这些功能可以使用户的等待时间缩短，同时也减轻了服务器端的负载。

目前 XMLHttpRequest 对象已经得到了大部分浏览器的支持，因此使用 Ajax 技术开发 Web 应用程序一般情况下不会出现问题。不过，当开发人员确定使用 Ajax 技术来开发时，仍然需要考虑用户会使用什么样的浏览器来对网站进行访问，不过不支持 XMLHttpRequest 对象的浏览器占少数。

在使用 XMLHttpRequest 对象向服务器发送请求和处理响应之前，必须先用 JavaScript 创建一个 XMLHttpRequest 对象，然后通过这个对象来和服务器建立请求，并接收服务器返回的数据。由于 XMLHttpRequest 不是一个 W3C（World Wide Web Consortium，万维网联盟）标准，所以可以采用多种方法使用 JavaScript 来创建一个 XMLHttpRequest 的实例。Internet Explorer 把 XMLHttpRequest 看作是一个 ActiveX 对象，其他浏览器（如 Firefox、Safari 和 Opera 等）把它看作是一个本地 JavaScript 对象。由于存在这些差别，JavaScript 代码中必须包含有关的逻辑，从而使用 ActiveX 技术或者本地 JavaScript 对象技术来创建 XMLHttpRequest 的一个实例。

正因为在不同的浏览器中，XMLHttpRequest 对象的创建方式不同，所以在程序中创建 XMLHttpRequest 对象之前需要对浏览器进行判断。使用详细编写代码方式来区别浏览器类型的方式不仅代码量大，而且很不方便、很不灵活。我们在这里可以换一种思路来解决：只需要检查浏览器是否提供对 ActiveX 对象的支持即可。如果浏览器支持 ActiveX 对象，就可以使用 ActiveX 来创建 XMLHttpRequest 对象；否则，就需要在程序中使用本地 JavaScript 对象技术来创建。下面的代码展示了在不同的浏览器中使用 JavaScript 代码来创建 XMLHttpRequest 对象的编程方法。

```
function createXMLHttpRequest() {
    var xmlreq = false;
    if (window.ActiveXObject) {
        xmlreq = new ActiveXObject("Microsoft.XMLHTTP");
    }
    else if (window.XMLHttpRequest) {
        xmlreq = new XMLHttpRequest();
    }
    return xmlreq;
}
```

上述代码显示，创建 XMLHttpRequest 对象的过程比较简单。首先在 createXMLHttpRequest() 方法中创建了一个变量 xmlreq 来保存对这个对象的引用，并将其默认值设置为 false。然后在这个方法中通过简单的判断，确定究竟使用什么方法来创建对象。由于用户使用的浏览器类型不同，代码 window.ActiveXObject 可能返回一个对象，也可能返回 null。If 条件语句根据返回的结果来判断浏览器是否支持 ActiveX 控件，相应地得知浏览器是 IE 还是其他浏览器类型。如果判定用户使用的是 IE 浏览器，则通过实例化 ActiveXObject 的一个实例的方法来创建 XMLHttpRequest 对象。使用这种方法时，参数字符串须指明创建何种类型的 ActiveX 对象。在本例中，参数是 Microsoft.XMLHTTP，这说明需要创建的是 XMLHttpRequest 的一个实例。

如果 window.ActiveXObject 返回 null，则表示用户使用的浏览器不支持 ActiveX 对象，那么程序会执行 else 语句所指定的操作。首先判断浏览器是否把 XMLHttpRequest 实现为本地 JavaScript 对象。如果存在 window.XMLHttpRequest，那么就创建 XMLHttpRequest 对象。最后将这个 xmlreq 变量返回，完成了 XMLHttpRequest 对象的创建过程。

由于 JavaScript 具有动态类型的特性，而且 XMLHttpRequest 对象在不同浏览器上的实现是兼容的，所以可以用同样的方式访问 XMLHttpRequest 实例的属性和方法，而不论这个实例创建的方法是什么。这就大大简化了开发过程，这样在 JavaScript 中也不必编写特定浏览器的逻辑。

1. XMLHttpRequest 对象的属性

XMLHttpRequest 对象提供了许多属性，处理 XMLHttpRequest 时需要频繁用到这些属性，如表 14.1 所示。

表 14.1　XMLHttpRequest 对象的属性

属　性	描　述
onreadystatechange	每个状态改变时都会触发这个事件处理程序，通常会调用一个 JavaScript 函数
readyState	请求的状态
responseText	服务器的响应，表示为一个串
responseXML	服务器的响应，表示为 XML，这个对象可以解析为一个 DOM 对象
status	服务器的 HTTP 状态
statusText	HTTP 状态的对应文本

下面我们来看看这些属性和事件的详细说明。

（1）readyState 属性

当 XMLHttpRequest 对象把一个 HTTP 请求发送到服务器时，将经历若干种状态。一直等待直到请求被处理，然后，它才接收一个响应。这样一来，脚本才能正确响应各种状态。

XMLHttpRequest 对象包含一个描述对象的当前状态的 readyState 属性，如表 14.2 所示。

表 14.2　　readyState 属性

readyState 取值	描　述
0	描述一种“未初始化”状态。此时，已经创建了一个 XMLHttpRequest 对象，但是还没有初始化
1	描述一种“发送”状态。此时，代码已经调用了 XMLHttpRequest open()方法并且 XMLHttpRequest 已经准备好把一个请求发送到服务器
2	描述一种“发送”状态。此时，已经通过 send()方法把一个请求发送到服务器端，但是还没有收到一个响应
3	描述一种“正在接收”状态。此时，已经接收到 HTTP 响应头部信息，但是消息体部分还没有完全接收结束
4	描述一种“已加载”状态。此时，响应已经被完全接收

（2）onreadystatechange 属性

无论 readyState 值何时发生改变，XMLHttpRequest 对象都会激发一个 readystatechange 事件。其中，onreadystatechange 属性接收一个 EventListener 值，向该方法指示无论 readyState 的值何时发生改变，该对象都将被激活。

（3）responseText 属性

这个 responseText 属性包含客户端接收到的 HTTP 响应的文本内容。当 readyState 值为 0、1 或 2 时，responseText 包含一个空字符串。当 readyState 值为 3（正在接收）时，响应中包含客户端还未完成的响应信息。当 readyState 为 4（已加载）时，responseText 包含一个完整的响应信息。

（4）responseXML 属性

此属性用于当接收到完整的 HTTP 响应时（readyState 为 4）描述 XML 响应；此时，Content-Type 头部指定 MIME（媒体）类型为 text/xml、application/xml 或以+xml 结尾。如果 Content-Type 头部并不包含这些媒体类型之一，那么 responseXML 的值为 null。无论何时，只要 readyState 值不为 4，那么该 responseXML 的值也为 null。

其实，这个 responseXML 属性值是一个文档接口类型的对象，用来描述被分析的文档。如果文档不能被分析（例如，文档不支持文档相应的字符编码），那么 responseXML 的值将为 null。

（5）status 属性

这个属性描述了 HTTP 状态代码，而且其类型为 short。仅当 readyState 值为 3（正在接收中）或 4（已加载）时，status 属性才可用。当 readyState 的值小于 3 时，试图存取 status 的值将引发一个异常。例如，status 等于 200 时表示成功，status 等于 404 时表示未找到资源。

（6）statusText 属性

这个属性描述了 HTTP 状态代码文本，并且仅当 readyState 值为 3 或 4 时才可用。当 readyState 为其他值时，若试图存取 statusText 属性，将引发一个异常。

2. XMLHttpRequest 对象的方法

表 14.3 显示了 XMLHttpRequest 对象的一些常用的方法，其中描述部分介绍了这些方法的作用和意义。

表 14.3　　　　　　　　　　　XMLHttpRequest 对象常用方法

方　法	描　述
abort()	停止当前请求
getAllResponseHeaders()	把 HTTP 请求的所有相应首部作为键-值对返回
getResponseHeader("header")	返回指定首部的串值
open("method","url")	建立对服务器的调用。method 参数可以是 GET、POST 或 PUT 等；url 参数可以是相对 URL 或绝对 URL
send(content)	向服务器发送请求
setRequestHeader("header","value")	把指定首部设置为所提供的值，在设置任何首部之前必须先调用 open()方法

下面来更详细地看看这些方法的使用。

（1）abort()方法

可以使用这个 abort()方法来暂停与一个 XMLHttpRequest 对象相联系的 HTTP 请求，从而把该对象复位到未初始化状态。

（2）open()方法

此方法用来和服务器之间建立连接，其完整的方法参数是：

```
open(string method,
     string uri,
     boolean asynch,
     string username,
     string password),
```

其中，前两个参数是必要的，后面三个参数为可选参数。

method 参数是必须提供的，用于指定发送请求的 HTTP 方法（GET、POST、PUT、DELETE 或 HEAD）。为了把数据发送到服务器，应该使用 POST 方法；为了从服务器端检索数据，应该使用 GET 方法。

uri 参数用于指定 XMLHttpRequest 对象把请求发送到的服务器相应的 URI。借助于 window.document.baseURI 属性，该 uri 被解析为一个绝对的 URI。换句话说，如果使用相对的 URI，它将使用与浏览器解析相对的 URI 一样的方式被解析。

Asynch 参数指定是否请求是异步的，默认值为 true。为了发送一个同步请求，需要把这个参数设置为 false。但 Ajax 技术的最大优点是调用，因此如果这个参数设置为 false，则将失去使用 XMLHttpRequest 对象的意义。对于要求认证的服务器，可以提供可选的用户名和口令参数。

在调用 open()方法后，XMLHttpRequest 对象把它的 readyState 属性设置为 1（打开）并且把 responseText、responseXML、status 和 statusText 属性复位到它们的初始值。另外，它还复位请求头部。注意，如果调用 open()方法并且此时 readyState 为 4，则 XMLHttpRequest 对象将复位这些值。

（3）send()方法

在通过 open()方法准备好一个请求之后，需要把该请求发送到服务器。仅当 readyState 值为 1 时，才可以调用 send()方法；否则，XMLHttpRequest 对象将引发一个异常。当 asynch 参数为 true 时，send()方法立即返回，从而允许其他客户端脚本继续运行。在调用 send()方法后，XMLHttpRequest 对象把 readyState 的值设置为 2（发送）。当服务器响应时，在接收消息体之前，如果存在任何消息体的话，XMLHttpRequest 对象将把 readyState 设置为 3（正在接收中）。当请求完成加载时，XMLHttpRequest 对象把 readyState 设置为 4（已加载）。对于一个 HEAD 类型的请求，它将把 readyState 值设置为 3 后再立即把它设置为 4。

send()方法使用一个可选的参数，该参数可以包含可变类型的数据。典型地，使用它并通过 POST 方法把数据发送到服务器。另外，可以显式地使用 null 参数调用 send()方法。这与不用参数调用它一样。对于大多数其他的数据类型，在调用 send()方法之前，应该使用 setRequestHeader()方法先设置 Content-Type 头部。

如果 send(content)方法中的 content 参数的类型为 string，那么数据将被编码为 UTF-8。

如果数据是 Document 类型，那么将使用由 data.xmlEncoding 指定的编码串行化该数据。

注意，由于调用这个方法后就把请求发出去了，所以对于 XMLHttpRequest 对象的设置需要在调用这个方法之前完成。另外，对于 send()方法中的参数，虽然是可选的，但在不需要发送数据的时候也不能省略这个参数，应将其设置成 null，否则将会在 Firefox 中产生错误。

（4）setRequestHeader("header","value")方法

该方法可用来设置请求的头部信息。当 readyState 值为 1 时，可以在调用 open()　方法后调用这个方法；否则，将得到一个异常。

为何要用到 setRequestHeader?

通常在 HTTP 里，客户端向服务器取得某个网页的时候，必须发送一个 HTTP 协议的头文件，告诉服务器客户端要下载什么信息以及相关参数。而 XMLHTTP 就是通过 HTTP 协议取得网站上的文件数据的，所以也要发送 HTTP 头给服务器。但是 XMLHTTP 默认的情况下有些参数可能没有说明在 HTTP 头里，这样，当需要修改或添加这些参数时，就用到了 CONTENT-TYPE: application/x-www-form-urlencoded 这个请求头，含义是表示客户端提交给服务器文本内容的编码方式是 URL 编码。

（5）getResponseHeader("header")方法

该方法用于检索响应的头部值。仅当 readyState 值是 3 或 4（换句话说，在响应头部可用以后）时，才可以调用这个方法；否则，该方法返回一个空字符串。

在实际程序中，有时需要从服务器中获取一些信息。通过读取首部信息，可以获取 Content-Type（内容类型）、Content-Length（内容长度），甚至 Last-Modify（最后一次修改）的日期。

（6）getAllResponseHeaders()方法

该方法以一个字符串的形式返回所有的响应头部（每一个头部占单独的一行）。如果 readyState 的值不是 3 或 4，则该方法返回 null。

14.4　jQuery 请求 Ajax

常见的 jQuery 请求 Ajax 有三种方法：$.ajax()、$.get()和$.post()。

1. $.get(url,[data],[callback])

其中，url 为请求地址；data 为请求数据的列表（是可选的，也可以将要传的参数写在 url 里面）；callback 为请求成功后的回调函数，该函数接受两个参数，第一个为服务器返回的数据，第二个参数为服务器的状态，是可选参数。服务器返回数据的格式其实是字符串，如果想要其他数据格式可以在回调函数中自己转换。

请求代码形如：

```
$.get("data.jsp",$("#firstName.val()"),function(data){
$("#getResponse").html(data); }//返回的 data 是字符串类型
```

2. $.post(url,[data],[callback],[type])

这个函数的参数跟$.get()的参数差不多，只多了一个 type 参数。type 为返回的数据类型，可以是 html、xml、json 等类型，如果我们设置这个参数为 json，那么返回的格式就是 json 格式的，如果没有设置，就和$.get()返回的格式一样，都是字符串。

例如，要查询某个部门所有的员工，请求代码形如：

```
$.post("emp.do?p=getAllEmp",{id:deptId,x:Math.random() },function(data){
var arry = eval("("+data+") ");//去引号，将 json 字符串去引号编程 json 类型数组，也可以在
   $.post 函数后面加一个参数"json"，指定接收的数据为 json 类型的
for(var i=0;i<arry.length;i++){
var op = new Option(arry[i].empName,arry[i].empId);
document.getElementById("emp").options.add(op);
}
});
```

注意，这个 post 调用没有传递 type 参数，默认返回值是一个包含员工信息的数组的字符串表示形式，形如“[{"name":"张三","age":30},{"name":"李四","age":35}]”。如果想要直接转为 json 格式，则给出 type 参数为 json 即可。

代码如下：

```
$.post("emp.do?p=getAllEmp",{id:deptId,x:Math.random()},function(arry){
  for(var i=0;i<arry.length;i++){
    var op = new Option(arry[i].empName,arry[i].empId);
       document.getElementById("emp").options.add(op);
}
},"json");
```

3. $.ajax(opiton)

$.ajax() 这个函数的功能强大，可以进行许多精确控制。上面讲解的$.get()和$.post() 都是基于这个函数的。

比如，注册时判断用户名是否已经存在，用$.ajax()的写法如下：

```
$('#registBtn').click(function(){
         $.ajax({
            type: "GET",
            url: "test.json",
            data: {username:$("#username").val()},
            dataType: "json",
            success: function(data){
               var html = data;
               $('#info').html(html);
            }
         });
});
```

各参数的详解如下。

（1）url：要求为 String 类型的参数，（默认为当前页地址）发送请求的地址。

（2）type：要求为 String 类型的参数，请求方式（post 或 get）默认为 get。注意其他 HTTP

请求方法，如 put 和 delete 也可以使用，但只有部分浏览器支持。

（3）timeout：要求为 Number 类型的参数，设置请求超时时间（毫秒）。此设置将覆盖 $.ajaxSetup()方法的全局设置。

（4）async：要求为 Boolean 类型的参数，默认设置为 true，所有请求均为异步请求。如果需要发送同步请求，请将此选项设置为 false。注意，同步请求将锁住浏览器，用户其他操作必须等待请求完成才可以执行。

（5）cache：要求为 Boolean 类型的参数，默认为 true（当 dataType 为 script 时，默认为 false）。设置为 false 将不会从浏览器缓存中加载请求信息。

（6）data：要求为 Object 或 String 类型的参数，发送到服务器的数据。如果不是字符串，将自动转换为字符串格式。如果是 get 请求，字符串格式的参数将自动拼接在 url 后面。如果不希望自动转换，可以将 processData 设置为 false。对象必须为 key-value 格式，如{foo1:"bar1",foo2:"bar2"}转换为&foo1=bar1&foo2=bar2。如果是数组，JQuery 将自动为不同值对应同一个名称。如{foo:["bar1","bar2"]}转换为&foo=bar1&foo=bar2。

（7）dataType：要求为 String 类型的参数，预期服务器返回的数据类型。如果不指定，则 JQuery 将自动根据 http 包的 mime 信息返回 responseXML 或 responseText，并作为回调函数参数传递。`

可用的类型如下。

- xml：返回 XML 文档，可用 JQuery 处理。
- html：返回纯文本 HTML 信息；包含的 script 标签会在插入 DOM 时执行。
- script：返回纯文本 JavaScript 代码。不会自动缓存结果。除非设置了 cache 参数。注意在远程请求时（不在同一个域下），所有 post 请求都将转为 get 请求。
- json：返回 JSON 数据。
- jsonp：JSONP 格式。使用 JSONP 形式调用函数时，如 myurl?callback=?，JQuery 将自动替换后一个“?”为正确的函数名，以执行回调函数。
- text：返回纯文本字符串。

（8）beforeSend：要求为 Function 类型的参数，发送请求前可以修改 XMLHttpRequest 对象的函数，如添加自定义 HTTP 头。在 beforeSend 中如果返回 false，则可以取消本次 Ajax 请求。XMLHttpRequest 对象是唯一的参数。

（9）complete：要求为 Function 类型的参数，为请求完成后调用的回调函数（请求成功或失败时均可调用）。

（10）success：要求为 Function 类型的参数，为请求成功后调用的回调函数，它有两个参数。

① 服务器返回，并根据 dataType 参数进行处理后的数据。

② 描述状态的字符串。

```
function(data, textStatus){
    //data 可能是 xmlDoc、jsonObj、html、text 等
    this; //调用本次 Ajax 请求时传递的 options 参数
```

（11）error：要求为 Function 类型的参数，为请求失败时被调用的函数。它有 3 个参数，即 XMLHttpRequest 对象、错误信息、捕获的错误对象（可选）。

Ajax 的事件函数如下。

```
function(XMLHttpRequest, textStatus, errorThrown){
//通常情况下，textStatus 和 errorThrown 只有其中一个包含信息
this;//调用本次 Ajax 请求时传递的 options 参数
}
```

（12）contentType：要求为 String 类型的参数，当发送信息至服务器时，内容编码类型默认为“application/x-www-form-urlencoded”。该默认值适合大多数应用场合。

实训 14.1　Ajax 实现下拉框的联动效果

训练技能点

- jQuery 请求 Ajax
- 解析 json 字符串
- 下拉框的动态数据填充

需求说明

我们经常在开发表单时，需要实现一些联动效果。例如，在网上购物商城，选择大类之后，会在小类的下拉框自动显示该大类对应的小类列表。例如，选择城市时，可以先选择省份，城市下拉框的内容就会自动过滤为该省份对应的城市列表，接下来就实现了一个省市联动效果。

实现思路

表单页面有两个下拉框，分别列出省份和城市，当页面加载完毕，数据填充到省份下拉框中。通过给省份下拉框注册 onchange 事件，当选中某个省份时，将该数据通过 Ajax 传递到后台查询该省份对应的城市列表，以 json 格式返回，在 success 处理函数中将获取的数据填充到城市下拉框中。

实现步骤

（1）创建表单页面 province.html，代码如下。

```
<!DOCTYPE html>
<html>
<head>
<meta charset="UTF-8">
<meta name="viewport" content="width=device-width,initial-scale=1">
<title>Insert title here</title>
    <script type="text/javascript" src="js/jquery-2.0.3.min.js"></script>
  <script type="text/javascript" src="js/bootstrap.min.js"></script>
  <link href="css/bootstrap.min.css" rel="stylesheet"/>
  <script type="text/javascript">

  $(function(){


      //页面加载完毕填写省份
      $.get("/MyJavaWeb/province",function(aa){
           $("#province").html('');
           //解析 son 填充 select 框
           for(var i=0;i<aa.length;i++){
               var aihao=aa[i];
               var optionstr='<option value="'+aihao.no+'">'+aihao.name+'</option>';
               $("#province").append(optionstr);
```

```
        }

    },"json");
    //给省份 select 框注册 change 事件
    $("#province").change(function(){
        $.post("/MyJavaWeb/province",{"no":$(this).val()},function(aa){
            $("#city").html('');
             //解析 son 填充 select 框
             for(var i=0;i<aa.length;i++){
                 var aihao=aa[i];
                 var optionstr='<option value="'+aihao.no+'">'+aihao.name+'</option>';
                 $("#city").append(optionstr);
             }

        },"json");
    });

});
  </script>
</head>
<body>
<div class="container">
  <form class="form-horizontal" role="form" method="post" action="login">
  <div class="form-group">
    <label for="inputPassword3" class="col-sm-2 control-label">省份</label>
    <div class="col-sm-10">
      <select id="province">

      </select>
    </div>
  </div>
  <div class="form-group">
    <label for="inputPassword3" class="col-sm-2 control-label">城市</label>
    <div class="col-sm-10">
      <select id="city">
        </select>
    </div>
  </div>
  </form>
</div>
</body>
</html>
```

（2）返回省份数据的 ProvinceServlet 如下，注意数据是自己定义的，没有连接数据库。

```
/**
    *返回省份
*/
protected void doGet(HttpServletRequest request, HttpServletResponse response)
    throws ServletException, IOException {
```

```
        PrintWriter out = response.getWriter();
        String pstr = JSONArray.fromObject(DataUtils.ps).toString();
        out.println(pstr);
        out.close();

    }
```

（3）根据省份查找城市列表数据的 Servlet 代码如下。

```
protected void doPost(HttpServletRequest request, HttpServletResponse response)
        throws ServletException, IOException {
        // TODO Auto-generated method stub
        String no = request.getParameter("no");
        List<City> citys=new ArrayList<>();
        if(Integer.parseInt(no)==1){
            City city=new City();
            city.setName("烟台市");
            city.setNo（1）;
            City city1=new City();
            city1.setName("青岛市");
            city1.setNo（2）;
            City city2=new City();
            city2.setName("济南市");
            city2.setNo(3);

            citys.add(city2);
            citys.add(city1);
            citys.add(city);
        }
        if(Integer.parseInt(no)==2){
            City city=new City();
            city.setName("大连市");
            city.setNo（1）;
            City city1=new City();
            city1.setName("沈阳市");
            city1.setNo（2）;
            City city2=new City();
            city2.setName("铁岭市");
            city2.setNo(3);

            citys.add(city2);
            citys.add(city1);
            citys.add(city);
        }
        PrintWriter out = response.getWriter();
        String str = JSONArray.fromObject(citys).toString();
        out.print(str);
        out.close();
    }
```

在浏览器中输入表单页面地址，显示界面如图 14.6 所示。

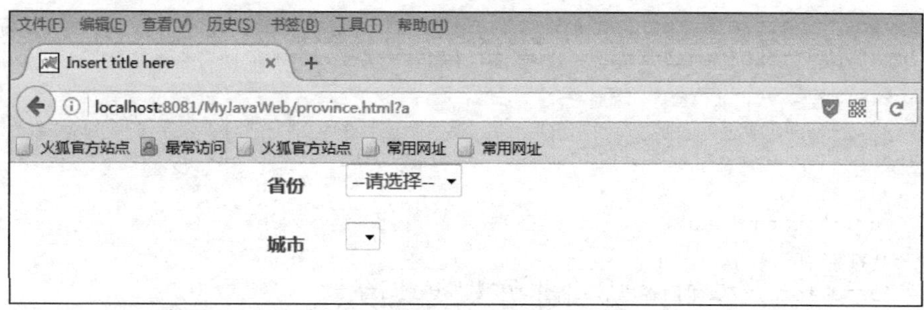

图 14.6　省份城市联动下拉框初始界面

在省份下拉框中选择山东省，效果如图 14.7 所示。

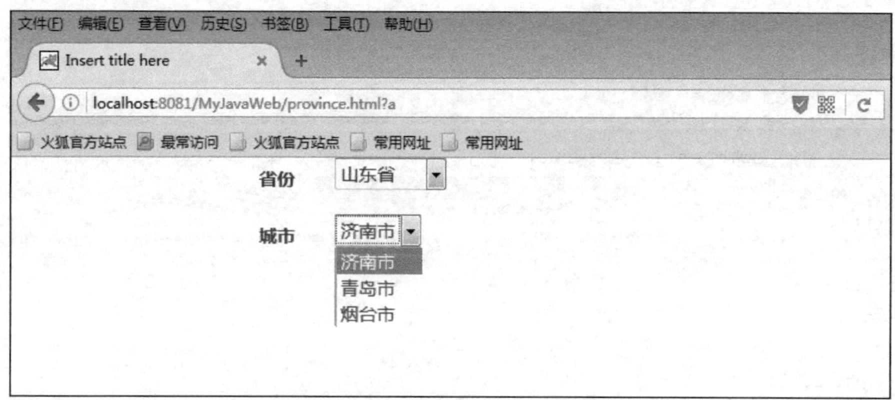

图 14.7　选择省份自动填充城市界面

实训 14.2　Ajax 实现无刷新表单提交和文件上传

训练技能点

- jQuery 请求 Ajax
- H5 的 FormData 对象的使用
- 文件上传

需求说明

我们在开发一些增加的业务逻辑时，如增加商品界面，经常需要将图片和表单等元素一起提交到后台，而且希望能够不刷新页面即可直接增加商品。

实现思路

表单提交按钮的功能可通过注册函数实现，函数采用 Ajax 请求方式将参数发给后台。参数采用H5 的一个 FormData 对象。FormData 支持直接从 HTML 的表单中生成数据。将该对象作为 jQuery 提交的参数写到 data 属性上。Success 接收后台处理的结果，在页面给出提示即可。

实现步骤

（1）创建表单页面 testupload.html

```
<!DOCTYPE html>
<html>
```

```
<head>
<meta charset="UTF-8">
<title>Insert title here</title>
<script type="text/javascript" src="js/jquery-2.0.3.min.js"></script>
<script type="text/javascript">
function test(){
    var form = new FormData(document.getElementById("tf"));
    $.ajax({
       url:"testupload",
       type:"post",
       data:form,//表单内容包括文件作为参数发送到后台
       processData:false,
       contentType:false,
       success:function(data){

         alert(data);
       },
       error:function(e){
          alert("错误！！");
          window.clearInterval(timer);
       }
    });
}
</script>
</head>
<body>
   <form id="tf">
       <input type="file" name="img"/>
       <input type="text" name="username"/>
       <input type="button" value="提交" onclick="test();"/>

   </form>
</body>
</html>
```

（2）后台接收表单处理的 TestUploadServlet 的代码

```
protected void doPost(HttpServletRequest request, HttpServletResponse response)
      throws ServletException, IOException {
      request.setCharacterEncoding("utf-8");
      PrintWriter out = response.getWriter();
       Collection<Part> parts = request.getParts();
       for(Part part1:parts){
          String headerval=part1.getHeader("Content-Disposition");
             //form-data; name="file"; filename="ee.txt"
             int index=headerval.lastIndexOf("=");
             String fname=headerval.substring(index+2);
             fname=fname.substring(0,fname.length()-1);
             System.out.println("上传文件名:"+fname);//上传文件名
             long mi=new Date().getTime();
             fname=fname.replace(".", mi+".");
             String path=request.getRealPath("/");//获取 Tomcat 根目录
```

```
            String filename=path+fname;
            part1.write(filename);

        }
        //显示其他参数信息
        System.out.println(request.getParameter("username"));
          out.print("ok! ");
          out.close();
    }
```

在浏览器中打开 testupload.html 页面，如图 14.8 所示。

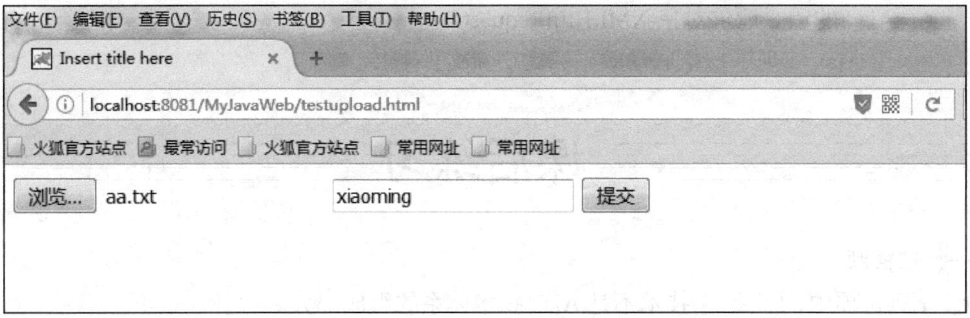

图 14.8　打开 testupload.html 界面

单击提交按钮，发出 Ajax 请求，如图 14.9 所示。

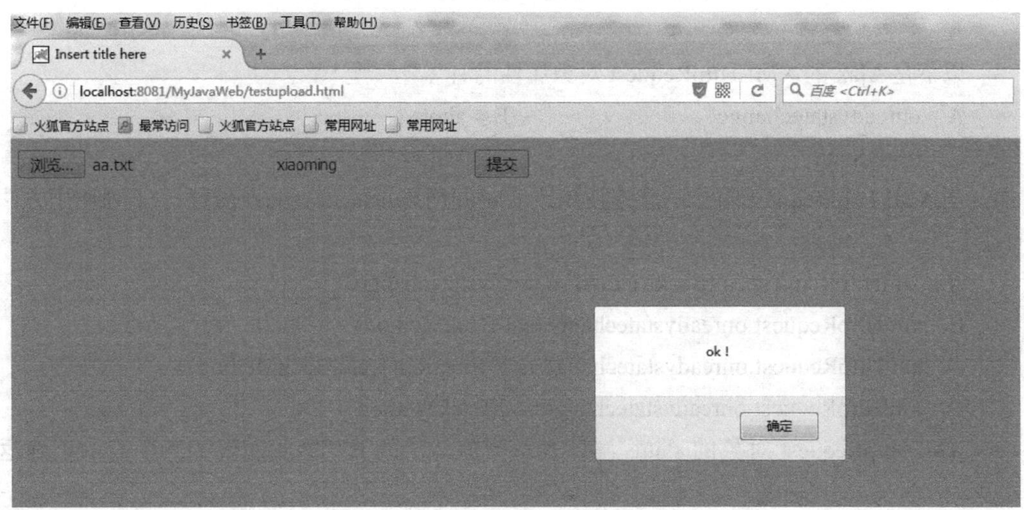

图 14.9　发出 Ajax 请求

最终上传的文件在服务器的 MyJavaWeb 项目的根目录下，如图 14.10 所示。

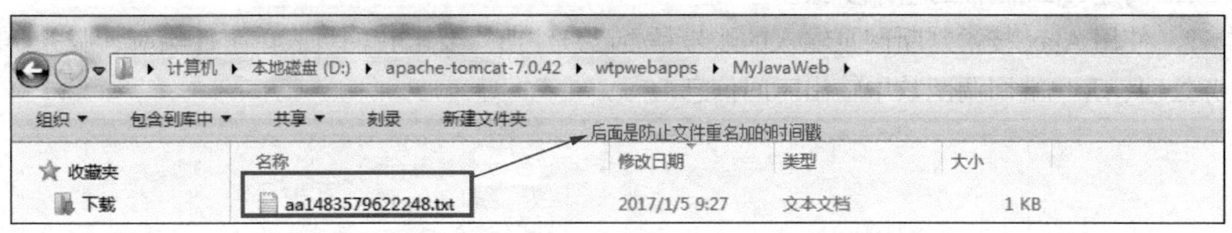

图 14.10　文件成功上传到 MyJavaWeb 项目目录下

本章总结

- Ajax 的特点和原理
  - 理解什么是 Ajax 技术
  - 一次 Ajax 请求的基本流程
- 解析 Ajax 开发步骤
  - Ajax 的基本开发流程
  - Ajax 的重要请求对象 XMLHttpRequest
  - 用 Ajax 实现下拉框联动效果和无刷新文件上传

课后练习

一、选择题

1. 下列选项中，(　　) 技术不是 Ajax 技术体系的组成部分。

A. XMLHttpRequest　　B. DHTML

C. DOM　　D. CSS

2. XMLHttpRequest 对象有（　　）个返回状态值。

A. 3　　B. 4　　C. 5　　D. 6

3. 以下是 Ajax 的 XMLHttpRequest 对象属性的有（　　）。

A. onreadystatechange　　B. abort

C. readyState　　D. status

4. 当 XMLHttpRequest 对象的状态发生改变时调用 callBackMethod 函数，下列调用方法正确的是（　　）。

A. xmlHttpRequest.callBackMethod=onreadystatechange

B. xmlHttpRequest.onreadystatechange(callBackMethod)

C. xmlHttpRequest.onreadystatechange(new function(){callBackMethod})

D. xmlHttpRequest.onreadystatechange=callBackMethod

5. XMLHttpRequest 对象的 status 属性表示当前请求的 HTTP 状态码，其中表示正确返回(　　)。

A. 200　　B. 300　　C. 500　　D. 400

二、上机练习

1. 简述 Ajax 编程的基本步骤。

2. 使用 Ajax 技术判断网页输入的账号是否已被注册。要求在网页表单事件响应、服务器端业务处理、客户端回调函数中输出时间信息。

第 15 章 Java Web 综合案例之网上商城

学习内容

- 典型 Web 项目开发的基本流程
- 网上商城项目的基本需求
- 网上商城项目的基本数据库设计
- 具体模块实现

学习目标

- 了解基本 Web 项目的开发流程
- 掌握网上商城等项目的基本模块架构
- 具体用例开发及涉及的相关技术的综合应用

本章简介

本章主要是对之前学习的 Servlet 技术、JSP 以及 Ajax 技术进行综合应用，实现一个典型的 Web 项目（网上商城）的主要功能。该项目分为前台和后台两部分功能模块。每个功能的具体实现都有详细的实现步骤和关键代码，并总结了每个功能要用到的知识点等。

15.1 项 目 概 述

本项目将为电子商务企业提供一个在线商品交易平台（名为 e-shop）。该平台的主要目的是：让企业在平台上发布商品及资讯，让用户可以在此平台上购买商品并参与商品的评论。围绕这一目的，系统分为前台和后台两部分。

- 商品前台部分主要实现了登录注册、产品前端显示、产品全文搜索、用户评论、购买商品生成订单等功能。
- 商品后台部分实现的功能有：商品管理、后台用户管理、订单管理等。

15.2 项 目 需 求

1. 前台主要功能

产品前端显示：网站首页提供产品类别导航；用户单击产品类别可以查看该类别下的产品列表；在产品列表页上可以根据销量多到少、价格高到低、价格低到高、最近上架时间等对商品进行排序，并且可以按品牌及男女款对产品进行筛选，单击具体的商品可以查看其详细信息。

购物车：用户可以把产品添加到购物车中，同一产品如果样式或尺码不同将视为两个购物项，对同一商品可多次单击“购买”，每单击一次累加购物车中该商品的购买数量。购物车具有添加商品、删除商品、修改商品购买数量、清空购物车、计算商品总销售价等功能。

订购流程：通过订购流程，用户可以完成支付方式、配送方式、配送信息的填写，以及订单的最后确认和订单提交等操作。

用户评论管理：用户可以对所购商品进行评论。

个人登录：如果是普通顾客，类似于极目商城个人登录后的页面，可以看到购买商品记录、消息通知、我的订单等信息。

2. 后台主要功能

用户管理：网站管理员可以查看注册用户的信息，对恶意用户的账号可以实施禁用操作，还可以为丢失密码的用户找回密码。

商品管理：产品具有类别、品牌、生产厂商、供应商、样式、尺码等属性，产品类别可以实现无限级分类，品牌具有中英文名称及 Logo。网站员工在该模块中可以对产品信息进行管理。通过更换模版，可以实现产品页面不同的显示风格。

商品大类管理：商品大类别进行维护，指的是如家电类、图书类、数码类等较大类别。

商品小类管理：商品小类别进行维护，指的是大类中的小类别属性，比如数码类中的手机类和照相机类等。

订单管理：负责订单查看、订单状态修改等。

本章中实现的主要功能组织结构图如图 15.1 所示。

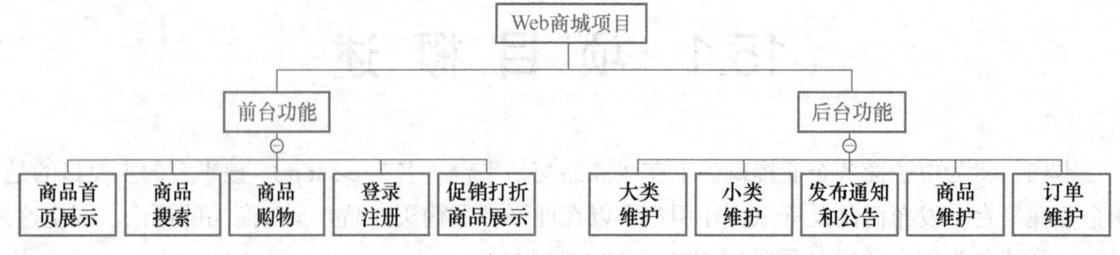

图 15.1 商城主要功能组织结构图

15.3 数据库表设计

1. 设计说明

系统采用 Oracle 数据库，表定义和列名规范如下。

（1）命名规则

① 数据表名称必须以有特征含义的单词或缩写组成，中间可以用“_”分隔。表名称不能用双引号包含。

② 字段名：字段名称必须用字母开头，采用有特征含义的单词或缩写，不能使用双引号。

（2）数据类型

① 字符型：字符串类型采用 VARCHAR2。如果进行数据迁移，必须使用 trim()函数截去字符串后的空格。

② 整型：整数均采用 number (11)类型。

③ 日期和时间：由数据导入或外部应用程序产生的日期时间类型采用 DATE 类型。

2. 主要表的结构定义及相关说明

主要表的结构定义及相关说明如表 15.1～表 15.11 所示。

表 15.1　后台用户表 admin

字　段	类　型	是否可空	是否主键	说　明
name	VARCHAR2(20)	否	是	管理员登录名
password	VARCHAR2(20)	否		管理员密码

表 15.2　通知公告表 notice

字　段	类　型	是否可空	是否主键	说　明
noticeid	Number(11)	否	是	公告 ID
noticetitle	VARCHAR2(30)	是		公告标题
noticeContent	VARCHAR2(100)	是		公告内容
noticetime	date	是		发布时间（默认当前）

表 15.3　用户评论表 comment

字　段	类　型	是否可空	是否主键	说　明
id	Number(11)	否	是	ID
username	VARCHAR2(20)	否		用户名
Ctitle	VARCHAR2(20)	是		标题
Productid	Number(11)	否		商品 ID
Content	VARCHAR2(100)	是		内容
cdate	date	是		评论日期

表 15.4　订单 order

字　段	类　型	是否可空	是否主键	说　明
orderid	Number(11)	否		订单编号
username	VARCHAR2(30)	否		客户名称
Address	VARCHAR2(30)	否		客户地址
Realname	VARCHAR2(30)	否		客户真实姓名
Postcode	VARCHAR2(30)	否		邮编
Phone	VARCHAR2(30)	否		电话
Orderdate	Date	否		订单日期
flag	Number(11)	否		订单状态：0 表示未发货

表 15.5 订单项 orderitem

字　段	类　型	是否可空	是否主键	说　明
orderitemid	Number(11)	否	是	订单详情编号
orderid	Number(11)	否		订单编号
productid	Number(11)	否		商品编号
productname	VARCHAR2(30)	否		商品名称
price	number(10,2)	否		价格
productnum	Number(11)	否		商品数量

表 15.6 商品大类别 supertype

字　段	类　型	是否可空	是否主键	说　明
supertypeid	Number(11)	否	是	商品大类编号
typename	VARCHAR2(30)	否		类型名称

表 15.7 商品小类别 subtype

字　段	类　型	是否可空	是否主键	说　明
subtypeid	Number(11)	否	是	商品小类编号
supertypeid	Number(11)	否	是	商品大类编号
subtypename	VARCHAR2(30)	否	否	类型名称
attrid	Number(11)	是	否	属性 I D

表 15.8 商品小类对应属性表 attr

字　段	类　型	是否可空	是否主键	说　明
attrid	Number(11)	否	是	属性编号
attrname	VARCHAR2(20)	否	否	属性名称
attrtype	Number(11)	否	否	属性类型
attrvalue	VARCHAR2(200)	是	否	属性值
Subtypeid	Number(11)	否	否	小类 ID

表 15.9 商品属性表 attr

字　段	类　型	是否可空	是否主键	说　明
product_attrid	Number(11)	否	是	商品属性编号
productid	Number(11)	否	否	商品编号
attrid	Number(11)	否	否	属性编号
attrvalue	VARCHAR2(200)	否	否	属性值

表 15.10 网站广告表 t_ad

字　段	类　型	是否可空	是否主键	说　明
id	Number(11)	否	是	编号
Adtype	Number(11)	否	否	广告类型
Subtypeid	Number(11)	是	否	小类编号
Productid	Number(11)	是	否	商品 ID

续表

字　段	类　型	是否可空	是否主键	说　明
Description	VARCHAR2(100)	是	否	描述
Begintime	Date	否	否	开始时间
Endtime	Date	否	否	截止时间
Picture	VARCHAR2(50)	否	否	图片
Flag	Number(11)	否	否	状态（默认 0）

表 15.11　商城核心表商品表

字　段	类　型	是否可空	是否主键	说　明
productid	Number(11)	否	是	商品编号
superType	Number(11)	否		商品大类
subTypeId	Number(11)	否		商品小类
productid	Number(11)	是		品牌
superType	VARCHAR2(30)	否		商品名称
subTypeId	VARCHAR2(100)	是		介绍
brand	Number(10,2)	否		价格
productname	Number(10,2)	否		现价
introduce	VARCHAR2(50)	否		图片
price	date	否		上架时间（默认当前）
nowprice	Number(11)	是		是否新品
picture	Number(11)	是		是否特价
intime	Number(11)	是		是否热销
isNew	Number(11)	是		是否特别推荐
isSale	Number(11)	是		商品数量
isHost	String	是		商品来源

15.4　Web 项目分层

创建好相应的数据库之后，就需要搭建 Java Web 项目了。Web 项目的开发一般需要对服务器端进行分层，不能将业务逻辑代码和数据库访问代码等混杂在一起，良好的结构分层能够降低代码之间的耦合度。具体可分为三层：Servlet、Service、DAO。Java 包对应的分别是 Servlet、Service、DAO 和 VO（用作数据封装和展示的实体类）。

各层（Servlet、Service、DAO）简介如下。

（1）Servlet 用于管理业务（Service）调度和管理跳转。

（2）Service 用于管理具体的功能，负责业务处理。

（3）DAO 只完成增、删、改、查，完成与数据库的直接交互。无论多么复杂的查询，DAO 只起封装作用，将 SQL 语句交由 JDBC 执行，至于增、删、查、改如何去实现一个真正的业务功能，DAO 是不管的，这需要 Service 负责。

总结这三者，可以作如下更通俗的理解。

（1）Servlet 相当于餐馆的服务员，顾客点的菜及座位信息都需要它来处理，这是它的职责。

（2）Service 负责做饭、做菜，相当于后厨的角色，Servlet 送来的菜都由它负责做好。

（3）DAO 相当于厨房的小工，负责获取做菜用的原材料，可能厨师做一道菜需要好几样材料，每一样材料的获取都需要 DAO 帮忙并交给 Service 使用。这里的原材料存储在仓库，相当于数据库中。

相互关系：小工（即 DAO）的工作是要满足厨师（即 Service）的要求，厨师要满足服务员（即 Servlet）转达的客户（即页面用户）的要求，服务员是为客户服务的。

一次请求的具体流程：先通过 JSP 填写数据或者进行某种操作到达 Servlet 层；Servlet 层负责获取页面参数，并中转到相应的服务层 Service 进行处理；Service 专注于某个业务的完成，该业务的完成可能需要多次操作数据库，所以 Service 中每一次操作数据库都要调用 DAO 中的某个方法，DAO 则要完成与数据库的交互。这个过程中产生的数据可能会封装到 entity 的实体类中。

下面以注册用户为例，看一下从表单输入到最终存储到数据库，各层之间的调用时序如图 15.2 所示。

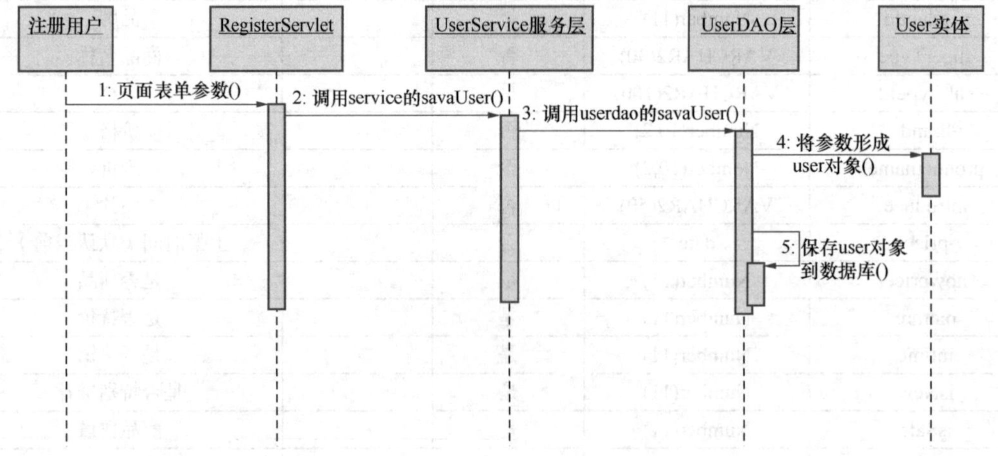

图 15.2　用户注册功能时序图（各层调用一览）

项目中，Java 源码包的定义和命名也遵照上面提到的分层。项目 e-shop 的基本包结构大致如图 15.3 所示。

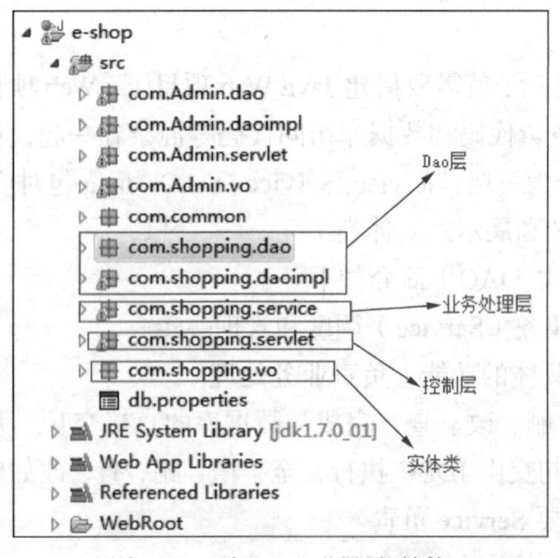

图 15.3　项目 Java 源码包结构

注意，有些包名带有 Admin，表示后台的功能，前台功能包名中不包含 Admin。由此可以看到前台包大致分为三层，分别是 Servlet、Service 和 DAO，后台定义的大致结构和前台类似。

15.5　系统主要功能的实现

15.5.1　网上商城首页

1. 用例 1：用户登录前后页面显示不同

用户登录前后，网上商城首页的显示效果是不同的。登录之后，用户除了能够看到商品展示信息之外，还能查看关于该用户的相关信息，包括“我的购物车”“我的订单”“用户资料”等。具体实现方式为：用户登录后，将用户名存储到 session 属性中，通过请求跳转方式进入首页 home.jsp，根据该属性是否为空进行判断，控制页面显示即可。

实现代码如下：

```
<div id="shortcut">
   <div class="w">
       <ul class="fl oh">
           <li class="fore1 fl"><b></b><a href="javascript: return false;" onclick
              ='window.external.AddFavorite("<%=basePath + "page/main/home.jsp"
              %>","极目商城");'>收藏极目商城</a></li>
       </ul>
       <ul class="fr oh">
           <%
             Object top_obj = session.getAttribute("curr_user");
             if(top_obj != null && top_obj instanceof com.shopping.vo.User){
                com.shopping.vo.User top_currUser = (com.shopping.vo.User)top_obj;
             %>
                <li class="fore1 fl"><%=top_currUser.getName() %>,欢迎来到极目商城!
                   <a href="user/LogoutServlet">[退出]</a></li>
             <%
             } else {
              %>
              <li class="fore1 fl">欢迎来到极目商城! <a href="page/user/login.jsp">
                   [登录]</a>  <a href="page/user/regist.jsp">[免费注册]</a></li>
           <%} %>
           <li class="fore2 fl"><a href="page/user/mycart.jsp">我的购物车</a></li>
            <li class="fore2 fl"><a href="page/user/myOrders.jsp">我的订单</a></li>
            <li class="fore2 fl"><a href="#">在线客服</a></li>
       </ul>
       <div class="clr"></div>
   </div>
</div>
```

用户登录前后的商城首页对比如图 15.4 所示。

图 15.4　用户登录前后商城首页对比

2. 用例 2：如何实现热卖商品展示

在数据库中查询商品列表中列 isHot 为 TRUE 的商品，JSP 页面用 forEach 标签展示，滚动效果使用的是<marquee>标签。

实现代码如下：

```
<div id="hotwords">热卖商品:
    <marquee width="440px" heigth="18px" direction="left" behavior="scroll" width="
      100%" onmouseout="this.start() " onmouseover="this.stop() " scrollamount="3">
    <%
    ProductService proService = new ProductService();
    List<Product> pro = proService.getHotProduct();
    if (pro != null) {
        request.setAttribute("pros",pro);
    }
     %>
    <c:forEach items="${requestScope.pros }" var="pro">
    <a href="page/shopping/productDetial.jsp?proid=${pro.productid }">$ {pro.
       productname }</a> 
    </c:forEach>
   </marquee>
</div>
```

运行上述代码后的效果如图 15.5 所示。

热卖商品：	HP-01 HTC2 松下LED 美的双开门电冰箱 美的双开门 LED电视

图 15.5　热卖商品展示

3. 用例 3：促销商品的幻灯片效果展示

在数据库中查询商品列表中列 isSale 为 TRUE 的商品，JSP 页面用<c:forEach>标签展示，幻灯片效果用 JavaScript 代码控制显示。

实现代码如下：

```
<div class="ad w">
    <div class="slide" id="slide">
    <div class="slide-img">
        <ul>
            <!-- 幻灯片列表 begin -->
            <%
            AdvService advService = new AdvService();
            List<Adv> advs = advService.getHomeSlideAdv();
            for (int i = 0; i < advs.size(); i++) {
```

```
            if (i == 0) {
        %>
              <li><a href="page/shopping/productDetail.jsp?proid=<%=advs.get(i).
                 getProductid() %>"><img src="<%=IConstant.IMG_PATH + advs.get
                 (i).getPicture()%>" /> </a></li>
        <%
            } else {
        %>
              <li class="hid"><a href="page/shopping/productDetail.jsp?proid=<%
                 =advs.get(i).getProductid() %>"><img src="<%=IConstant.IMG_PA
                 TH + advs.get(i). getPicture() %>" /></a></li>
        <%
            }
        }
        %>
         <!-- 幻灯片列表 end -->
      </ul>
    </div>
    <div class="slide-control">
        <%
        for (int i = 0; i < advs.size(); i++) {
            if (i == 0) {
        %>
            <span class="curr"><%=i+1 %></span>
        <%
            } else {
        %>
             <span class=""><%=i+1 %></span>
        <%
            }
        }
          %>
      </div>
   </div>
```

幻灯片控制是通过 JavaScript 实现的，滚动开始时通过 setInterval 设置定时器，采用一秒钟切换一张图片的方式，并定义计数器 count 为 1。当 count 到达 advs.size（即广告图片张数时）重置为 1。鼠标移动到图片时设置 mouseover 函数，并清除定时器，鼠标离开，则重新开始定时。

JavaScript 控制代码如下：

```
<script type="text/javascript" language="javascript">
   var img_count = <%=advs.size() %>;//图片总数
   var curr_i = 0;                    //当前图片下标
   var slideTimer;                    //定时器
   var slide_ms = 4000;               //时间间隔
   //替换图片函数
   function slide_replace(curr_control){
       $(".slide .slide-control span").each(function(){
           $(this).removeClass("curr");
       });
       curr_control.addClass("curr");
       $(".slide .slide-img ul li[class!='hid']").fadeOut(500,function(){
           $(".slide .slide-img ul li[class!='hid']").addClass("hid");
```

```
            $($(".slide .slide-img ul li")[curr_i]).show();
            $($(".slide .slide-img ul li")[curr_i]).removeClass();
        });
    }
    //图片轮换函数
    function img_scroll(){
        if(++curr_i >= img_count){
            curr_i = 0;
        }
        slide_replace($($(".slide .slide-control span")[curr_i]));
    }
    //开始效果
    function scroll_start(){
        slideTimer = setInterval(img_scroll,slide_ms);
    }
    //停止效果
    function scroll_stop(){
        clearInterval(slideTimer);
    }
    //幻灯片控制器：鼠标悬停事件
   $(".slide .slide-control span").mouseover(function(){
        scroll_stop();
        var i = $(this).html() - 1;
        if(i != curr_i){
            curr_i = i;
            slide_replace($(this));
        }
   });
   //幻灯片控制器：鼠标移出事件
   $(".slide .slide-control span").mouseout(function(){
        scroll_start();
   });
   //幻灯片图片：鼠标悬停事件
   $(".slide .slide-img ul li").mouseover(function(){
       scroll_stop();
   });
   //幻灯片图片：鼠标移出事件
   $(".slide .slide-img ul li").mouseout(function(){
       scroll_start();
   });
   scroll_start();
</script>
<div class="ad_img1"><a href=""><img src="images/ad_1.jpg" width="310"
     height="85" /></a></div>
<div class="ad_img2"><a href=""><img src="images/ad_2.jpg" width="310"
     height="85" /></a></div>
<div class="ad_img2"><a href=""><img src="images/ad_3.jpg" width="310"
     height="85" /></a></div>
<div class="clr"></div>
```

上述程序的运行效果如图 15.6 所示。

图 15.6　广告图片幻灯片展示

4. 用例 4：鼠标划过时，动态展示商品大类和小类的面板

首页加载时查询所有大类信息，大类里面包含一个属性 subTypes，表示小类列表，页面上用<c:forEach>标签显示所有大类，并在每次循环中用 DIV 定义所有小类列表，开始都隐藏。给大类（选择器.item span h3）某项注册 mouseover 函数，当鼠标移动上去时，通过 jQuery 控制小类 DIV 的显示，其他小类 DIV（jQuery 选择器.item .i-mc）隐藏即可。给小类每个项注册 mouseout 事件，当鼠标离开了小类项时，DIV 消失。

类别列表显示部分的实现代码如下：

```
<div id="nav">
     <div class="hover" id="categorys">
         <div class="mt ld">
            <h2>
              <span>全部商品分类</span>
              <b></b>
            </h2>
     </div>
     <div class="mc" id="product-classify">
       <!-- 列表项循环开始 -->
       <c:forEach items="${sessionScope.supTypes }" var="supType">
       <div class="item">
           <span>
               <h3 class="i-classify">
                  ${supType.typename }
               </h3>
               <s></s>
           </span>
           <div class="i-mc">
               <div class="subItem">
                   <ul>
                   <!-- 子列表项循环开始 -->
                   <c:if test="${fn:length(supType.subtypes) == 0 }">
                        <li>暂无</li>
                   </c:if>
                   <c:if test="${fn:length(supType.subtypes) > 0 }">
                        <c:forEach items="${supType.subtypes }" var="subType">
                           <li><a href="shopping/ProductListServlet?subtype=${subType.
                           subtypeid }">${subType.subtypename }</a></li>
                        </c:forEach>
                   </c:if>
                        <!-- 子列表项循环结束 -->
```

```
                    </ul>
                </div>
            </div>
        </div>
        </c:forEach>
        <!-- 列表项结束 -->
    </div>
```

控制鼠标移动和离开函数定义的 JavaScript 代码如下：

```
$("#product-classify .item span h3").mouseover(function(){
    clearTimeout(timer);
    $("#product-classify .item .i-mc").each(function(){
        $(this).css("display","none");//所有其他大类对应的小类隐藏
    });
    $("#product-classify .item span h3").each(function(){
    $(this).removeClass("over").addClass("i-classify");
    });
    $(this).removeClass("i-classify").addClass("over");
    $(this).parent().next().css("display","block");//该大类对应的小类显示
    });
    $("#product-classify .item span h3").mouseout(function(){
        timer = setTimeout(closeClassify,ms);
    });
    $("#product-classify .item .i-mc").mouseover(function(){
        clearTimeout(timer);
    });
    $("#product-classify .item .i-mc").mouseout(function(){
        timer = setTimeout(closeClassify,ms);
    });
```

上述代码运行后的效果如图 15.7 所示。

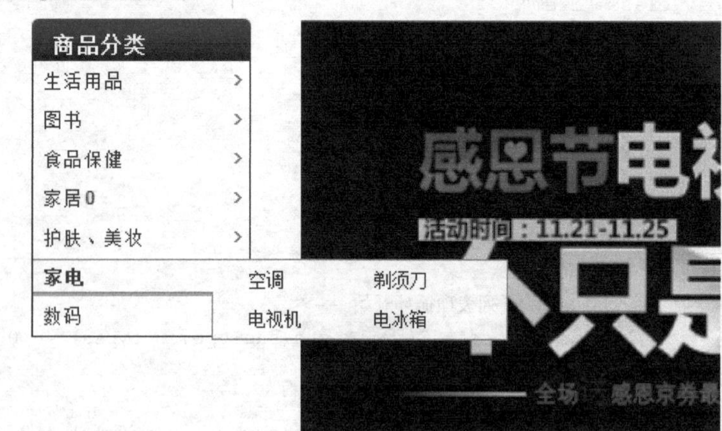

图 15.7　大类联动小类效果

5. 用例 5：选中某类商品后，如何实现按属性进行筛选

根据商品的小类，从后台取出对应属性返回到页面。页面通过 JSTL 循环标签显示数据。当我们在首页通过单击小类进入商品列表时，对应的 URL 为 http://localhost:8081/e-shop/shopping/

ProductListServlet?subtype=201，其中 201 表示数码类的类别 ID。后台处理的 Servlet 获取属性并返回到结果页面，代码如下。

ProductListServlet.java：

```
//获取选中的属性
String attrItems = request.getParameter("attrItems");
//获取当前子类属性
AttrService attrService = new AttrService();
List<Attr> attrs = attrService.getAttrBySubTypeID(subTypeId);
request.setAttribute("attrs", attrs);

//如果当前没有选中的属性，则初始化为“0：不限”；如果当前选中了属性，则不做任何操作
if (attrItems == null || attrItems.trim().equals("")) {
    attrItems = "{";
    for (Iterator it = attrs.iterator(); it.hasNext();) {
        Attr attr = (Attr) it.next();
        attrItems += "\"" + attr.getAttrid() + "\":\"0\",";
    }
    attrItems = attrItems.substring(0,attrItems.length()-1);
    attrItems += "}";
    //System.out.println(attrItems);
}
//将选中的属性再传给客户端
request.setAttribute("attrItems", attrItems);
```

页面显示属性列表，并给属性提供超链接，以便单击某个属性的时候可以进行过滤商品列表。

Productlist.jsp 中的该部分代码如下：

```
<div id="select" class="m">
    <div class="mt">
        <c:if test="${requestScope.curr_subType != null }">
           <h1>${requestScope.curr_subType.subtypename }</h1><strong> 
              - 商品筛选</strong>
        </c:if>
      </div>
      <c:forEach items="${requestScope.attrs }" var="attr">
      <%
      Attr attr = (Attr)pageContext.getAttribute("attr");
      String value = ((Map)request.getAttribute("attrItem_map")).get(""+
         attr.getAttrid()).toString();
      %>
     <dl>
       <dt>${attr.attrname }</dt>
        <dd>
          <div rel='0'>
          <%if(value.equals("0")){ %>
              <a name="attrItem" id="${attr.attrid }_0" href="javascript:return
                 false;" class="curr">不限</a>
          <%} else { %>
              <a name="attrItem" id="${attr.attrid }_0" href="javascript:return
              false;">不限</a>
          <%} %>
          </div>
          <%
          String attrvalue = attr.getAttrvalue();
```

```
        //System.out.println(attrvalue);
        if(attrvalue != null && !attrvalue.equals("")){
            String[] vs = attrvalue.split("\\s");
            //System.out.println("size:"+vs.length);
              for(int i = 0; i < vs.length; i++){
                  if(vs[i].equals(value)){
              %>
                  <div rel='0'><a name="attrItem" id="<%=attr.getAttrid()+"_"+vs[i]
              %>" href="javascript:return false;" class="curr" ><%=vs[i] %></a></div>
                  <%} else { %>
                      <div rel='0'><a name="attrItem" id="<%=attr.getAttrid()+"_"+vs
                        [i] %>" href="javascript:return false;" ><%=vs[i] %></a></div>
                  <%}}} %>
              </dd>
            </dl>
          </c:forEach>
        </div><!--select end -->
        <div id="filter">
          <div class='fore1'>
            <dl class='order'>
              <dt>排序：</dt>
               <dd <c:if test="${requestScope.sort == 'intime' }">class=
                 'curr'</c:if>>
                  <a name="l_sort" txt="intime" href="javascript:return false;">
                    上架时间</a>
                  </dd>
                  <dd <c:if test="${requestScope.sort == 'nowprice' }">class=
                    'curr'</c:if>>
                    <a name="l_sort" txt="nowprice" href="javascript:return
                      false;">价格</a>
                  </dd>
          </dl>
          <div class='pagin pagin-m'>
              <span class='text'>${requestScope.pagin }/${requestScope.pageCount
                }</span>
              <c:if test="${requestScope.pagin <= 1 }">
                  <span class="prev-disabled">上一页</span>
              </c:if>
              <c:if test="${requestScope.pagin > 1 }">
                  <a name="prev_page" href="javascript:return false;" class=
                    "prev" >上一页</a>
              </c:if>
              <c:if test="${requestScope.pageCount == requestScope.pagin }">
                  <span class="next-disabled">下一页</span>
              </c:if>
              <c:if test="${requestScope.pageCount > requestScope.pagin }">
                  <a name="next_page" href="javascript:return false;" class=
                   "next" >下一页</a>
              </c:if>
            </div>
         <div class='total'><span>共<strong>${requestScope.proCount } </strong>
            个商品</span></div>
        <span class='clr'></span>
    </div>

    </div><!--filter end-->
```

上述代码的运行效果如图 15.8 所示。

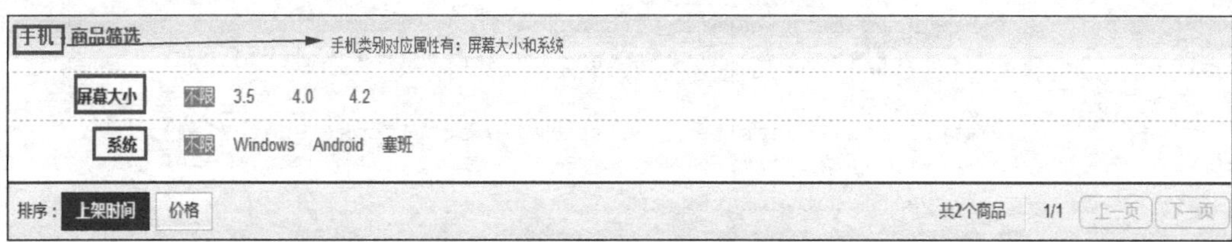

图 15.8　商品列表页面中属性的展示

15.5.2　商品列表展示

1. 用例 1：商品列表如何显示

单击左侧查询面板后，将小类作为查询条件，传给 Servlet 进行数据库中商品表的查询；通过小类 ID 过滤，获取商品列表；单击属性面板，将属性作为查询条件，传给 Servlet，也可以得到商品列表。得到商品列表用循环<c:forEach>标签实现，后台处理的主要工作是拼接 SQL 语句：一是根据小类 ID；二是看是否有商品属性作为参数传过来，如果用户单击了某个属性过滤商品，则拼接到 SQL 中进行过滤；三是按照什么进行排序，比如货品上架时间或者价格等。

具体的后台处理代码如下：

```
public void doGet(HttpServletRequest request, HttpServletResponse response)
        throws ServletException, IOException {

        request.setCharacterEncoding("GBK");
        try {
            int subTypeId = 0;
            String subtype = request.getParameter("subtype");
            if (subtype == null || subtype.trim().equals("")) {
                subTypeId = new TypeService().getDefaultSubTypeID();
            } else {
                subTypeId = Integer.parseInt(subtype);
            }
            //获取子类信息
            TypeService typeService = new TypeService();
            SubType subType = typeService.getSubTypeByID(subTypeId);
            request.setAttribute("curr_subType", subType);

            //获取销量排名
            ProductService productService = new ProductService();
            List<Product> top_products = productService.getSaleTopNProduct(subTypeId);
            request.setAttribute("top_products", top_products);

            //获取选中的属性
            String attrItems = request.getParameter("attrItems");
            //获取当前子类属性
            AttrService attrService = new AttrService();
            List<Attr> attrs = attrService.getAttrBySubTypeID(subTypeId);
            request.setAttribute("attrs", attrs);

            //如果当前没有选中的属性则初始化为“0：不限”，如果当前选中了属性则不做任何操作
            if (attrItems == null || attrItems.trim().equals("")) {
```

```
        attrItems = "{";
        for (Iterator it = attrs.iterator(); it.hasNext();) {
            Attr attr = (Attr) it.next();
            attrItems += "\"" + attr.getAttrid() + "\":\"0\",";
        }
        attrItems = attrItems.substring(0,attrItems.length()-1);
        attrItems += "}";
        //System.out.println(attrItems);
    }
    //将选中的属性再传给客户端
    request.setAttribute("attrItems", attrItems);
    //将选中的属性转换成 Map 对象并传递到 Jsp，在 Jsp 中判断哪个属性被选中，从而显示被选中
    时的样式
    Map attrItem_map = null;
    try{
        JSONObject jsonObj = JSONObject.fromObject(attrItems);
        attrItem_map = jsonObj;
        request.setAttribute("attrItem_map", attrItem_map);
    }catch(Exception e){
        System.err.println("JSON 转换错误");
    }

    //获取排序列
    String sort = request.getParameter("sort");
    if (sort == null || sort.trim().equals("")) {
        sort = "intime";
    }
    request.setAttribute("sort", sort);
    //获取当前页数
    String pagin = request.getParameter("pagin");
    if (pagin == null || pagin.trim().equals("")) {
        pagin = "1";
    }
    request.setAttribute("pagin", pagin);
    //获取选中的属性，并连接成查询字符串
    String sql = "select p.*, rownum rn from t_product p where 1=1";
    if(attrItem_map != null){
        List attrs_list = new ArrayList(attrItem_map.values());
        StringBuffer sub_sql = new StringBuffer();
        for (int i = 0; i < attrs_list.size(); i++) {
             String val = (String) attrs_list.get(i);
             if (!val.equals("0")) {
               sub_sql.append("(select productid from t_product_attr where
                 attrvalue='" + val + "') pa" + i + ",");
             } else {
               sub_sql.append("(select productid from t_product_attr)
                 pa" + i + ",");
             }
        }
        if (!sub_sql.equals("")) {
            sub_sql = sub_sql.deleteCharAt(sub_sql.length() - 1).append
              (" where 1=1 ");
            for (int i = 1; i < attrs_list.size(); i++) {
                sub_sql.append(" and pa0.productid=pa" + i + ".productid");
```

```
            }
            sub_sql.insert(0, "select pa0.productid from ");
        }
        String subSQL = sub_sql.toString();
        if (!subSQL.equals("")) {
            sql += " and p.productid in(" + subSQL + ")";
        }
    }
    sql += " and p.subtype=" + subTypeId + " order by " + sort;
    //System.out.println("sql:"+sql);

    String sql_count = "select count(*) from (" + sql + ") p";
    //System.out.println("sql_count:" + sql_count);
            int curr_pagin = Integer.parseInt(pagin);
    int rn_start = (curr_pagin - 1) * IConstant.PRO_SHOW_NUM + 1;
    int rn_end = curr_pagin * IConstant.PRO_SHOW_NUM;
  String sql_pagin = "select * from (" + sql + ") p where p.rn>="+rn_start+"
     and p.rn <="+rn_end;
  //System.out.println("sql_pagin:"+sql_pagin);

  //总产品数
  int proCount = productService.getProductCount(sql_count);
  request.setAttribute("proCount", proCount);

  //总页数
  int pageCount = (proCount + IConstant.PRO_SHOW_NUM - 1) / IConstant.
    PRO_SHOW_NUM;
  request.setAttribute("pageCount", pageCount);

  //包含当前页产品的集合
  List<Product> products = productService.getProductBySQL(sql_pagin);
  request.setAttribute("products", products);
  request.getRequestDispatcher("/page/shopping/productlist.jsp").forward
    (request, response);
} catch (Exception ex) {
  ex.printStackTrace();
}
```

前台商品列表的代码如下：

```
<div class="m " id="plist">
     <c:if test="${fn:length(requestScope.products) == 0 }">
        <div>暂时没有产品</div>
     </c:if>
     <c:if test="${fn:length(requestScope.products) > 0 }">
     <ul class="list-h">
       <!-- <cc>1122</cc> -->
       <c:forEach items="${requestScope.products }" var="pro">
         <li>
         <div class='p-img'>
            <a target='_blank' href='page/shopping/productDetail.jsp?proid=${pro.
             productid }'>
            <img onerror="none_150.gif'" src='<%=IConstant.IMG_PATH + ((Product)
             pageContext.getAttribute("pro")).getPicture() %>' width="160" height=
             "160" alt='${pro.productname }' />
              </a>
            </div>
```

```
            <div class='p-name'>
                 <a target='_blank' href='page/shopping/productDetail.jsp?proid=
                  ${pro.productid }'>${pro.productname }</a>
            </div>
            <div  class='p-price' style="color:rgb(204,0,0); font-size:16px; font-
            weight: bold;">¥
            ¥<fmt:formatNumber value="${pro.nowprice }" pattern=".00">
            </fmt:formatNumber>
            <%-- <%=new DecimalFormat(".00").format(((Product)
            pageContext.getAttribute("pro")).getNowprice()) %> --%>
            </div>
            <div class='btns'>
               <a href='' target='_blank' class='btn-buy'>购买</a>
            </div>
        </li>
        </c:forEach>
    <!-- <cache>hits</cache> -->
        </ul>
        </c:if>
    </div><!--plist end-->
```

上述代码的运行效果如图 15.9 所示。

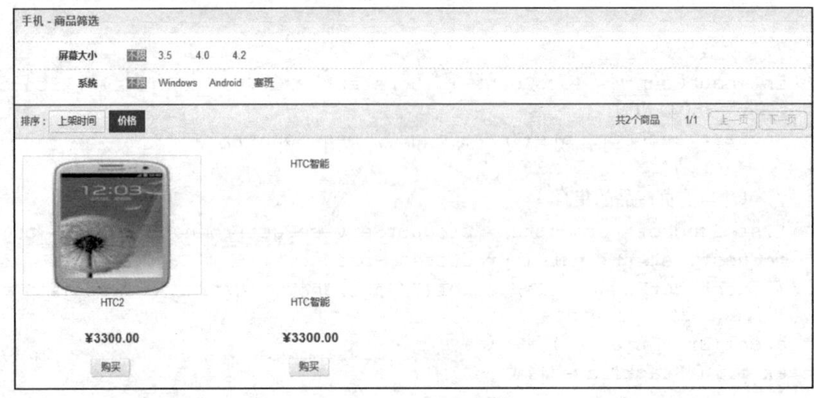

图 15.9　商品列表展示界面

用户选择不同的排序方式，会将值传到后台。若没有选择，则商品默认按照上架时间排序，以后每次单击排序的超链接都会通过一个隐藏域传到后台。表单隐藏域为：<input name="sort" type="hidden" value="${requestScope.sort }"/>。后台处理排序的代码参照该用例的后台处理代码即可。

单击上架时间进行排序，效果如图 15.10 所示。

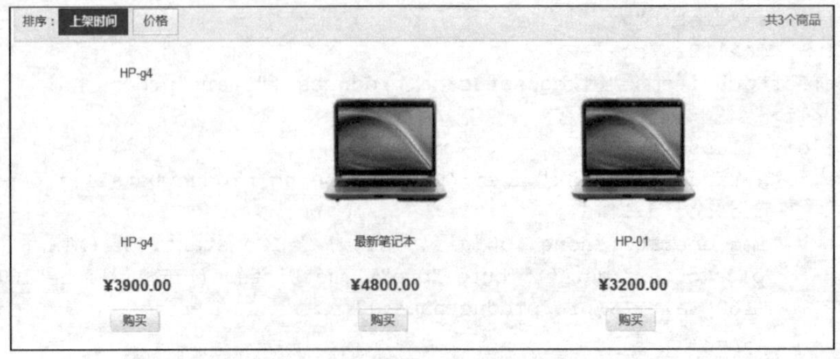

图 15.10　按照上架时间排序商品列表

单击价格进行排序，效果如图 15.11 所示。

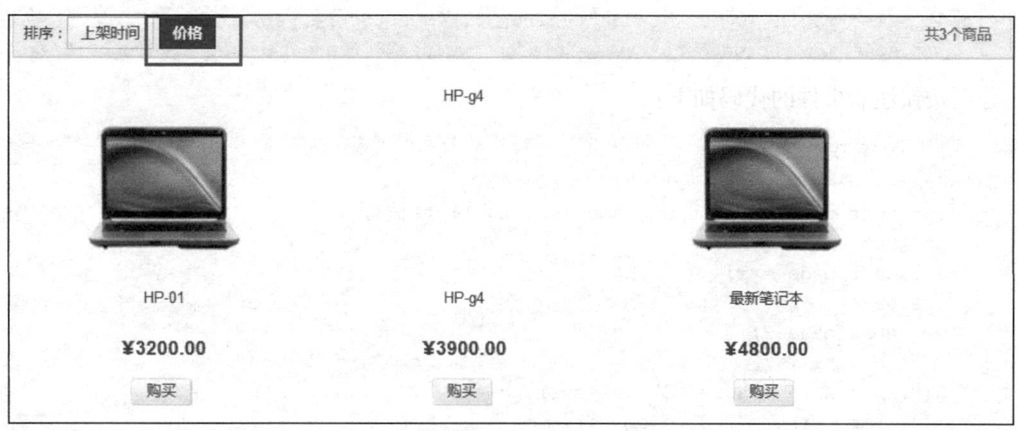

图 15.11　按照价格排序商品列表

2. 用例 2：如何实现商品列表的分页

商品列表显示界面会列出分页信息，每次进行商品查询都会返回当前页的商品信息和商品总页数。如果不是通过单击分页按钮查询，也就是通过单击类别进行查询，则后台 Servlet 会将当前页码 pagein 赋值为 1，表示第一页。后台每次查询都会将页码和页数信息带到 productlist.jsp 页面。

分页页面效果的实现代码如下：

```
<div class='pagin pagin-m'>
     <span class='text'>${requestScope.pagin }/${requestScope.pageCount }</span>
     <c:if test="${requestScope.pagin <= 1 }">
       <span class="prev-disabled">上一页</span>
     </c:if>
     <c:if test="${requestScope.pagin > 1 }">
        <a name="prev_page" href="javascript:return false;" class="prev" >上一页</a>
     </c:if>
        <c:if test="${requestScope.pageCount == requestScope.pagin }">
           <span class="next-disabled">下一页</span>
        </c:if>
        <c:if test="${requestScope.pageCount > requestScope.pagin }">
           <a name="next_page" href="javascript:return false;" class="next" >下一页</a>
        </c:if>
            </div>
        <div class='total'><span>共<strong>${requestScope.proCount }</strong>个商品
     </span></div>
```

由上述代码可以看出对上一页和下一页链接按钮进行了控制：如果已经是第一页，则上一页按钮置为 disable；若 pagein 为最后一页，则下一页按钮置为 disable。

效果如图 15.12 所示。

图 15.12　分页效果

页面使用隐藏域存储当前页和页数，每次表单提交都需要提交到后台，代码如下：

```
<input name="pagin" type="hidden" value="${requestScope.pagin }"/>
    <input name="pageCount" type="hidden" value="${requestScope.pageCount }"/>
```

分页按钮注册事件的代码如下：

```
//单击上一页链接
$("a[name='prev_page']").click(function(){
    var curr_page = $("input[name='pagin']").val();
    if (curr_page <= 1) {
        curr_page = 1;
    } else {
        curr_page--;
    }
    $("input[name='pagin']").val(curr_page);
    $("form#attrForm")[0].submit();
});
//单击下一页链接
$("a[name='next_page']").click(function(){
    var curr_page = $("input[name='pagin']").val();
    var page_count = $("input[name='pageCount']").val();
    if (curr_page >= page_count) {
        curr_page = page_count;
    } else {
       curr_page++;
    }
    $("input[name='pagin']").val(curr_page);
    $("form#attrForm")[0].submit();
});
```

3. 用例 3：商品详情查询

单击某件具体商品的链接时，将商品 ID 作为参数传到后台，后台根据产品的 ID，取出相应的产品并传到页面显示。链接形如“productDetail.jsp?proid=101”。

productDetail.jsp 中实现数据库查询部分的逻辑代码如下：

```
<%
   Product proDetail = new ProductService().getProductById(Integer.parseInt(proid));
   if (proDetail != null) {
       request.setAttribute("proDetail",proDetail);
   } else {
       out.println("<script type='text/javascript' language='javascript'>");
       out.println("alert('没有该商品的信息！');");
       out.println("location.href='"+basePath+"page/main/home.jsp';");
       out.println("</script>");
       return;
   }
  %>
```

展示商品品牌、类别、价格等基本信息的代码如下：

```
<div id="product-intro" >
    <div id="name">
       <h1>${requestScope.proDetail.productname }</h1>
    </div><!--name end-->
    <div class="clearfix">
```

```
    <ul id="summary">
       <li id="summary-grade">
           <div class="dt">品  牌: </div>
           <div class="dd">
               <span class="sa0">${requestScope.proDetail.brandObj.brandname }</span>
           </div>
       </li><!-- 商品品牌-->
       <li id="summary-price">
           <div class="dt">定  价: </div>
           <div class="dd">
               <font style="font-size:14px; color:#666; text-decoration:line-through;">
               ¥<fmt:formatNumber value="${requestScope.proDetail.price }
               " pattern=".00" ></fmt:formatNumber></font>
           </div>
       </li>
     <li id="summary-price">
          <div class="dt">极 目 价: </div>
          <div class="dd">
              <strong class="p-price" style="font-size:22px;">
              ¥<fmt:formatNumber value="${requestScope.proDetail.nowprice }" pattern=
             ".00" /></strong>
          </div>
      </li>
    <li id="summary-price">
          <div class="dt">为您节省: </div>
          <div class="dd">
              <font class="p-price" style="font-size:14px;"> ¥ <fmt:formatNumber value
              ="${requestScope.proDetail.price - requestScope.proDetail.nowprice }
              " pattern=".00" /></font>
          </div>
    </li>
    <li id="summary-grade">
       <div class="dt">上架时间: </div>
       <div class="dd">
           <fmt:formatDate value="${requestScope.proDetail.intime }" pattern=
           "yyyy-MM-dd HH:mm:ss" />
       </div>
    </li><!-- 商品评分-->
</ul><!--summary end-->
<ul id="choose" clstag="shangpin|keycount|product|choose">
   <input type="hidden" id="proid" value="<%=proid %>" />
   <li id="choose-amount">
      <div class="dt">购买数量: </div>
      <div class="dd">
          <div class="wrap-input">
                 <a class="btn-reduce" href="javascript:return false;">减少数量</a>
                 <a class="btn-add" href="javascript:return false;">增加数量</a>
                 <input class="text" id="buy-num" value="1" class="text"/>
          </div>
      </div>
   </li>
   <li id="choose-btns">
       <div id="choose-btn-append"  class="btn">
              <a class="btn-append " id="InitCartUrl" href="javascript:return false;" >
```

```
                加入购物车<b></b></a>
                 </div>
              </li>
           </ul><!--choose end-->
           <span class="clr"></span>
        </div>   <!--clearfix end-->
        <div id="preview">
           <div id="spec-n1">
               <img width="350" height="350" src="<%=IConstant.IMG_PATH + proDetail.
               getPicture() %>" alt="${requestScope.proDetail.productname }"/>
           </div>
        </div><!--preview end-->
     </div><!--product-intro end-->
  </div>
```

商品在录入时，都会录入商品对应小类别的属性和对应的值。商品介绍属性部分的代码如下：

```
     <div class="mc">
     <ul class="detail-list">
       <c:forEach items="${requestScope.proDetail.attrs }" var="attr">
           <li>${attr.attrname }: ${attr.attrvalue }</li>
         </c:forEach>
       </ul>
     </div>
```

最终的运行效果如图 15.13 所示。

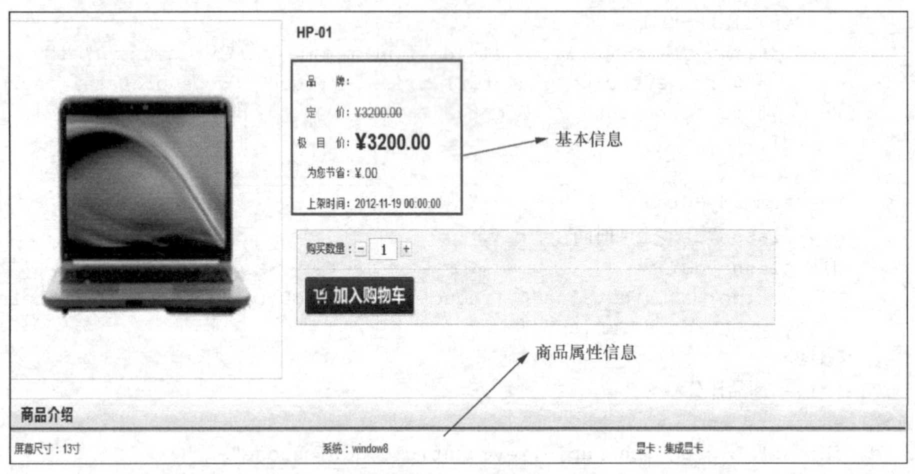

图 15.13　商品详情页面

15.5.3　注册功能

用户结算时，如果没有登录，则会跳转到登录页面；如果该用户没有注册，需要先进行注册。本节中的注册跟其他章节的注册功能基本一样，具体代码如下：

```
<div class="l_w" id="regist">
<div class="mt">
    <h2>注册新用户</h2>
    <b></b><span>我已经注册，现在就 <a href="page/user/login.jsp" class="flk13">
       登录</a></span>
</div>
```

```
<div class="mc">
<form id="formpersonal" method="post" onsubmit="return false;">
    <div class="form">
        <div class="item">
           <span class="label"><b class="ftx04">*</b>用户名：</span>

           <div class="fl">
               <input type="text" id="username" name="username" class="text"
                 tabindex="1" autocomplete="off"/>
               <label id="username_succeed" class="blank"></label>
               <span class="clr"></span>

               <div id="username_error"></div>
           </div>
       </div>
       <div id="o-password">
           <div class="item">
               <span class="label"><b class="ftx04">*</b>设置密码：</span>

               <div class="fl">
                   <input type="password" id="pwd" name="pwd" class="text"
                     tabindex="2" style="ime-mode:disabled;"/>
                   <label id="pwd_succeed" class="blank"></label>
                   <span class="clr"></span>
                   <label id="pwd_error"></label>
               </div>
           </div>
           <div class="item">
               <span class="label"><b class="ftx04">*</b>确认密码：</span>

               <div class="fl">
                   <input type="password" id="pwd2" name="pwd2" class="text" tabindex="3"/>
                   <label id="pwd2_succeed" class="blank"></label>
                   <span class="clr"></span>
                   <label id="pwd2_error"></label>
               </div>
            </div>
        </div>
        <div class="item">
            <span class="label"><b class="ftx04">*</b>邮箱：</span>
            <div class="fl">
                <input type="text" id="mail" name="mail" class="text" tabindex="4"/>
                <label id="mail_succeed" class="blank"></label>
                <span class="clr"></span>
                <div id="mail_error"></div>
            </div>
        </div>
        <div class="item">
            <span class="label"><b class="ftx04">*</b>验证码：</span>

            <div class="fl">
                <input type="text" id="code" name="code" class="text" tabindex="5"
                    style="width:100px;"/>
                <img align="center" style="" id="img_code" src="regist/
```

```
                        AuthImageServlet" border="0" onclick="this.src='regist/
                        AuthImageServlet?s='+Math.random()"/>
                    单击图片换一张
                    <label id="code_succeed" class="blank"></label>
                    <span class="clr"></span>

                    <div id="code_error"></div>
                </div>
            </div>
            <div class="item">
                <span class="label"> </span>
                <input type="button" class="btn-img btn-regist" id="registsubmit"
                    value="同意以下协议，提交" tabindex="8"/>
            </div>
        </div>
    </form>
```

用户注册界面如图 15.14 所示。

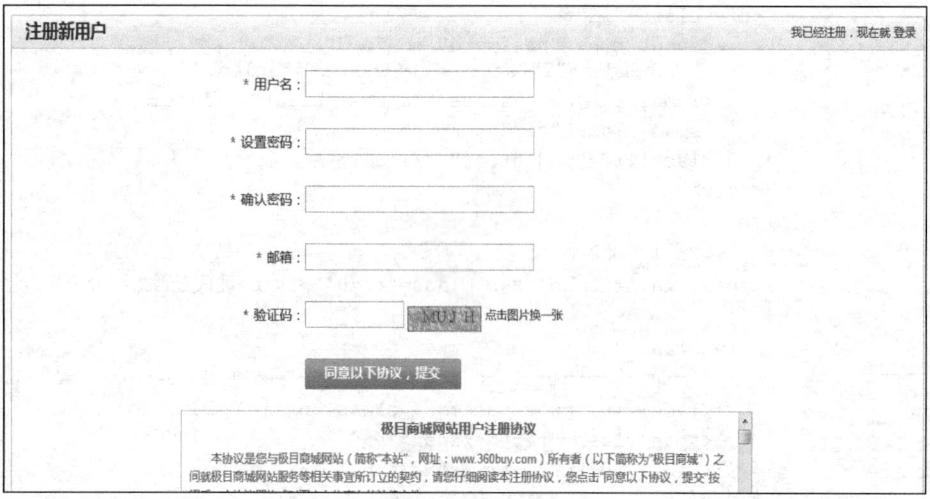

图 15.14　注册界面

打*号的表示必填项。需要用 jQuery 进行前端校验的项目为：用户名不能为空，两次密码需要一致，邮箱格式要规范等。用户名还需要使用 Ajax 验证是否存在该用户。

用户名验证部分的具体代码如下：

```
//检查用户名输入
function checkUserName(){
    $("#username_succeed").html("");
    $("#username_error").html("");
    var name = $("#username").val();
    if(name.length == 0){
        $("#username_error").html("请输入用户名");
        $("#username_error").css("color","#ff0000");
        return false;
    }
    var reg = /^\w{4,20}$/;
    if(!reg.test(name)){
```

```
        $("#username_error").html("4-20 个字符，可由字母、数字、“_”组成");
        $("#username_error").css("color","#ff0000");
        return false;
    }
    if(name.length >= 4 && name.length <= 20){
        var b = false;
        //使用同步请求才能即时改变 b 的值
        $.ajax({
            url: "regist/IsNameExistServlet",
            type: "POST",
            async: false,
            data: {"name":name},
            dataType: "json",
            success: function(data){
                var isExist = data.isExist;
                if (isExist == "false") {
                    $("#username_succeed").html("用户名可用");
                    $("#username_succeed").css("color","#00ff00");
                    b = true;
                } else {
                    $("#username_error").html("用户名已经存在，不能使用该用户名注册");
                    $("#username_error").css("color","#ff0000");
                    b = false;
                }
            }
        });
        return b;
    }
    return false;
    }
```

密码和邮箱部分的具体代码如下：

```
//检查密码输入
function checkPwd(){
    $("#pwd_succeed").html("");
    $("#pwd_error").html("");
    var pwd = $("#pwd").val();
    if(pwd.length == 0){
        $("#pwd_error").html("请输入密码");
        $("#pwd_error").css("color","#ff0000");
        return false;
    }
    var reg = /^\w{6,20}$/;
    if(!reg.test(pwd)){
        $("#pwd_error").html("6-20 个字符，可由字母、数字、"_"组成");
        $("#pwd_error").css("color","#ff0000");
        return false;
    } else {
        $("#pwd_succeed").html("格式正确");
        $("#pwd_succeed").css("color","#00ff00");
        return true;
    }
    return false;
```

```
}

//检查确认密码
function checkPwd2(){
    $("#pwd2_succeed").html("");
    $("#pwd2_error").html("");
    var pwd = $("#pwd").val();
    var pwd2 = $("#pwd2").val();
    if(pwd2.length == 0){
        $("#pwd2_error").html("请输入确认密码");
        $("#pwd2_error").css("color","#ff0000");
        return false;
    }
    if(pwd == pwd2){
        $("#pwd2_succeed").html("密码一致");
        $("#pwd2_succeed").css("color","#00ff00");
        return true;
    } else {
        $("#pwd2_error").html("两次输入的密码不一致");
        $("#pwd2_error").css("color","#ff0000");
        return false;
    }
    return false;
}

//检查邮箱
function checkEmail(){
   $("#mail_succeed").html("");
   $("#mail_error").html("");
   var mail = $("#mail").val();
   if(mail.length == 0){
       $("#mail_error").html("请输入邮箱");
       $("#mail_error").css("color","#ff0000");
       return false;
   }
   var reg = /^\w{1,}@\w+(\.\w+)+$/;
   if(reg.test(mail)){
       $("#mail_succeed").html("格式正确");
       $("#mail_succeed").css("color","#00ff00");
       return true;
   } else {
       $("#mail_error").html("邮箱格式错误，请输入您的邮箱");
       $("#mail_error").css("color","#ff0000");
       return false;
   }
   return false;
}
```

验证码分为生成和校验两部分，关于验证码的生成参见第 3 章的实训 3.3。这里看看验证码验证的过程。首先给验证码文本框注册 blur 事件，当鼠标离开时，发出 Ajax 请求到后台进行校验，将用户输入的验证码作为参数传递到后台。

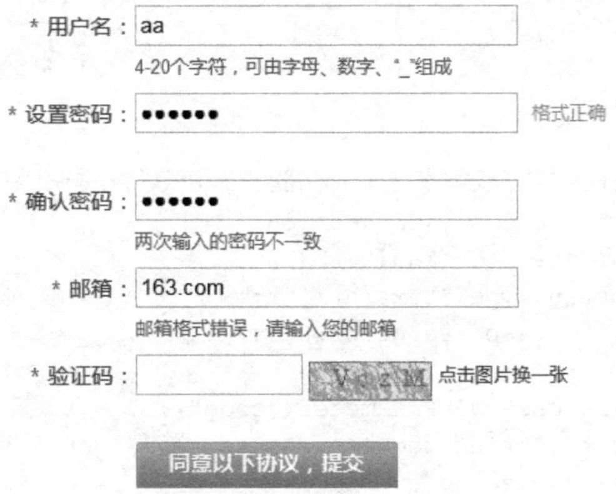

* 用户名：aa
4-20个字符，可由字母、数字、"_"组成
* 设置密码：●●●●●● 格式正确
* 确认密码：●●●●●●
两次输入的密码不一致
* 邮箱：163.com
邮箱格式错误，请输入您的邮箱
* 验证码： 点击图片换一张
同意以下协议，提交

图 15.15　注册表单格式校验

注册事件部分和 Ajax 校验部分的代码如下：

```
$("#code").focus(function(){
            $("#code_error").html("请输入验证码");
            $("#code_error").css("color","#bbb");
            });
$("#code").blur(checkCode);
//检查验证码
            function checkCode(){
                $("#code_succeed").html("");
                $("#code_error").html("");
                var code = $("#code").val();
                if(code.length == 0){
                    $("#code_error").html("请输入验证码");
                    $("#code_error").css("color","#ff0000");
                    return false;
                }
                var b = false;
                //使用同步请求才能即时改变 b 的值
                $.ajax({
                    url: "regist/CheckAuthImageServlet",
                    type: "POST",
                    async: false,
                    data: {"code":code},
                    dataType: "json",

                    success: function(data){
                        var isRight = data.isRight;
                        if (isRight == "true") {
                            $("#code_succeed").html("验证码正确");
                            $("#code_succeed").css("color","#00ff00");
                            b = true;
                        } else {
                            $("#code_error").html("验证码错误");
                            $("#code_error").css("color","#ff0000");
                            b = false;
```

```
                    }
                }
            });
            return b;
        }
```

后台的验证代码如下：

```
public void doPost(HttpServletRequest request, HttpServletResponse response)
        throws ServletException, IOException {
        request.setCharacterEncoding("GBK");
        response.setContentType("text/html");
        PrintWriter out = response.getWriter();

        String code = request.getParameter("code");
        String authImg = (String)request.getSession().getAttribute("ValidateCode");
        if (code.equalsIgnoreCase(authImg)) {
            out.print("{\"isRight\":\"true\"}");
        } else {
            out.print("{\"isRight\":\"false\"}");
        }
        out.flush();
        out.close();
    }
```

可以看出验证码在刚开始生成时就存储到了session作用域,到后台就是和session里面的code进行比对而已。

输入验证码，Ajax 验证效果如图 15.16 所示。

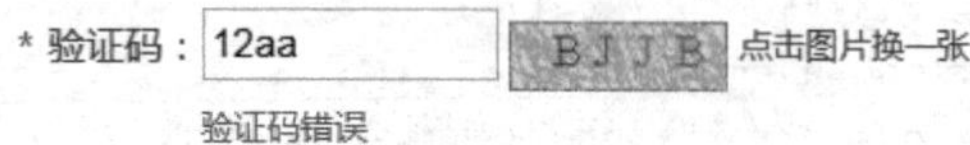

图 15.16　注册表单格式校验

后台实现注册功能的 RegistServlet.java 的代码如下：

```
public void doPost(HttpServletRequest request, HttpServletResponse response)
        throws ServletException, IOException {

        request.setCharacterEncoding("GBK");
        response.setCharacterEncoding("GBK");
        PrintWriter out = response.getWriter();
        String path = request.getContextPath();
        String basePath = request.getScheme()+"://"+request.getServerName()+":"+
          request.getServerPort()+path+"/";
        String name = request.getParameter("username");
        String pwd = request.getParameter("pwd");
        String email = request.getParameter("mail");
        User user = new User();
        user.setName(name);
        user.setPassword(pwd);
        user.setEmail(email);
        UserService userService = new UserService();
        try {
```

```
            boolean b = userService.registNewUser(user);
            if (b) {
                response.sendRedirect(basePath + "page/user/login.jsp");
            } else {
                out.println("<script type='text/javascript' language='javascript'>");
                out.println("alert('注册失败，请再试一次吧');");
                out.println("location.href='"+basePath+"page/user/regist.jsp';");
                out.println("</script>");
            }
        } catch (Exception e) {
            out.println("<script type='text/javascript' language='javascript'>");
            out.println("alert('注册失败，请再试一次吧');");
            out.println("location.href='"+basePath+"page/user/regist.jsp';");
            out.println("</script>");
        }
        out.flush();
        out.close();
    }
```

后台注册和之前的注册是基本一致的，都是通过 userService 向用户表插入一条记录。

15.5.4　用户登录和退出功能

登录功能就是提供一个登录表单，输入用户名和密码，到后台数据库进行校验是否正确。如果登录成功，进入首页之后可以看到跟用户相关的“我的订单”“我的购物车”等信息。

用户登录界面的代码如下：

```
<script type="text/javascript" language="javascript">
        $(document).ready(function(){
        //检查验证码
        function checkCode(){
            $("#code_succeed").html("");
            $("#code_error").html("");
            var code = $("#code").val();
            if(code.length == 0){
               $("#code_error").html("请输入验证码");
               $("#code_error").css("color","#ff0000");
            return false;
        }
        var b = false;
        //使用同步请求才能即时改变 b 的值
        $.ajax({
            url: "regist/CheckAuthImageServlet",
            type: "POST",
            async: false,
            data: {"code":code},
            dataType: "json",
            success: function(data){
                var isRight = data.isRight;
                if (isRight == "true") {
                    $("#code_succeed").html("验证码正确");
                    $("#code_succeed").css("color","#00ff00");
                    b = true;
```

```
                    } else {
                        $("#code_error").html("验证码错误");
                        $("#code_error").css("color","#ff0000");
                        b = false;
                    }
                }
            });
            return b;
        }
        $("#code").focus(function(){
            $("#code_error").html("请输入验证码");
            $("#code_error").css("color","#bbb");
        });
        $("#code").blur(checkCode);
        $("#loginsubmit").click(function(){
            var b = checkCode();
            if(b){
                $("#loginForm").attr("action","login/LoginServlet");
                $("#loginForm")[0].submit();
            }
        });
    });
  </script>
 </head>

 <body>
   <!--快捷栏 begin-->
 <div id="shortcut">
   <div class="l_w">
   <ul class="fl oh">
      <li class="fore1 fl"><b></b><a href="">收藏极目商城</a></li>
     </ul>
     <ul class="fr oh">
      <%
         Object top_obj = session.getAttribute("curr_user");
         if(top_obj != null && top_obj instanceof com.shopping.vo.User){
             com.shopping.vo.User top_currUser = (com.shopping.vo.User)top_obj;
         %>
             <li class="fore1 fl"><%=top_currUser.getName() %>,欢迎来到极目商城!
                <a href="user/LogoutServlet">[退出]</a></li>
         <%
         } else {
          %>
         <li class="fore1 fl">欢迎来到极目商城! <a href="page/user/login.jsp">[登
             录]</a>  <a href="page/user/regist.jsp">[免费注册]</a></li>
       <%} %>
      <li class="fore2 fl"><a href="">我的购物车</a></li>
        <li class="fore2 fl"><a href="page/user/myOrders.jsp">我的订单</a></li>
        <li class="fore2 fl"><a href="">在线客服</a></li>
      </ul>
      <div class="clr"></div>
    </div>
</div>
<!--快捷栏 end-->
```

```
<div class="l_w" id="l_logo">
   <div>
   <a href="page/main/home.jsp" target="_blank"><img width="167" height="46" alt="
      极目商城" src="images/l_logo.gif" /></a>
   </div>
</div>
<div class="l_w" id="l_entry" >
    <div class="mt">
     <h2>用户登录</h2><b></b>
    </div>
    <div class="mc" style="padding-top:20px;">
     <form class="form" id="loginForm" method="post">
           <div class="item"><span class="label">账户名: </span>
                  <div class="fl">
                     <input type="text" id="loginname" name="loginname" onblur="if
                       (this.value==''){this.value='用户名';this.style.color='#999'}"
                       onfocus="if(this.value=='用户名'){this.value='';this.style.
                         color='#333'}"
                       value="用户名" class="text_blank"/>
                     <label id="loginname_succeed" class="blank invisible"></label>
                     <span class="clr"></span>
                     <label id="loginname_error"></label>
                   </div>
                </div>
                <div class="item">
                   <span class="label">密码: </span>
                   <div class="fl">
                       <input type="password" id="loginpwd" name="loginpwd" class=
                         "text" onfocus=""/>
                       <label id="loginpwd_succeed" class="blank invisible"></label>
                       <!-- <label><a href="" class="flk13">找回密码</a></label>-->
                       <span class="clr"></span>
                       <label id="loginpwd_error"></label>
                    </div>
                </div>
                <div class="item">
                    <span class="label">验证码: </span>

                    <div class="fl">
                     <input type="text" id="code" name="code" class="text"
                         tabindex="5" style="width:100px;"/> 
                     <img align="center"style=""id="img_code"src="regist/AuthImage
                        Servlet" border="0" onclick="this.src='regist/AuthImageServlet?s=
                        '+Math.random()"/>
                     单击图片换一张
                     <label id="code_succeed" class="blank"></label>
                     <span class="clr"></span>

                     <div id="code_error"></div>
                  </div>
              </div>
            <!--   <div class="item  hide " id="o-authcode">
                  <span class="label">验证码: </span>
                  <div class="fl">
```

```
                    <input type="text" id="authcode" name="authcode" class=
                       "text text-1" tabindex="6"
                           autocomplete="off"/>
                    <label class="img">
                       <img style="cursor:pointer;width:100px;height:26px;
                         display:block;">
                    </label>
                    <label class="ftx23"> 看不清? <a href="javascript:void(0)"
                       class="flk13">换一张</a></label>
                    <label id="authcode_succeed" class="blank invisible"></label>
                    <span class="clr"></span>
                    <span id="authcode_error"></span>
                 </div>
              </div>-->
              <div class="item">
                 <span class="label"> </span>
                 <input type="button" class="btn-img btn-entry" id="loginsubmit"
                   value="登录"/>
              </div>

       </form>
```

后台先将用户名参数带到 DAO 进行查询，返回 user 对象，然后根据 user 对象的密码跟表单 post 传参过来的值进行比对，如果相等，则登录成功。处理登录的 DAO 的代码如下：

```
   /**
     * 通过用户名获取用户信息
     */
    public User getUserByName(String name) throws Exception {
        Connection conn = null;
        PreparedStatement pstmt = null;
        ResultSet rs = null;

        User user = null;
        String sql = "select * from T_USER u where u.name=?";
        try {
           conn = ConnectionManager.getConnection();
           pstmt = conn.prepareStatement(sql);
           pstmt.setString(1, name);
           rs = pstmt.executeQuery();
           if (rs.next()) {
              user = new User();
              user.setId(rs.getInt("id"));
              user.setName(rs.getString("name"));
              user.setPassword(rs.getString("password"));
              user.setEmail(rs.getString("email"));
              user.setTruename(rs.getString("truename"));
              user.setGender(rs.getInt("gender"));
              user.setBirthday(rs.getDate("birthday"));
              user.setAddress(rs.getString("address"));
              user.setPostcode(rs.getString("postcode"));
              user.setPhone(rs.getString("phone"));
              user.setMobile(rs.getString("mobile"));
              user.setScore(rs.getInt("score"));
              user.setUser_comment(rs.getString("user_comment"));
```

```
            }
        } catch (Exception e) {
            e.printStackTrace();
            throw e;
        } finally {
            ConnectionManager.closeConnection(rs, pstmt, conn);
        }
        return user;
    }
```

登录界面如图 15.17 所示。

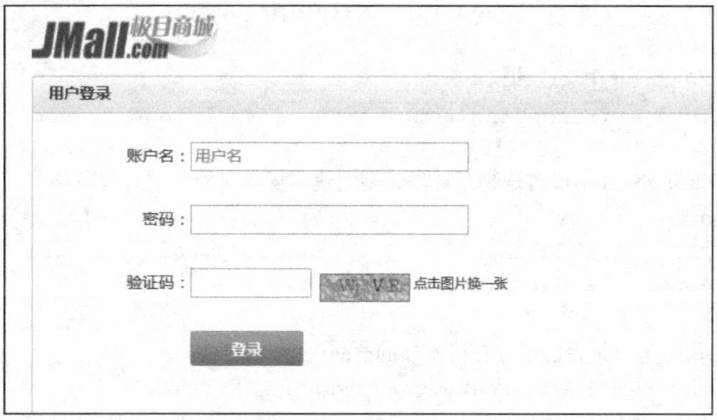

图 15.17　热卖商品展示

15.5.5　购物车功能

1. 用例 1：如何将商品加入到购物车中

用户单击某个商品，在详情页面，单击加入购物车按钮后发出 Ajax 的 post 请求，并将商品的 ID 和购买数量参数传到后台，并保存到 session 作用域的属性中。

详情页面中的购物车按钮事件的实现代码如下：

```
$("a#InitCartUrl").click(function(){
     var pid = $("#proid").val();
     var pnum = $("#buy-num").val();
     $.post("shopping/AddProductToCartServlet",{proid:pid,pronum:pnum},function(data){
        alert(data);
     });
});
```

购物车后台处理向购物车内添加商品的代码如下：

```
public void doGet(HttpServletRequest request, HttpServletResponse response)
        throws ServletException, IOException {

        request.setCharacterEncoding("GBK");
        response.setContentType("text/html");
        response.setCharacterEncoding("GBK");
        PrintWriter out = response.getWriter();

        try {
           String proid = request.getParameter("proid");
           String pronum = request.getParameter("pronum");
```

```
        int productid = 0;
        int productnum = 0;
        if (proid == null || proid.equals("")) {
            out.print("请先选择商品！");
            return;
        } else {
            productid = Integer.parseInt(proid);
        }
        if (pronum == null || pronum.equals("")) {
            productnum = 1;
        } else {
            productnum = Integer.parseInt(pronum);
        }
        //从 session 中获取购物车
        Map<Integer, ShoppingItem> cart = (Map<Integer, ShoppingItem>)request.
            getSession().getAttribute("s_cart");
        //如果 session 中没有购物车对象，则创建购物车对象
        if (cart == null) {
            cart = new HashMap<Integer, ShoppingItem>();
            request.getSession().setAttribute("s_cart", cart);
        }
        //判断购物车中是否已经存在待添加的商品
        ShoppingItem item = cart.get(productid);
        ProductService proService = new ProductService();
        //如果购物车中没有该商品
        if (item == null) {
            //1.查询出商品信息
            Product pro = proService.getProductById(productid);
            if (pro == null) {
                out.print("没有该商品的信息");
                return;
            }
            //2.创建购物项，并将查询出的商品及购买数量添加到购物车
            item = new ShoppingItem();
            item.setProduct(pro);
            item.setProductnum(productnum);
            //3.将购物项添加到购物车
            cart.put(pro.getProductid(), item);
        } else {//如果购物车中存在该商品
            //修改商品购买数量:原数量+当前购买数量
            item.setProductnum(item.getProductnum() + productnum);
        }
        out.print("本次选购了：" + item.getProduct(). getProductname() + " " +
            productnum + "件");
    } catch (Exception e) {
        e.printStackTrace();
        out.print("添加商品失败，请再试一次");
    } finally {
        out.flush();
        out.close();
    }

}
```

从上述代码可以看出后台定义了 ShoppingItem 类来存储购物项，即商品的 ID 和购买数量等信息，并用 Map 集合存储购物项集合信息。

用户单击加入购物车后 Ajax 效果如图 15.18 所示。

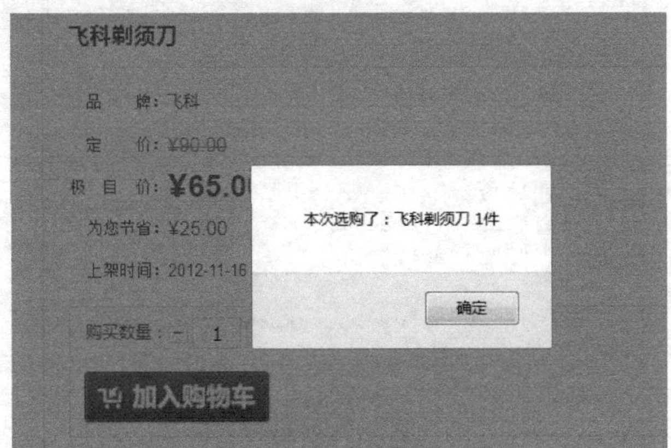

图 15.18　加入购物车

2. 用例 2：如何改变购物车中商品的数量及删除商品

购买完毕，登录后单击进入我的购物车，界面显示了所有的购物项，包括商品信息和数量。此时可在页面上修改数量，也可以删除商品，还可以自动计算总价格。而每一次单击“+”或者“–”或者删除此项都会通过 Ajax 的 post 方法直接更新购物车中的内容。

页面实现代码如下：

```
$(".link_reduce").click(function(){
    var _this = $(this);
    var pi = _this.parent().parent().siblings("td.td_pi").children("input.txt_pi").
      val();
    var pn = _this.next().val();
    //alert(pi + " " + pn);
    if (pn == 1) {
        if (confirm("是否删除该商品?")) {
            pn = 0;
            $.post("shopping/UpdateProductFromCartServlet",{"proid":pi,"pronum"
              :pn},function(data){
              var res = data.res;
              if (res != "true") {
                  alert(res);
              } else {
                  _this.parent().parent().parent().remove();
                  $("#cart_total").html(data.total);
              }
            },"json");
        }
    } else {
        pn--;
        $.post("shopping/UpdateProductFromCartServlet",{"proid":pi,"pronum":pn},
          function(data){
          var res = data.res;
          if (res != "true") {
              alert(res);
```

```
                } else {
                    _this.next().val(pn);
                    $("#cart_total").html(data.total);
                }
            },"json");
        }
    });
    $(".link_add").click(function(){
        var _this = $(this);
        var pi = _this.parent().parent().siblings("td.td_pi").children("input.
          txt_pi").val();
        var pn = _this.prev().val();
        //alert(pi + " " + pn);
        pn++;
        $.post("shopping/UpdateProductFromCartServlet",{"proid":pi,"pronum":
           pn},function(data){
            var res = data.res;
            if (res != "true") {
                alert(res);
            } else {
                _this.prev().val(pn);
                $("#cart_total").html(data.total);
            }
        },"json");
    });
    $(".link_del").click(function(){
         var _this = $(this);
         var pi = _this.parent().siblings("td.td_pi").children("input.txt_pi").val();
         var pn = 0;
         if (confirm("是否删除该商品?")) {
            $.post("shopping/UpdateProductFromCartServlet",{"proid":pi,
              "pronum":pn},function(data){
               var res = data.res;
               if (res != "true") {
                  alert(res);
               } else {
                  _this.parent().parent().remove();
                  $("#cart_total").html(data.total);
               }
            },"json");
         }
    });
```

后台的 UpdateProductFromCartServlet 对应的处理代码如下：

```
public void doGet(HttpServletRequest request, HttpServletResponse response)
        throws ServletException, IOException {

        request.setCharacterEncoding("GBK");
        response.setContentType("text/html");
        response.setCharacterEncoding("GBK");
        PrintWriter out = response.getWriter();

        try {
           String proid = request.getParameter("proid");
           String pronum = request.getParameter("pronum");
           int productid = 0;
```

```
        int productnum = 0;
        if (proid == null || proid.equals("")) {
            out.print("{\"res\":\"请先选择商品! \"}");
            return;
        } else {
            productid = Integer.parseInt(proid);
        }
        if (pronum == null || pronum.equals("")) {
            productnum = 1;
        } else {
            productnum = Integer.parseInt(pronum);
        }
        Map<Integer, ShoppingItem> cart = (Map<Integer, ShoppingItem>)request.
          getSession().getAttribute("s_cart");
        if (productnum == 0) {
            cart.remove(productid);
        } else {
            cart.get(productid).setProductnum(productnum);
        }
        Collection items = cart.values();
        BigDecimal total = new BigDecimal(0);
        for (Iterator it = items.iterator(); it.hasNext();) {
            ShoppingItem item = (ShoppingItem) it.next();
            total = total.add(item.getProduct().getNowprice().multiply(new
            BigDecimal(item.getProductnum())));
        }
        DecimalFormat df = new DecimalFormat("0.00");
        String total_str = df.format(total);
        out.print("{\"res\":\"true\",\"total\":\""+total_str+"\"}");
    } catch (Exception e) {
        e.printStackTrace();
        out.print("{\"res\":\"修改商品失败，请再试一次\"}");
    } finally {
        out.flush();
        out.close();
    }
}
```

可以看出 Ajax 后台通过更新购物车，算出购物车此时所有项的总价格，并返回到页面。这样页面上就能够获取并更新到总价的 label 上。

上述代码的运行效果如图 15.19 所示。

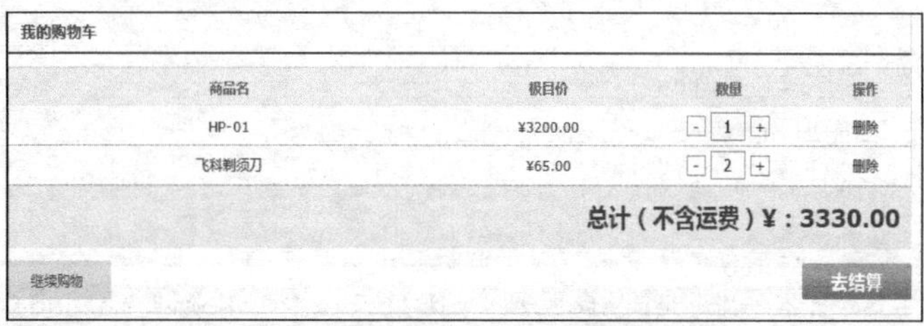

图 15.19　修改购物车中商品的数量

15.5.6　结算功能

用户在购物车中确认订单没有问题，单击结算按钮进入结算界面。在此界面中，用户输入收货人姓名、地址、手机等信息，单击结算按钮，即可生成订单，向 order 表插入一条记录，订单状态列的值为未发货。

结算 settle_account.jsp 页面的实现代码如下：

```
<div class="userinfo_right">
    <div class="o-mt">
        <h2>购物结算</h2>
    </div>
        <div id="baseinfo">
    <div>
        <table width="100%" cellpadding="0" cellspacing="0">
        <tr>
                <th width="50%">商品名</th>
                <th width="20%">极目价</th>
                <th width="20%">数量</th>
         </tr>
         <c:forEach items="${sessionScope.s_cart }" var="item">
         <tr>
             <td class="td_pi">${item.value.product.productname }</td>
             <td>
             ¥<fmt:formatNumber value="${item.value.product.nowprice }"
                pattern=".00"></fmt:formatNumber></td>
             <td class="td_pn">${item.value.productnum }</td>
         </tr>
         </c:forEach>
      </table>
      <%
      Map<Integer,ShoppingItem> cart=(Map<Integer, ShoppingItem>)request.getSession().
        getAttribute("s_cart");
      String total_str = "0.00";
      if(cart != null){
          BigDecimal total = new BigDecimal(0);
          Collection items = cart.values();
             for (Iterator it = items.iterator(); it.hasNext();) {
                 ShoppingItem item = (ShoppingItem) it.next();
                 total = total.add(item.getProduct().getNowprice().
                  multiply(new BigDecimal(item.getProductnum())));
             }
             DecimalFormat df = new DecimalFormat("0.00");
             total_str = df.format(total);
      }
     %>
    <div class="cart-total">
        <div class="total fr"><span id="cart_total">¥<%=total_str %></span>总计(不含运
            费): </div>
        </div>
        <div class="info_item">
            <form name="orderInfoForm" id="orderInfoForm" method="post">
                 <div class="baseinfo_i">
                    <span class="label"><em>*</em>收件人姓名:</span>
                    <div class=""><input name="realname" type="text" id="
                      realname" class="text"" /><span id="realname_msg"></span></div>
                    <div class="clr"></div>
                 </div>
                 <div class="baseinfo_i">
```

```
                <span class="label"><em>*</em>收件人地址:</span>
                 <div class=""><input name="address" type="text" id="address"
                    class="text" /><span id="address_msg"></span></div>
                 <div class="clr"></div>
              </div>
              <div class="baseinfo_i">
                 <span class="label"><em>*</em>邮编:</span>
                   <div class=""><input name="postcode" type="text" id="postcode"
                      class="text" /><span id="postcode_msg"></span></div>
                   <div class="clr"></div>
                 </div>
                 <div class="baseinfo_i">
                    <span class="label"><em>*</em>手机:</span>
                     <div class=""><input name="phone" type="text" id="phone"
                        class="text" /><span id="phone_msg"></span></div>
                     <div class="clr"></div>
                 </div>
                 <div class="baseinfo_i">
                    <div class="btn_div"><input type="button" class="info_btn"
                       value="提交"/></div>
                    <div class="clr"></div>
                  </div>
               </form>
            </div>
            </div>
        </div>
    </div>
```

收货人信息输入的界面如图 15.20 所示。

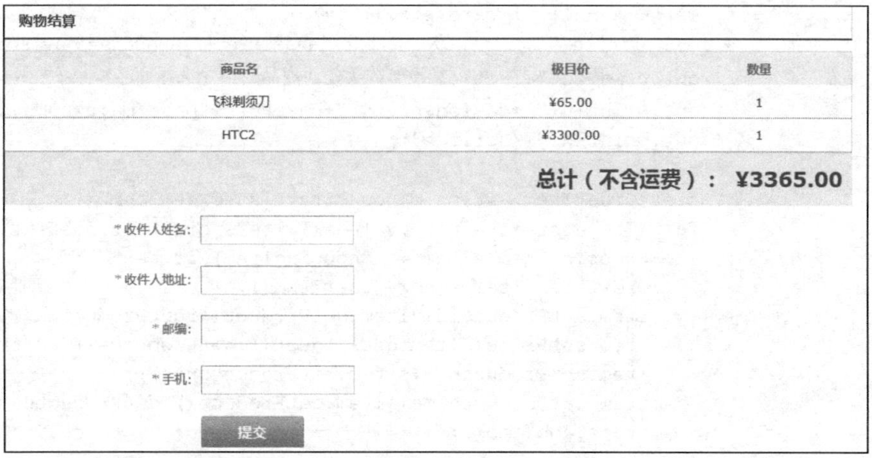

图 15.20　收货人信息输入界面

收货人信息输入完毕后，用户单击提交按钮，信息提交到 AddOrderServlet，获取页面参数形成订单对象，保存到订单数据库，然后从 session 中获取订单项，循环存储每一个订单项到 orderitem 表中。代码如下所示：

```
public void doPost(HttpServletRequest request, HttpServletResponse response)
        throws ServletException, IOException {
        request.setCharacterEncoding("GBK");
```

```
        response.setContentType("text/html");
        response.setCharacterEncoding("GBK");
        String path = request.getContextPath();
        String basePath = request.getScheme()+"://"+request.getServerName()+":"+
           request.getServerPort()+path+"/";
        PrintWriter out = response.getWriter();

        try {
           String realname = request.getParameter("realname");
           String address = request.getParameter("address");
           String postcode = request.getParameter("postcode");
           String phone = request.getParameter("phone");
           User curr_user = (User)request.getSession().getAttribute("curr_user");
           if (curr_user == null) {
               out.println("<script type='text/javascript' language='javascript'>");
               out.println("alert('请先登录');");
               out.println("location.href='"+basePath+"page/user/login.jsp';");
               out.println("</script>");
           } else {
               Order order = new Order();
               order.setUsername(curr_user.getName());
               order.setRealname(realname);
               order.setAddress(address);
               order.setPostcode(postcode);
               order.setPhone(phone);
               order.setOrderdate(new Date());
               order.setFlag(0);

               Map<Integer, ShoppingItem> cart = (Map<Integer, ShoppingItem>)
                  request.getSession().getAttribute("s_cart");
               if (cart == null || cart.size() == 0) {
                  out.println("<script type='text/javascript' language='javascript'>");
                  out.println("alert('您没有购买任何商品，请先选择商品！');");
                  out.println("location.href='"+basePath+"page/main/home.jsp';");
                  out.println("</script>");
               } else {
                  List<OrderItem> items = new ArrayList<OrderItem>();
                  for (Iterator it = cart.values().iterator(); it.hasNext();) {
                      ShoppingItem sitem = (ShoppingItem) it.next();
                      OrderItem item = new OrderItem();
                      item.setProductid(sitem.getProduct().getProductid());
                      item.setPrice(sitem.getProduct().getNowprice().toString());
                      item.setProductnum(sitem.getProductnum());
                      item.setProductname(sitem.getProduct().getProductname());
                      items.add(item);
                  }
                  OrderService orderService = new OrderService();
                  boolean success = orderService.saveOrder(order, items);
                  if (success) {
                      cart.clear();
                      out.println("<script type='text/javascript' language='javascript'>");
                      out.println("alert('已生成订单！');");
                      out.println("location.href='"+basePath+"page/user/myOrders.jsp';");
                      out.println("</script>");
                  } else {
                     out.println("<script type='text/javascript' language='javascript'>");
```

```
                    out.println("alert('未生成订单，请再试一次！');");
                    out.println("location.href='"+basePath+"page/shpping/
                      settle_accounts.jsp';");
                    out.println("</script>");
                }
            }
        }

    } catch (Exception e) {
        e.printStackTrace();
        out.println("<script type='text/javascript' language='javascript'>");
        out.println("alert('未生成订单，请再试一次！');");
        out.println("location.href='"+basePath+"page/shpping/settle_accounts.jsp';");
        out.println("</script>");
    } finally {
        out.flush();
        out.close();
    }
}
```

后台将订单和订单项在 orderDao 对象中的一个方法里面定义，并将它们保存在一个 JDBC 事务中，因为订单和订单项是相关联的。保存到数据库中的代码如下：

```
public boolean addOrder(Order order, List<OrderItem> items) throws Exception {
    Connection conn = null;
    PreparedStatement pstmt = null;
    ResultSet rs = null;

    boolean success = false;
    String sql = "insert into t_order values(seq_order.nextval,?,?,?,?,?,?,?)";
    try {
        conn = ConnectionManager.getConnection();
        /*
         * 设置 JDBC 手动提交，将订单和订单项的业务逻辑放在一个事务中更为合理
         * 因为订单项不能脱离订单存在
         */
        conn.setAutoCommit(false);

        pstmt = conn.prepareStatement(sql);
        pstmt.setString(1, order.getUsername());
        pstmt.setString(2, order.getRealname());
        pstmt.setString(3, order.getAddress());
        pstmt.setString(4, order.getPostcode());
        pstmt.setString(5, order.getPhone());
        pstmt.setDate(6, new java.sql.Date(order.getOrderdate().getTime()));
        pstmt.setInt(7, order.getFlag());
        int rows = pstmt.executeUpdate();
        if (rows > 0) {
            sql = "select seq_order.currval from dual";
            pstmt = conn.prepareStatement(sql);
            rs = pstmt.executeQuery();
            if (rs.next()) {
                //获取订单的当前 ID
                int orderid = rs.getInt(1);
```

```
                    sql = "insert into t_orderitem values(seq_orderitem.nextval,?,?,?,?,?)";
                    pstmt = conn.prepareStatement(sql);
                    //循环添加订单项
                    for (Iterator it = items.iterator(); it.hasNext();) {
                        OrderItem item = (OrderItem) it.next();
                         pstmt.setInt(1, orderid);
                         pstmt.setInt(2, item.getProductid());
                         pstmt.setString(3, item.getPrice());
                         pstmt.setInt(4, item.getProductnum());
                         pstmt.setString(5, item.getProductname());
                         pstmt.addBatch();
                    }
                    pstmt.executeBatch();
                    conn.commit();
                    success = true;
                }
            }
        } catch (Exception e) {
            if (conn != null) {
                conn.rollback();
            }
            e.printStackTrace();
            throw e;
        } finally {
            ConnectionManager.closeConnection(rs, pstmt, conn);
        }
        return success;
    }
```

结算后，最终生成订单，界面如图 15.21 所示。

我的订单

订单编号	订单商品	收货人	单价	数量	订单金额	下单时间	订单状态	操作
101	飞科剃须刀	chidianwei	¥65.00	1个	¥65.00	2017-01-09	未发货	交易成功后才允许评论
	HTC2	chidianwei	¥3300.00	1个	¥3300.00	2017-01-09	未发货	交易成功后才允许评论
81	飞科剃须刀	张三	¥65.00	1个	¥65.00	2017-01-02	未发货	交易成功后才允许评论
	松下LED	张三	¥3800.00	1个	¥3800.00	2017-01-02	未发货	交易成功后才允许评论

图 15.21 结算成功后生成的订单页面

15.5.7 发表商品评论

用户登录后，单击我的订单进入图 15.21 所示的界面，可以看到各个历史订单的状态，当订单状态为成功时，也就是付款成功才可以进行评论。这里模拟修改数据库中的商品订单项 HTC2 的订单状态为交易成功状态，界面如图 15.22 所示。

订单编号为 81 的订单为交易成功状态，右边可以发表评论，单击发表评论，进入发表评论界面，如图 15.23 所示。

我的订单

订单编号	订单商品	收货人	单价	数量	订单金额	下单时间	订单状态	操作
101	飞科剃须刀	chidianwei	¥65.00	1个	¥65.00	2017-01-09	未发货	交易成功后才允许评论
	HTC2	chidianwei	¥3300.00	1个	¥3300.00	2017-01-09	未发货	交易成功后才允许评论
81	飞科剃须刀	张三	¥65.00	1个	¥65.00	2017-01-02	成功	发表评论
	松下LED	张三	¥3800.00	1个	¥3800.00	2017-01-02	成功	发表评论

图 15.22　张三的历史订单

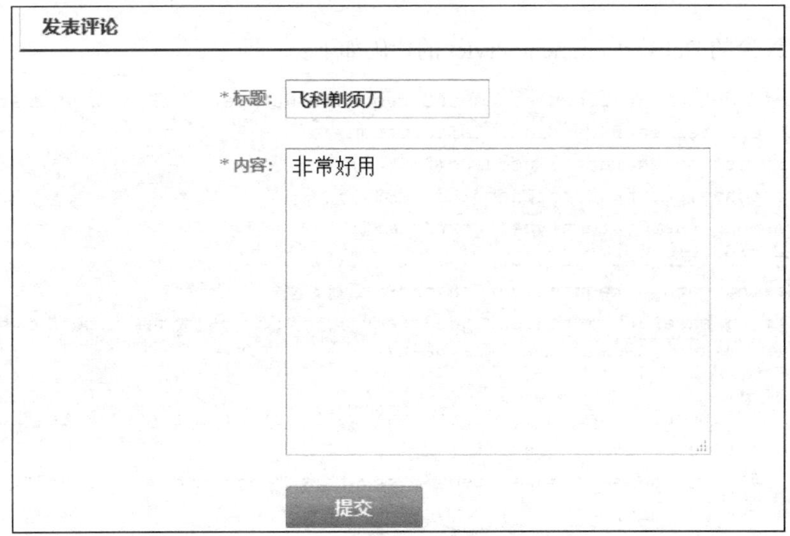

图 15.23　商品评论界面

发表评论页面的实现代码如下：

```
<div class="userinfo_right">
    <div class="o-mt">
        <h2>发表评论</h2>
    </div>
        <div id="baseinfo">
    <div>
        <div class="info_item">
            <form name="commentForm" id="commentForm" method="post">
                <input type="hidden" name="productid" id="productid" value="${param.
                  proid }" />
                 <div class="baseinfo_i">
                    <span class="label"><em>*</em>标题:</span>
                      <div class=""><input name="ctitle" type="text" id="ctitle"
                        class="text"" /><span id="ctitle_msg"></span></div>
                      <div class="clr"></div>
                    </div>
                    <div class="baseinfo_i">
                      <span class="label"><em>*</em>内容:</span>
                        <div class=""><textarea name="content" id="content"
                           class="text" cols="100" rows="10"></textarea><span id
                           ="content_msg"></span></div>
                        <div class="clr"></div>
```

```
                    </div>
                    <div class="baseinfo_i">
                        <div class="btn_div"><input type="button" class="info_btn"
                          value="提交"/></div>
                        <div class="clr"></div>
                    </div>
                </form>
            </div>
        </div>
    </div>
</div>
```

后台保存评论的 DeliverCommentServlet 的代码如下：

```
public void doPost(HttpServletRequest request, HttpServletResponse response)
        throws ServletException, IOException {
        request.setCharacterEncoding("GBK");
        response.setCharacterEncoding("GBK");
        response.setContentType("text/html");
        PrintWriter out = response.getWriter();
        String path = request.getContextPath();
        String basePath = request.getScheme() + "://" + request.getServerName()+
            ":" + request.getServerPort() + path + "/";
        try {
            User curr_user = (User)request.getSession().getAttribute("curr_user");
            if (curr_user == null) {
                response.sendRedirect(basePath + "page/user/login.jsp");
                return;
            }
            String proid = request.getParameter("productid");
            String ctitle = request.getParameter("ctitle");
            String content = request.getParameter("content");
            OrderItemService oiService = new OrderItemService();
            CommentService cmtService = new CommentService();
            if (proid == null || proid.equals("")) {
                out.println("<script type='text/javascript' language='javascript'>");
                out.println("alert('只能对订购过的商品进行评价');");
                out.println("location.href='" + basePath+ "page/user/myOrders.jsp';");
                out.println("</script>");
            } else {
                int count = oiService.getOrderItemCount(curr_user.getName(),
                    Integer.parseInt(proid));
                if (count == 0) {
                    out.println("<script type='text/javascript' language='javascript'>");
                    out.println("alert('只能对订购过的商品进行评价');");
                    out.println("location.href='"+basePath + "page/user/myOrders.jsp';");
                    out.println("</script>");
                } else {
                    Comment cmt = new Comment();
                    cmt.setCtitle(ctitle);
                    cmt.setContent(content);
                    cmt.setCdate(new Date());
                    cmt.setProductid(Integer.parseInt(proid));
```

```
                cmt.setUsername(curr_user.getName());
                boolean b = cmtService.addComment(cmt);
                if (b) {
                  out.println("<script type='text/javascript' language='javascript'>");
                  out.println("alert('评价成功');");
                  out.println("location.href='" + basePath +
                          "page/user/myOrders.jsp';");
                  out.println("</script>");
               } else {
                  out.println("<script type='text/javascript' language='javascript'>");
                  out.println("alert('评价失败，请再试一次');");
                  out.println("location.href='" + basePath + "page/user/
                        comment.jsp?proid='"+proid+";");
                  out.println("</script>");
               }
           }
       }
   }
```

15.5.8　商品后台管理系统

1. 用例 1：登录和主页

管理员登录后，进入主页面。这里的登录功能和网站前台的登录功能实现基本一致，不再赘述，主界面如图 15.24 所示。

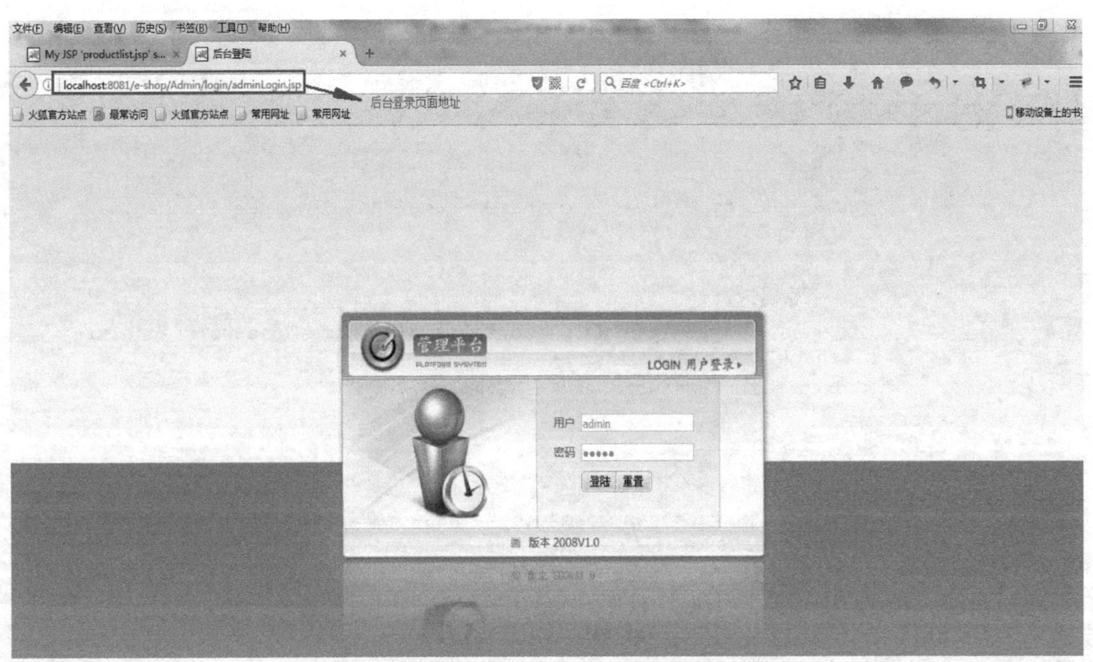

图 15.24　后台登录页面

登录成功，进入主页面如图 15.25 所示。

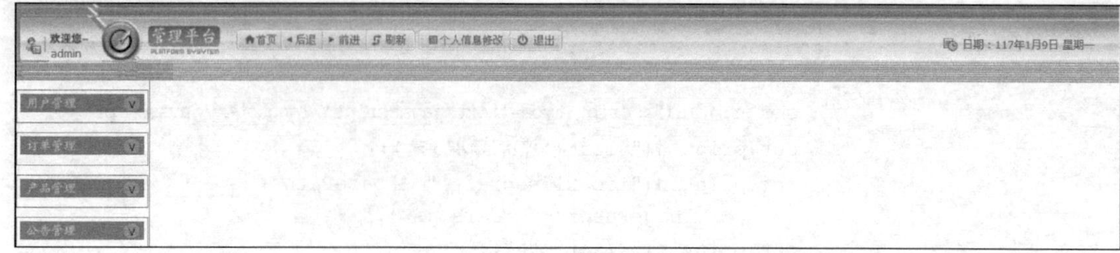

图 15.25　后台主页面

单击个人信息修改，可以进行修改密码的操作。密码修改页面的代码如下：

```
<script>
function update() {
    var oForm = document.getElementsByTagName("form")[0];
    var messageDiv = document.getElementById("messageDiv");
    if(checkRpassword_ && checkPassword_) {
        var name = oForm.name.value;
        var password = oForm.password.value;
        var rpassword = oForm.rpassword.value;
        oForm.action = "adminUpdatePassword?name="+name+"&password="+password+
          "&rpassword="+rpassword;
        oForm.submit();
     } else {
        messageDiv.innerHTML = "请输入正确的数据";
     }
   }
</script>
<form action="" method="post">
   <table>
       <tr>
             <td>账号:</td>
             <td><input type="text" id="name" name="name" value="${admin.name}"
                readonly="readonly"></td>
       <tr>
             <td>新密码:</td>
             <td><input type="password" id="password" name="password" onblur="
                checkPassword()"/></td>
             <td><div id="passwordDiv"></div></td>
       </tr>
       <tr>
             <td>确认新密码:</td>
             <td><input type="password" id="rpassword" name="rpassword" onblur="
                checkRpassword()"/></td>
             <td><div id="rpasswordDiv"></div></td>
       </tr>
       <tr>
             <td><input type="button" value="修改" onclick="update()"></td>
             <td><div id="messageDiv">${message }</div></td>
       </tr>
   </table>
   </form>
```

上述代码运行后的效果如图 15.26 所示。

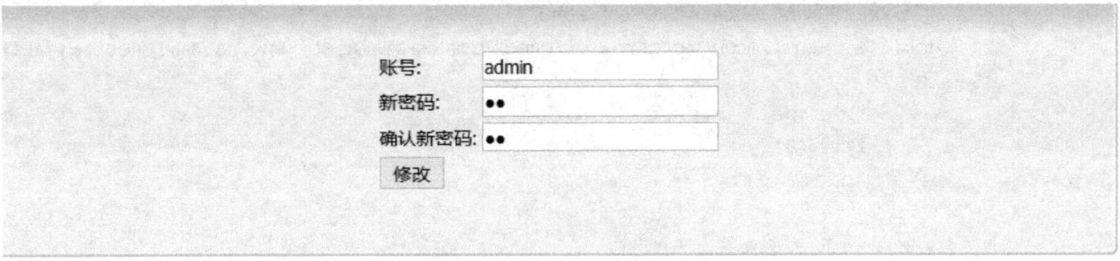

账号: admin
新密码: ••
确认新密码: ••
修改

图 15.26　后台主页面

单击修改按钮，提交到后台 Servlet 对密码进行修改，代码如下：

```
String password = request.getParameter("password");
   String rpassword = request.getParameter("rpassword");
   String name = request.getParameter("name");
   System.out.println(password+":"+rpassword);
   if(password != null && rpassword != null && name != null) {
       if(!password.equals(rpassword)) {
           request.setAttribute("message", "两次输入密码不同");
           request.getRequestDispatcher("Admin/pages/updatePassword.jsp").forward
                (request, response);
           } else {
                Admin admin = new Admin();
                admin.setName(name);
                admin.setPassword(password);
                AdminLoginDao adminLoginDao=new AdminLoginDaoImpl();
                if(adminLoginDao.updatePassword(admin)) {
                   request.setAttribute("message", "修改成功");
                   request.getRequestDispatcher("Admin/pages/updatePassword.jsp").
                      forward(request, response);
                }
           }
       } else {
         request.getRequestDispatcher("Admin/pages/updatePassword.jsp").
             forward(request, response);
       }
```

2. 用例 2：验证商品名是否存在

在添加商品时，要验证商品名是否已存在并作出相应提示。如果商品名已经存在，则不能进行添加。通过给商品名称文本框添加 blur 事件，发出 Ajax 请求去判断商品是否已经存在。

具体代码如下：

```
//检查商品名是否存在
function checkProdName() {
    var prodName = document.getElementById("prodName");
    var bookNameDiv = document.getElementById("bookNameDiv");

    if(prodName.value == "") {
       prodNameDiv.innerHTML = "商品名不能为空";
    } else {
       checkProdNameIsExist();
    }
}

var prodName_IsExist;
```

```
        function checkProdNameIsExist() {
            var prodName = document.getElementById("prodName").value;
            var param="prodName="+prodName;
            $.get('<%=path%>/Admin/controller/checkProdNameIsExist.jsp',param,function(data){
                try{
                    var data=$.parseJSON(data);
                  }catch(e){
                    alert(e);
                  }
                var state=data["STATE"];
                var content=data["CONTENT"];
                if(state == "true") {
                    prodName_IsExist = true;
                } else {
                    prodName_IsExist = false;
                }
                prodNameDiv.innerHTML = content;
            });
        }
```

这里重点学习使用 jQuery 的 get 方式请求 Ajax，后台 Servlet 到数据库中查找商品名称是否存在。此处代码详见项目源码。运行时的 Ajax 的效果如图 15.27 所示。

图 15.27　判断商品名称是否存在的效果

3. 用例 3：商品添加功能，大小类、品牌、商品属性如何联动

进入添加商品页面，通过<body onload="getSuperType()">加载页面，通过 getSuperType 函数，发出 Ajax 到后台查询所有大类，填充大类下拉框，代码如下：

```
    function getSuperType() {
            var url = "getSuperType";
            sendSuperTypeRequest(url);
            }
            function sendSuperTypeRequest(url) {
                if(window.XMLHttpRequest) {
                    req = new XMLHttpRequest();
                } else if(window.ActiveXObject) {
                    req = new ActiveXObject("Microsoft.XMLHTTP");
                }
                req.onreadystatechange = showSuper;
                req.open("get",url,true);
                req.send(null);
        }
        function showSuper() {
            if(req.readyState == 4) {
                if(req.status == 200) {
                    var subTypeXml = req.responseXML;
                    var superTypes = subTypeXml.getElementsByTagName("super");
                    var superTypeId = document.getElementById("superTypeId");
                    if(superTypes.length > 0) {
                        for(var i=0;i<superTypes.length;i++) {
```

```
                        var superId = superTypes[i].getElementsByTagName(
                          "superId").item(0).firstChild.data;
                        var superName = superTypes[i].getElementsByTagName(
                          "superName").item(0).firstChild.data;
                        var op = document.createElement("option");
                        op.setAttribute("value",superId);
                        var txt = document.createTextNode(superName);
                        op.appendChild(txt);
                        superTypeId.appendChild(op);
                        superTypeId.style.width = "auto";
                    }
                } else {
                    typeDiv.innerHTML = "还没有大类";
                }
            }
        }
    }
```

给大类框注册 onchange 事件，当所选择的大类改变时，联动 Ajax 去掉加载小类信息，填充小类框的代码如下：

```
    //得到小类
    function getSubType() {
        var id;
        var superType = document.getElementById("superTypeId");
        for(var i=0;i<superType.options.length;i++) {
            if(superType.options[i].selected) {
                id = superType.options[i].value;
            }
        }
        var url = "getSubTypeBySuperTypeId?superTypeId="+id;
        sendRequest(url);
    }
    function sendRequest(url) {
        if(window.XMLHttpRequest) {
            req = new XMLHttpRequest();
        } else if(window.ActiveXObject) {
            req = new ActiveXObject("Microsoft.XMLHTTP");
        }
        req.onreadystatechange = showSub;
        req.open("get",url,true);
        req.send(null);
    }
       function clearSubType() {
       var subType = document.getElementById("subTypeId");
       for(var i = subType.options.length - 1;i>=0;i--) {
       subType.options[i].parentNode.removeChild(subType.options[i]);
       }
       subType.style.width = "";
    }
    function showSub() {
       if(req.readyState == 4) {
           if(req.status == 200) {
               var subTypeXml = req.responseXML;
               clearSubType();
               var subTypes = subTypeXml.getElementsByTagName("subType");
```

```
            var subType = document.getElementById("subTypeId");
            var typeDiv = document.getElementById("typeDiv");
            if(subTypes.length > 0) {
                for(var i=0;i<subTypes.length;i++) {
                    var subTypeId = subTypes[i].getElementsByTagName("subTypeId").
                      item(0).firstChild.data;
                    var subTypeName = subTypes[i].getElementsByTagName("subTypeName").
                      item(0).firstChild.data;
                    var op = document.createElement("option");
                    op.setAttribute("value",subTypeId);
                    var txt = document.createTextNode(subTypeName);
                    op.appendChild(txt);
                    subType.appendChild(op);
                    subType.style.width = "auto";
                    typeDiv.innerHTML = "√";
                }
                getBrand();
            } else {
                typeDiv.innerHTML = "*";
            }
        }
    }
    //getAttr();
}
```

以上主要练习了 Ajax 用原生 JavaScript 代码发出请求的用法。后台仅仅是进行大类和小类对应的单表查询，因此此处不罗列后台的 Java 代码了。

当小类发生改动时，同样会推动品牌的改变，函数如下：

```
function getBrand(){
    getAttr();
        var id;
        var subType = document.getElementById("subTypeId");
        for(var i=0;i<subType.options.length;i++) {
            if(subType.options[i].selected) {
                id = subType.options[i].value;
            }
        }
        var url = "getBrandBySubTypeId?subTypeId="+id;
        sendBrandRequest(url);

    }
    function sendBrandRequest(url) {
        if(window.XMLHttpRequest) {
            req = new XMLHttpRequest();
        } else if(window.ActiveXObject) {
            req = new ActiveXObject("Microsoft.XMLHTTP");
        }
        req.onreadystatechange = showBrand;
        req.open("get",url,true);
        req.send(null);
    }
    function showBrand(){
        if(req.readyState == 4) {
            if(req.status == 200) {
                var subTypeXml = req.responseXML;
```

```
                clearBrandType();
                var brands = subTypeXml.getElementsByTagName("brand");
                var brand = document.getElementById("brandId");
                var typeDiv = document.getElementById("typeDiv");
                if(brands.length > 0) {
                    for(var i=0;i<brands.length;i++) {
                         var brandId = brands[i].getElementsByTagName("brandId").
                           item(0).firstChild.data;
                         var brandName = brands[i].getElementsByTagName("brandName").
                           item(0).firstChild.data;
                         var op = document.createElement("option");
                         op.setAttribute("value",brandId);
                         var txt = document.createTextNode(brandName);
                         op.appendChild(txt);
                         brand.appendChild(op);
                         brand.style.width = "auto";
                         brandDiv.innerHTML = "√";
                    }
                } else {
                    brandDiv.innerHTML = "*";
                }
            }
        }

    }
```

可以看出当加载品牌的处理代码的第一行时，先调用了 getAttr() 函数。该函数是加载该小类对应的属性及取值，形成动态 JS 表单。具体代码含义详见代码注释，实现代码如下：

```
    //显示商品属性
    function getAttr(){
        var rowIndex=document.getElementById("addButton").rowIndex;
         if(rowIndex>10){
            for(var i=10 ;i<rowIndex;i++){
                document.getElementById("prodTable").deleteRow(10);
            }
         }
         var subtypeId=document.getElementById("subTypeId").value;
         var param="subTypeId="+subtypeId;
         var attrValues="";
         //ajax 根据小类 id 查找对应的属性
         $.get('<%=path%>/Admin/controller/getAttrBySubTypeId.jsp',param,function(data){
            if(data!=null){
                var dataObj = $.parseJSON(data);
                for(var i = 0; i < dataObj.length; i++){
                    var proAttr = dataObj[i];
                    //每个属性插入一个 tr
                    var newRow = document.getElementById("prodTable").insertRow(10);
                    //属性名称形成一个 td
                    newRow.insertCell().innerHTML = proAttr.attrName;
                    if(proAttr.attrType == 0){
                       //如果属性类型不是下拉框，形成表单空间放入到 td 中
                       var txt = '<input type="text" name='+proAttr.attrId+ ' id='+
                         proAttr.attrId+' />';
                       newRow.insertCell().innerHTML = txt;
                    } else {
```

```
                    //如果属性类型是下拉框，形成下拉框，并用空格分割属性值对应的字符串，分别放入
                    //option 下拉选择项
                    var valArr = proAttr.attrValue.split(/\s/);
                    var selStr = '<select name='+proAttr.attrId+ ' id='+proAttr.attrId+'>';
                    for(var j = 0; j < valArr.length; j++){
                        selStr += '<option value="'+valArr[j]+'">'+valArr[j]+'</option>';
                    }
                    selStr += '</select>';
                    newRow.insertCell().innerHTML = selStr;
                }
                newRow.insertCell().innerHTML = '';
                attrValues+=proAttr.attrId+",";
            }
            document.getElementById("attrs").value=attrValues;
        }
    });
}
```

最终选择数码大类中的手机小类，联动效果及动态表格效果如图 15.28 所示。

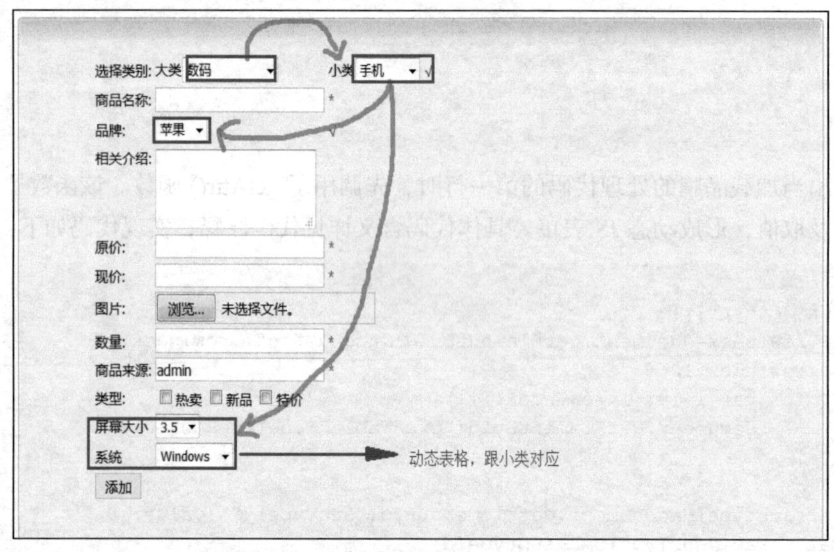

图 15.28　商品添加下拉框联动和动态 JS 表格效果

4. 用例 4：查询商品功能

到后台查询所有商品，形成 List<Product>集合，通过 request 的 setAttribute 带到商品展示页面。

后台对应的查询核心代码如下：

```
public ProdPager getProdPager(int index,int pageSize) {
    Map prodMap = new HashMap();    //创建 Map 集合
    DbUtil db = null;
    PreparedStatement ps = null;
    ResultSet rs = null;
    try {
        db = new DbUtil();
        String sql = "SELECT * FROM (SELECT A.*, ROWNUM RN FROM " +
                "(SELECT * FROM t_product) A WHERE ROWNUM <= ?) WHERE RN >= ?";
```

```
        ps = db.getCon().prepareStatement(sql);
        ps.setInt(1, index+5);                                     //设置记录值
        ps.setInt(2, index+1);                                     //设置每页数量
        rs = ps.executeQuery();                                    //执行查询
        while(rs.next()) {
            Product product = new Product();                       //创建商品对象
            product.setProductid(rs.getInt("productid"));          //书籍 ID
            product.setSuperTypeId(rs.getInt("superType"));        //所属大类 ID
            product.setSubTypeId(rs.getInt("subType"));            //所属小类 ID
            product.setProductname(rs.getString("productname")); //名称
            product.setIntroduce(rs.getString("introduce"));       //介绍
            product.setPrice(rs.getFloat("price"));                //原价格
            product.setNowprice(rs.getFloat("nowPrice"));          //现价格
            product.setPicture(rs.getString("picture"));           //图片
            product.setIntime(rs.getDate("inTime"));
            product.setIsNew(rs.getInt("isNew"));                  //是否新书
            product.setIsHot(rs.getInt("isHot"));                  //是否特价
            product.setIsSale(rs.getInt("isSale"));                //是否热销
            product.setProductNum(rs.getInt("productNum"));        //数量
            product.setBrand(getBrand(rs.getString("brand"))); //品牌
            product.setOrigin(rs.getString("origin"));             //商品来源
            prodMap.put(product.getProductid(), product);          //添加到 Map 集合中
        }
    } catch (Exception e) {
        e.printStackTrace();
    } finally {
        try {
            rs.close();
            ps.close();
            db.close();
        } catch (Exception e) {
            e.printStackTrace();
        }
    }
    ProdPager bp = new ProdPager();                                //创建分页产品对象
    bp.setProdMap(prodMap);                                        //设置 Map 集合
    bp.setPageSize(pageSize);                                      //设置每页记录数
    bp.setTotalNum(getAllProds().size());                          //设置总记录数
    return bp;
}
```

这里大家先不要关注分页的代码。注意，商品的 picture 属性对应的是图片的路径，是 string 类型，页面展示用 img 标签显示即可。商品介绍这个属性的值太长，可能 td 的宽度显示不全，需要进行特殊处理。

处理字符串过长之后显示成省略号方式，采用以下方式：

```
span {
width: 120px;
display:block;
overflow:hidden;
white-space:nowrap;
```

```
text-overflow:ellipsis
}
<span style="" title="${product.introduce}">${product.introduce}</span>
```

显示所有商品用<c:forEach>标签，结合 EL 表达式，代码如下：

```
<table width="99%" border="0" align="center" cellpadding="0" cellspacing="1"
     bgcolor="#c0de98" >
     <tr>
         <th  background="Admin/images/tab_14.gif" class="STYLE1" >商品 ID</th>
         <th  background="Admin/images/tab_14.gif" class="STYLE1">商品名</th>
         <th  background="Admin/images/tab_14.gif" class="STYLE1">图片</th>
         <th  background="Admin/images/tab_14.gif" class="STYLE1">品牌</th>
         <th  background="Admin/images/tab_14.gif" class="STYLE1">介绍</th>
         <th  background="Admin/images/tab_14.gif" class="STYLE1">原价</th>
         <th  background="Admin/images/tab_14.gif" class="STYLE1">现价</th>
         <th  background="Admin/images/tab_14.gif" class="STYLE1">新商品</th>
         <th  background="Admin/images/tab_14.gif" class="STYLE1">打折商品</th>
         <th  background="Admin/images/tab_14.gif" class="STYLE1">热卖商品</th>
         <th  background="Admin/images/tab_14.gif" class="STYLE1">数量</th>
         <th  background="Admin/images/tab_14.gif" class="STYLE1"><input type=
           "checkbox" id="selectAll" onclick="selectAll()">全/反选</th>
         <th background="Admin/images/tab_14.gif" class="STYLE1"></th>
     </tr>
     <form method="post" name="deleteForm">
     <c:forEach var="product" items="${prodList}">
         <tr>
            <td bgcolor="#FFFFFF" class="STYLE2">${product.productid}</td>
            <td bgcolor="#FFFFFF" class="STYLE2">${product.productname}</td>
            <td bgcolor="#FFFFFF" class="STYLE2"><img src="<%=imgPath%>${product.
              picture}" width="60"/></td>
            <td bgcolor="#FFFFFF" class="STYLE2">${product.brand}</td>
            <td bgcolor="#FFFFFF" class="STYLE2"><span title="${product.
              introduce}">${product.introduce}</span></td>
            <td bgcolor="#FFFFFF" class="STYLE2">${product.price}</td>
            <td bgcolor="#FFFFFF" class="STYLE2">${product.nowprice}</td>
            <td bgcolor="#FFFFFF" class="STYLE2">${product.isNew==1?'是':'否'}</td>
            <td bgcolor="#FFFFFF" class="STYLE2">${product.isSale==1?'是':'否'}</td>
            <td bgcolor="#FFFFFF" class="STYLE2">${product.isHot==1?'是':'否'}</td>
            <td bgcolor="#FFFFFF" class="STYLE2">${product.productNum}</td>
            <td bgcolor="#FFFFFF" class="STYLE2"><input type="checkbox" name=
              "delete" value="${product.productid}"></td>
            <td bgcolor="#FFFFFF" class="STYLE2"><a href="getOneProductServlet?
              id=${product.productid}">详情</a></td>
         </tr>
     </c:forEach>
     </form>
   </table>
```

最终显示的商品列表页面如图 15.29 所示。

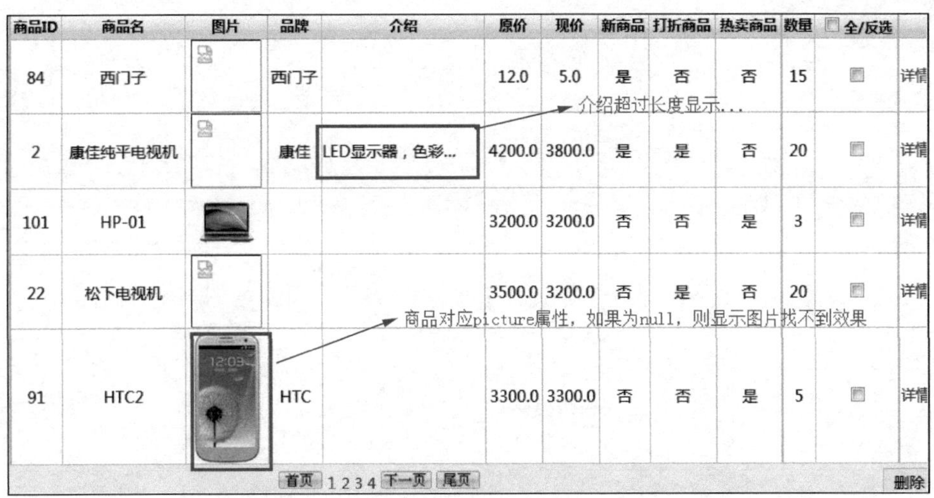

商品ID	商品名	图片	品牌	介绍	原价	现价	新商品	打折商品	热卖商品	数量	全/反选	
84	西门子		西门子		12.0	5.0	是	否	否	15		详情
2	康佳纯平电视机		康佳	LED显示器，色彩...	4200.0	3800.0	是	是	否	20		详情
101	HP-01				3200.0	3200.0	否	否	是	3		详情
22	松下电视机				3500.0	3200.0	否	是	否	20		详情
91	HTC2		HTC		3300.0	3300.0	否	否	是	5		详情

图 15.29 商品列表显示

后台系统还有用户查看、订单查看功能。这些都是查询功能，跟之前大部分查询用例是一样的，这里不再罗列。